GÉNÉRAL DONOP

LETTRES SUR L'ALGÉRIE

1907-1908

PARIS
LIBRAIRIE PLON
PLON-NOURRIT ET Cie, IMPRIMEURS-ÉDITEURS
8, RUE GARANCIÈRE — 6e

1908

LETTRES SUR L'ALGÉRIE

1907-1908

GÉNÉRAL DONOP

LETTRES SUR L'ALGÉRIE

1907-1908

PARIS
LIBRAIRIE PLON
PLON-NOURRIT ET Cie, IMPRIMEURS-ÉDITEURS
8, RUE GARANCIÈRE — 6e

1908

PRÉFACE

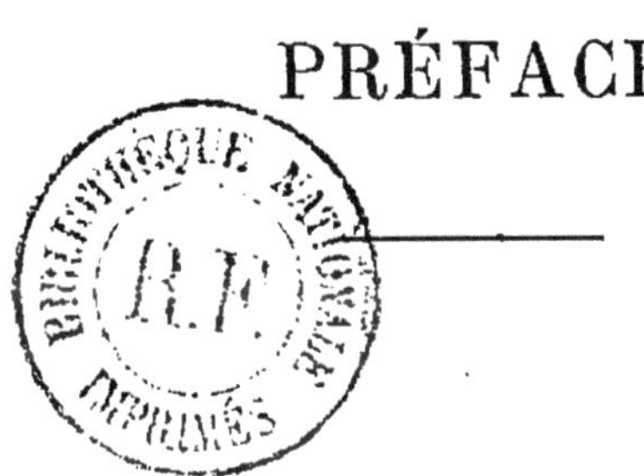

Ces lettres ont paru dans *la Gazette de France*, où M. Janicot les a accueillies avec une bonne grâce dont j'ai le devoir de le remercier.

Je les publie en un volume, comme on m'a conseillé de le faire.

Je serais fort heureux si leur lecture contribuait, quelque peu, à faire connaître et aimer la belle Algérie que nous ne connaissons ni n'aimons pas assez en France.

Général Donop.

Avril 1908.

LETTRES SUR L'ALGÉRIE

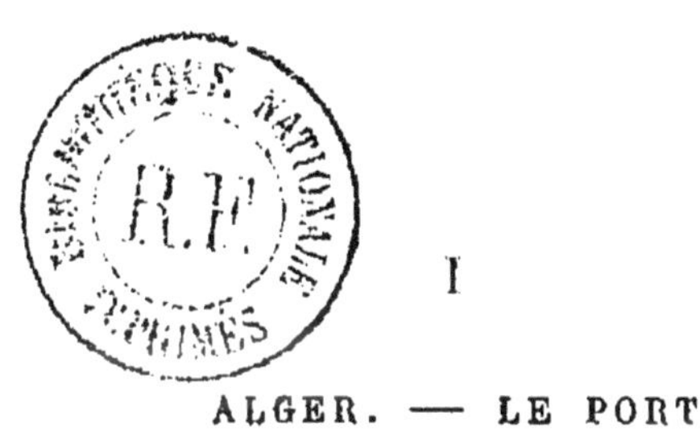

I

ALGER. — LE PORT

Février 1907.

Voici le premier bulletin de mes impressions de voyage à Alger. J'aurais voulu l'écrire dans l'enchantement que causent, d'habitude, la belle lumière et le soleil ardent de ce pays admirable. Mais, depuis trois semaines, sans avoir grand froid, nous subissons, nous aussi, les atteintes du mauvais temps qui sévit en Europe. A une tempête de neige qui a duré six jours et, dans l'intérieur, davantage, une période de pluies a succédé. On dit que la nouvelle lune y mettra fin et prendra, ainsi, pitié des voyageurs consignés à la chambre. Je le souhaite sans trop me plaindre, car les épreuves que nous subissons sont peu de chose en comparaison de celles dont on souffre autre part.

Au surplus, le soleil vient de se montrer et dissipe le souvenir des mauvaises journées. Souhaitons que son effort soit durable.

Quand on n'a pas vu Alger depuis longtemps, ce qui frappe, tout d'abord, c'est le développement que la ville a pris et l'animation excessive qui y règne.

Par suite de l'annexion, à la ville, du faubourg de Saint-Eugène qui s'étend au nord, le long de la mer, et de celle de Mustapha, qui s'étale, au sud, au fond de la baie, Alger est aujourd'hui une grande ville de 145,000 habitants, qui borde la mer sur une longueur de plus de 7 kilomètres.

Les regrets que fait concevoir la démolition de tout ce qu'on aurait dû conserver du vieil Alger, si pittoresque et si curieux, étant écartés, et les critiques qu'on peut formuler sur ce qui a été fait et sur ce qu'on fait encore, soit pour remplacer ce qu'on a détruit, soit pour doter la ville des édifices nécessaires à une grande ville moderne, étant écartées aussi, il faut reconnaître que l'ensemble est vraiment beau.

Toutefois, en s'augmentant, la ville n'offre plus cet aspect si singulier, si particulier, qu'offrait Alger la blanche, ou plutôt, ce n'est plus que la partie centrale de la ville agrandie qui l'offre encore quelque peu.

Le spectacle imposant, un peu sévère, du côté du nord, que dominent la montagne de la Bouzaréa et Notre-Dame-d'Afrique, et où subsistent quelques souvenirs du passé : la vieille Casbah, la belle muraille turque, l'îlot de l'Amirauté, où fut la forteresse espagnole dont Barberousse s'empara, prend, au sud, une ampleur et une richesse infinies. C'est le panorama de la baie que tout le monde connaît, car les photographies l'ont partout répandu, mais qu'on trouve, quand on le voit, toujours supérieur à sa réputation : qu'il soit éclairé par la lumière du soleil levant, ou que, dans la journée, il demeure net et éblouissant dans tous ses détails, ou qu'au soleil couchant il s'estompe dans une lumière bleue d'une douceur incomparable. Les coteaux boisés qui descendent du fort de l'Empereur, de légendaire mémoire, se prolongent en une courbe gracieuse que terminent les collines qui ferment la rade, au cap de Matifou, en face de la ville; au second plan, la silhouette tourmentée de l'Atlas couvert de neige; et, quand il fait beau, au delà la grande masse de la chaîne du Djurjura.

Mais il ne convient pas d'insister autant sur une description qui est connue. Ce qui l'est moins, c'est ce que l'on voit au centre de ce vaste panorama, au bas de la ville, le spectacle du port, devenu l'un de nos ports les plus fréquentés, et qu'on se hâte d'agrandir, de doubler presque, en en construisant un nouveau, avec lequel il communique, au sud, à l'ancien faubourg de l'Agha, là où vinrent se briser les efforts de Charles-Quint.

Lorsqu'il sera achevé, que la superficie du port sera doublée, il est à craindre cependant qu'il ne suffise pas longtemps aux besoins d'un mouvement qui croît avec une extrême rapidité.

Quand on a vu, comme moi, prolonger la jetée de l'Amirauté et construire, peu à peu, le port, bloc par bloc jetés dans la mer, et quelques bateaux qui venaient, comme par aventure, s'amarrer près des courriers, on éprouve une joie véritable à voir l'encombrement des quais couverts de marchandises où les futailles dominent, incessamment apportées de l'intérieur; ces fourmilières de camions, de charrettes et de wagons qui se croisent en tous sens; l'enchevêtrement des bateaux, courriers, cargos, yachts de touristes, voiliers, balancelles, au milieu desquels de petits remorqueurs actifs se faufilent, amenant les chalands qui servent aux chargements et aux déchargements; car le ressac, l'insuffisance de développement des quais et le manque de profondeur obligent, malheureusement, les bateaux à rester éloignés de la rive.

Au fond, la darse qui fut le port des corsaires où tant de malheureux captifs furent débarqués, et où, aujourd'hui alignés, immobiles, factionnaires attentifs, les torpilleurs de la défense reposent à la façon de grands caïmans tout gris.

Et, dominant le tout, le bruit incessant des interpellations, des cris et des imprécations qui s'élève, mélange confus d'arabe, de kabyle, d'espagnol, de maltais, d'italien et de provençal et quelquefois de français, auquel s'ajoutent le bruit des sirènes des bateaux qui entrent ou qui sortent, le sifflet des remorqueurs et, sur le quai, celui des locomotives.

Port de ravitaillement et de relâche très fréquenté, Alger a un mouvement total de 10 millions de tonnes, dont 2 millions de marchandises; il est desservi par de nombreuses lignes; il est, dès maintenant, le port charbonnier le plus considérable du bassin méditerranéen.

Une ombre attriste le tableau : c'est la part infime que notre pavillon occupe dans ce mouvement. Les mouvements du port des 8 et 9 février, qui n'ont rien d'exceptionnel, se résument en effet ainsi :

8 février. — Entrées et sorties :

Vingt-quatre vapeurs étrangers : 45,674 tonneaux.

Trois vapeurs français ; 3,136 tonneaux.

9 février. — Vingt-cinq vapeurs étrangers : 49,493 tonneaux.

Sept vapeurs français : 6,219 tonneaux.

Et cela, chez nous; à trente heures des côtes de France, de Nice, de Marseille et de Cette, malgré l'existence de lignes subventionnées, malgré les avantages concédés au pavillon national. Rien ne résume plus exactement, ni plus tristement, la situation dans laquelle est tombée notre marine du commerce.

Il n'y aurait encore que demi-mal pour le commerce d'Alger, si notre pavillon national consentait à remplir régulièrement le rôle dont il a le privilège. Mais il n'en est rien.

Les revendications des marins et les exigences, toujours croissantes, des ouvriers du port de Marseille ont leur contre-coup à Alger. Pour peu qu'il prenne fantaisie aux marins de Marseille de ne plus embarquer, ou aux ouvriers du port de ne plus travailler, comme les autres ports de France font cause commune avec Marseille, les communications d'Alger avec la métropole cessent aussitôt. Un mouvement gréviste, survenu à Marseille, suffit pour mettre en péril les intérêts du commerce à Alger.

Ainsi, un marchand de tissus peut attendre, pendant un mois et plus, la commande qu'il a payée et qui reste en souffrance à Marseille; quand il la reçoit plus ou moins défraîchie, la saison est à demi passée; il doit se résigner à vendre sa marchandise à perte, tout en payant, à Marseille, un supplément pour prolongation de séjour dans les docks.

Si la grève éclate au moment de l'expédition des primeurs, qui dure en Algérie plusieurs mois, les « primeuristes », qui ne peuvent pas employer de bateaux étrangers pour leurs expéditions, sont forcés de vendre leurs légumes à vil prix ou de les jeter à la mer.

Il y a quinze jours, tout le commerce algérien était en émoi : Marseille s'agitait. Aussi, semble-t-il aux Algériens, et je suis de leur avis, que les avantages concédés au pavillon national devraient le contraindre à remplir certaines obligations; que, tout au moins, ils ne devraient pas, eux, avoir à payer le prix des fantaisies marseillaises. Ils n'ont pas tort.

Comme Alger a été, de tout temps, un port de pêche réputé, on a, dans de très bonnes intentions, installé de l'autre côté de la baie des pêcheurs bretons qui souffraient, dans leur pays, de la diminution du poisson.

Il semble que l'entreprise ait échoué. Soit qu'ils ne puissent que très difficilement concurrencer la puissante corporation des propriétaires armateurs de pêche d'Alger, maîtres du marché; soit qu'ils ne puissent résister à l'énergie des pêcheurs italiens, travailleurs infatigables, qui vivent de rien, tandis qu'ils ne se sont pas débarrassés tous de leurs habitudes d'intempérance, nos pauvres bretons végètent, et la plus grosse part des bénéfices considérables qu'on tire de la pêche, sur nos côtes francaises, passe en Italie, malgré que bon nombre de pêcheurs italiens soient naturalisés.

Le mouvement du port résulte en partie, car il y a un grand nombre de bateaux qui ne font que relâcher, du mouvement considérable de toutes les marchandises qu'on y apporte et de toutes celles qu'on y débarque, auquel s'ajoute le mouvement propre à une grande ville, dont l'influence commerciale s'étend fort loin dans le pays.

Aussi, sur toutes les voies qui conduisent à la ville, et dans toutes les rues, est-ce une succession continue de voitures et de charrettes de tout genre au travers desquelles grouille, en tous sens, une population affairée, bigarrée et bruyante, de toutes races, sous l'œil effaré des hivernants de tous pays. Seuls, au milieu de ce tumulte, restent impassibles quelques Arabes venus pour affaire à la ville, des cadis qui se rendent au tribunal, des muftis à la mosquée, des prêtres catholiques à l'église, ou de bonnes sœurs à la cornette blanche, qui continuent encore à conduire leurs petites filles à l'école.

II

ALGER. — LES ALGÉROIS

Mars 1907.

En dehors du boulevard de la République qui domine la mer, la plus longue, et la plus belle, des voies d'Alger est celle qui part de la place du Gouvernement, où s'élève toujours la statue équestre du duc d'Orléans, qui semble être celle du gracieux roi d'Espagne; suit la vieille rue Bab-Azoun qu'on projette judicieusement d'élargir; passe entre un square d'eucalyptus et de palmiers et le théâtre, qui n'est pas plus laid que tous ceux que nous devons aux diplômés ou aux lauréats de l'École des beaux-arts, et gagne en pente douce, par la rue Dumont-d'Urville, la rue d'Isly.

Autrefois, c'était un faubourg, le faubourg d'Isly, et il avait paru fort inconvenant d'y placer la statue de l'homme de guerre et de l'administrateur à qui l'Algérie devait le plus : le maréchal Bugeaud. Aujourd'hui, il est au centre, et dans le plus beau quartier de la capitale que ses campagnes continuelles lui laissèrent si peu le temps d'habiter. Il peut être fier de son œuvre; et, pour la contempler, ne semble-t-il pas qu'il soit sur le seuil de son palais, puisque le socle sur lequel il se tient, dans l'attitude calme et ferme qui le distinguait, est précisément devant le quartier général du 19e corps?

Bien modeste, bien sombre, bien mélancolique, du reste, ce quartier général de ce corps considérable, et bien conforme à l'attitude qui sied, désormais, aux militaires, sur cette terre qu'ils ont conquise, pacifiée et administrée aussi jadis, avec une justice, une fermeté, une hauteur de vues que leurs successeurs n'ont pas toujours atteintes.

Un peu plus loin, en continuant de s'éloigner du centre de la ville, à l'endroit où s'élevait, il y a trois ans à peine, la porte monumentale que le génie avait construite en 1855, la porte Bab-Azoun, aujourd'hui détruite en même temps que les fortifications, on débouche sur un vaste espace, d'où la vue s'étend au loin de tous côtés, merveilleux de grâce, de grandeur et de richesse, tandis qu'elle est sollicitée, de plus près, par le buste du docteur militaire Maillot, le vulgarisateur de la quinine, l'un des bienfaiteurs du pays, par celui du brave command Lamy et enfin par le très charmant hôtel oriental, où s'abritent les bureaux du journal la *Dépêche algérienne.*

La rue change de nom en ce point, pour prendre celui de Michelet, qu'elle garde, jusqu'à la sortie de la ville, pendant trois kilomètres. Pourquoi Michelet? Pourquoi le nom de ce faux historien, dit national? Que vient-il faire sur la terre d'Afrique? Que vient-il faire, surtout, sur cette route qui conduit au palais du Gouverneur et qu'ont suivie Bugeaud, d'Aumale, Randon, Pélissier, Mac-Mahon, Chanzy, tous ces ouvriers glorieux de la grande œuvre française, dont il eût été, ce me semble, plus convenable d'évoquer le souvenir?

Mais, hélas! sans sortir de la ville, on recueille là un indice de la tournure des esprits de ce pays. Car ce n'est pas seulement une fantaisie isolée qui a fait donner ce nom à la plus belle voie de la capitale.

Boulevard Baudin, rue Barbès, rue de l'Abbé-Grégoire,

rue Barnave, rue Camille-Desmoulins, rue de la Libre-Pensée, rue Zola, témoignent de la nature des convictions et du goût des magistrats municipaux, fidèles imitateurs, du reste, des autorités supérieures, qui semblent avoir atteint les limites de la plaisanterie, en donnant à des localités, créees dans l'intérieur, des noms tels que Littré, Rabelais, Renan, Voltaire et Michelet — encore — vraiment suggestifs pour les Italiens, les Espagnols ou les Maltais qui les peuplent en très grande majorité, et pour les Arabes et les Kabyles qui s'y rendent!

Et, par conséquent, que de souvenirs de bons Français méconnus! Que de mémoires algériennes méprisées qu'on avait le devoir de ne pas oublier!

Cependant, la rue se poursuit, ombragée par une double rangée d'arbres verts, laissant à droite les vastes bâtiments des facultés, et elle gagne les coteaux de Mustapha, par une série de lacets qui font varier sans cesse le panorama merveilleux qui se déroule devant le promeneur : villas d'une blancheur éclatante, striées de faïences orientales, berceaux de plantes grimpantes d'un violet éclatant, maisons italiennes aux colonnades et aux arbres sombres qui se détachent nettement sur l'azur du ciel et le bleu de la mer ou, le soir, s'estompent dans une lumière verdâtre idéale.

Toutefois, pour jouir de ce spectacle, il ne faut pas se laisser tenter par l'élégance des tramways qui se succèdent à tous moments. Ils vont trop vite; ils ne permettent pas de bien observer. Tout au plus, y peut-on envisager d'un coup d'œil, étonné et curieux, la variété singulière des races qui composent la population algérienne, car le nombre est grand de celles qui s'y rencontrent.

Évidemment elle a existé de tout temps, cette variété, et elle a toujours constitué l'un des charmes du pays.

Mais elle n'était pas aussi développée jadis, ou plutôt, les diverses races vivaient autrefois séparées par des cloisons qui étaient plus étanches.

A l'heure actuelle, toutes se confondent perpétuellement et partout, aussi bien les Italiens, qui ne se confinent plus à la pêcherie, que les Maltais, que leur habileté et leur ténacité poussent souvent aux hautes situations du commerce; que les Espagnols, qui viennent à la ville vendre leurs primeurs; que les Kabyles, travailleurs acharnés et intelligents, qui y font œuvre d'Auvergnats et réussissent à gagner de bons pécules; que les Arabes, chefs, rentiers, maquignons, citadins, campagnards ou marchands; que les Mauresques qui, confinées autrefois dans leurs maisons, semblent maintenant les déserter tout le jour, un peu à la mode péripatéticienne, sans que la morale y gagne beaucoup; que les Mozabites enfin, énigmatiques habitants des villes singulières du désert, sobres, laborieux, tenaces, commerçants habiles, autrefois réputés pour leur honnêteté, qui menacent de prendre, dans toutes les branches du commerce, une situation si considérable qu'elle permet de voir en eux les Chinois de ce pays, destinés à défier, sur nombre de points, toute concurrence — même peut-être celle des Juifs.

Mais, cette confusion pittoresque ne règne pas que dans les rues. Elle a gagné les mœurs et les gagne tous les jours davantage, sans les améliorer, il s'en faut. Non certes, les cloisons ne sont plus étanches, dans cette population où les Français, devenus la minorité, faute de trouver des Françaises, épousent des Italiennes, des Espagnoles et des Maltaises catholiques, mais aussi des Juives ou des Mauresques, sans songer à leur faire abjurer leur religion; où les Espagnols, les Italiens et les Maltais se croisent de même; tandis que des Juifs et des Arabes épousent des Européennes chrétiennes.

La plupart de ces unions sont purement laïques, comme on le comprend; la question de la religion inquiétant d'habitude fort peu les esprits de ces conjoints, qui ne voient rien au delà de l'écharpe municipale, quand ils songent à l'aller contempler.

A tous ces croisements, il faut ajouter, pour en apprécier les suites, qu'ils sont agrémentés des conséquences de divorces, que la loi autorise, et qui sont prononcés avec la facilité que comportent les habitudes du pays.

De la sorte, les Français de France ne songeant pas à venir en Algérie pour y faire souche de nationaux, il se crée, peu à peu et assez rapidement, en partie par la raréfaction de notre sang, une race nouvelle, qu'on appelle algéroise, et dont la caractéristique, qui ira toujours grandissant, est d'être singulièrement cosmopolite et qui deviendra assez indifférente à l'idée de patrie telle que nous la concevons.

Je sais que la plupart des Espagnols, des Italiens et des Maltais sont, de par une loi, naturalisés; mais s'ils se résignent à accepter les effets de cette loi, parce qu'elle a des avantages pour eux, leur mentalité n'est pas modifiée pour cela. Ce sont des étrangers.

Quelle peut être, du reste, la patrie de toutes ces familles, où le père est d'une race, la mère d'une autre, une sœur d'une troisième? Si elles songent à leur patrie d'origine, leurs pensées n'iront pas souvent vers la France qu'elles ne connaissent pas. Pourquoi iraient-elles vers la France, si elle leur est étrangère?

Sans autre nationalité que celle qu'elle se créera sous l'action des forces qui agiront sur elle, — et on peut prévoir qu'il en sera d'opposées aux intérêts français, — se développe une race nouvelle, toute de croisements, détachée plus ou moins de toute confession, et toute préparée à se détacher, au moindre incident, d'un pays qui lui a donné le moyen de naître, mais qui a négligé de l'alimenter, de la développer et de la vivifier de son sang; d'un pays qui, n'ayant pas rempli ses devoirs à l'égard de sa colonie, ne sera plus autorisée à faire valoir ses droits.

Et qu'on ne se leurre pas de l'espoir que cette terre, si elle rompt un jour les liens administratifs, financiers et judiciaires qui l'attachent au pays créateur, continuera à rester très française. Ses intérêts ne la maintiendront pas en communion avec la France, avec plus de force qu'avec l'Espagne, par exemple; car déjà, dans la province d'Oran, les Espagnols sont en majorité, et Alger en compte aussi 20,000; ou qu'avec l'Italie qui débordera de la Tunisie; tandis qu'elle acceptera peut-être, sans grande résistance, en cas de malheur, le protectorat d'une de ces grandes nations, dont elle discerne, dès maintenant, les ambitions, et dont elle apprécie chaque jour la richesse et la puissante activité, en voyant leurs gros navires remplir le port, où le pavillon tricolore ne flotte que sur quelques bateaux de petit tonnage.

Derrière le rideau enchanteur se cache donc un sombre avenir qu'on a le devoir de chercher à conjurer.

Pour l'assombrir encore, le Gouvernement se dispose à appliquer à ce pays, où il est si important que le vainqueur conserve, tout au moins, l'extérieur d'une religion, devant cinq millions d'Arabes, tous musulmans, dont on semble ignorer l'existence, le Gouvernement se dispose à appliquer la loi de Séparation.

Le Gouverneur sera autorisé, toutefois, à admettre les exceptions qu'il croira nécessaires, soit par politique, soit par domination.

Par politique, on continuera à rémunérer le clergé, dans les localités où la population espagnole ou italienne, qui en serait dépourvue, demanderait à son gouvernement de lui envoyer des prêtres nationaux; par domination, là où les Arabes seraient disposés à écouter des marabouts, on conservera des muphtis et des imans.

Seuls les Français seront assurés de pouvoir donner à la colonie le spectacle exemplaire de citoyens libérés de toute croyance et de tout idéal; ce seront alors de dignes habitants des rues Zola, Barbès ou de la Libre-Pensée.

Et cependant, au milieu de cette population si éminemment gouvernementale d'apparence, chaque dimanche, à une messe qui est réservée aux hommes, la nef de la vaste cathédrale ne suffit pas à contenir une assemblée désireuse d'entendre l'enseignement que lui distribue le chanoine Bollon, archiprêtre, avec un zèle, une autorité, une méthode, une simplicité et une foi qui dissipent les inquiétudes du dehors, et remplissent le cœur d'un ardent espoir dans la Providence qui a toujours le dernier mot sur tout; et qui, vraiment, n'a pas dû permettre à la France de planter le drapeau blanc fleurdelisé sur la Casbah, pour qu'elle prépare sur la terre d'Afrique l'avènement d'une République algéroise et sans Dieu.

III

ORGANISATION DE L'ALGÉRIE. — LES DÉLÉGATIONS; LE CONSEIL SUPÉRIEUR

Mai 1907.

Quoique l'Algérie ne soit plus qu'à quelques heures de la France, que nous y soyons établis depuis quatre-vingts ans bientôt, et qu'elle soit visitée, chaque année, par des milliers de touristes, elle est encore une terre si inconnue d'un grand nombre de Français qu'il y a quelque intérêt à en faire connaître l'organisation.

Je voudrais, tout d'abord, dire quelques mots des conditions qui régissent le gouvernement et les affaires d'Algérie.

En 1900, M. Laferrière, alors Gouverneur général, fit adopter un ensemble de mesures qui avaient pour but d'apporter plus d'ordre et plus de méthode dans les dépenses du budget algérien, d'alléger les charges qu'il causait à la métropole, et d'intéresser davantage les habitants de la colonie à la gestion des affaires du pays, dont ils avaient été singulièrement écartés jusqu'alors.

Sous le nom de délégations financières, on créa une assemblée, composée de membres délégués par les trois départements d'Alger, d'Oran et de Constantine, et répartis en quatre délégations, savoir : deux françaises, comprenant les délégués colons et les délégués non colons, et deux indigènes, l'une arabe, l'autre kabyle.

Le budget afférent à l'Algérie fut divisé en deux parts : la première comprenant les dépenses, dites de souveraineté, qui continuèrent à faire partie du budget général et à être payées par la France; la seconde comprenant les dépenses de la colonie autres que celles dites de souveraineté, qui constituèrent le budget spécial à la colonie, le budget algérien, dont le projet établi par le Gouverneur général dut être soumis, chaque année, d'abord au Ministre des finances et au Ministre de l'intérieur, pour l'être ensuite à l'étude, à l'examen et au vote des délégations d'abord séparées, puis ensuite réunies en séance plénière, dans des conditions qu'il serait trop long d'exposer en détail.

Comme il ne pouvait pas être question de comprendre, dans le même budget colonial, les dépenses de la colonie proprement dite et celles, relativement considérables, des territoires vastes, imprécis et pauvres du Sud, soumis du reste à une réglementation particulière, le budget algérien fut allégé de ces dépenses, qui formèrent un budget dont les délégations n'eurent pas à connaître.

Au-dessus des délégations, un conseil supérieur de Gouvernement fut constitué, comprenant un certain nombre de membres élus, de conseillers généraux et de hauts fonctionnaires; ces derniers, renforcés par l'élément indigène, généralement disposé à montrer plus de déférence à l'autorité dont il a tout à attendre, constituant la majorité.

Chaque année, ce conseil, moins colonial, moins exclusif et plus pondéré que les délégations, se réunit sous la présidence du Gouverneur, quand les délégations ont achevé leur œuvre, pour examiner, étudier, discuter et arrêter le budget et les travaux des délégations. Le budget algérien arrêté par le conseil supérieur n'est, du reste, définitif qu'après avoir été approuvé par le Parlement.

Tel est, en résumé, l'ensemble des dispositions qui donnent une physionomie spéciale à l'administration algérienne.

On était en droit de se demander si la colonie pouvait présenter aussitôt un nombre de personnes aussi considérable que celui auquel on allait remettre le soin de ses affaires, bien aptes à les discuter avec fruit et à les bien diriger. Sur ce point, la lecture des procès-verbaux des séances permet de conclure que les délégation algériennes ne sont pas inférieures à nos Parlements.

Elles n'ont pas échappé, toutefois, aux défauts si fréquents dans la colonie; facilement, elles manqueraient de mesure. Aussi est-il grand besoin, pour les diriger et les maintenir, qu'elles aient pour les présider un Gouverneur expérimenté dans les choses algériennes, pourvu d'une autorité et d'une habileté très réelles.

M. Jonnart remplit, aujourd'hui, fort bien cette fonction délicate sans être, heureusement pour lui et pour nous, le Gouverneur rêvé de certains délégués. Mais on peut se demander ce qu'il adviendrait des travaux de ces délégations, facilement emballées, si elles avaient à leur tête un homme politique ignorant des affaires algériennes, et du caractère tel que celui que M. Clemenceau rêvait de donner dernièrement comme successeur au Gouverneur actuel qui, à ses qualités, joint le mérite de ne pas plaire toujours à notre premier Ministre.

Au nombre des dépenses que les délégations ont à voter, il en est d'obligatoires qu'elles ont simplement à faire figurer dans le budget qu'elles établissent. Cependant, si elles estiment que, parmi ces dépenses, il en est qui sont trop élevées et qui grèvent par trop le budget colonial, elles ont la faculté de se consoler du dépit que leur a causé leur adoption forcée, en faisant un accueil défavorable aux propositions, qui leur sont soumises de telle ou telle dépense facultative, qu'elles ont le droit de diminuer ou de repousser.

On voit qu'il y a là un danger que seule une direction très habile peut éviter.

Il est aussi difficile de concilier, dans un avis commun et conforme à l'intérêt général, les opinions des délégués départementaux.

Au moment de la conquête, l'Algérie comptait trois beys. Le bey d'Oran, celui de Constantine et celui de Titery exerçaient la domination, plus ou moins effective, sur le pays, et payaient l'impôt au dey d'Alger. Des trois territoires soumis à ces beys, on fit les trois provinces, devenues ensuite les trois départements qui composent aujourd'hui l'Algérie.

Or, ce n'est pas exagéré de dire qu'à tout propos, sous la poussée du moindre intérêt, ces trois départements manifestent des tendances contradictoires; et que souvent, quand l'accord vient à se faire, il est conclu entre ceux de Constantine et d'Oran, au préjudice de celui d'Alger qu'ils jalousent tous deux, à cause des avantages qu'il tire de la possession de la capitale. Sur un seul point l'accord est unanime et tristement constant : c'est à l'égard des indigènes, qui risqueraient d'être promptement dépouillés des droits que l'équité la plus mince, à défaut de notre intérêt, nous commande de leur laisser en pleine jouissance si leur passion anti-indigène venait à prévaloir.

Enfin, et c'est là le point le plus grave et par lequel je terminerai, il est facile de constater qu'entraînées par la pente sur laquelle aucun parlement colonial ne s'est jamais arrêté, les délégations seront, peu à peu, frappées plus exclusivement par la considération des intérêts algériens, tandis que ceux de la métropole, dont

2

elles perdront peu à peu la notion exacte, s'estomperont et s'obscurciront, sans doute, à leurs yeux.

Injustement, oubliant tous les sacrifices que la métropole a faits et tous ceux qu'elle continue de faire pour la colonie, on en viendra à l'accuser d'indifférence, d'exigences exagérées, de surveillance intolérable. Peu à peu, la France risquera de ne plus être, aux yeux de tous, la mère-patrie, et cela est presque excusable, puisque tous les Algériens, ou plutôt tous les Algérois, comme l'on dit maintenant, ne seront pas tous français d'origine.

Sans qu'un mot ait été prononcé, jusqu'ici, qui permette de signaler le danger du séparatisme, on peut dire que la pensée séparatiste ne manquera pas de déposer des germes dans les esprits algérois, et les discussions d'un Parlement colonial seront de nature à les développer presque fatalement.

La réforme de 1900, féconde sous certains points, présente donc de graves inconvénients qu'une politique sage, habile et ferme peut seule écarter.

Sera-ce toujours celle qui inspirera l'autorité ?

IV

SITUATION ÉCONOMIQUE ET COMMERCIALE DE L'ALGÉRIE

Mai 1907.

Quatre questions ont occupé, ces mois derniers, et occupent encore l'Algérie. Ce sont : celle de l'emprunt que la colonie veut contracter pour améliorer son outillage; celle de la mévente des vins dont elle souffre; celle du Maroc, qui la touche particulièrement; et celle, enfin, de la loi de Séparation, dont l'application l'effraye.

Je voudrais en dire quelques mots, en commençant par celle de l'emprunt, que discute, en ce moment, le conseil supérieur du Gouvernement; mais comme la preuve de la nécessité de cet emprunt et celle de l'existence des revenus qui le gageront résultent de l'exposé du progrès de l'agriculture et du commerce, du développement de toutes les ressources et de la bonne situation du budget de l'Algérie, il me faut parler, d'abord, de ces progrès, de ce développement et de cette situation.

Je le ferai rapidement; je devrai, cependant, citer des chiffres qui ennuieront peut-être; qu'on s'arme de courage et qu'on m'excuse.

La preuve la plus directe de l'activité commerciale de l'Algérie est fournie par l'accroissement régulier et considérable des transports maritimes ou terrestres.

J'ai déjà parlé du port d'Alger, de son extension,

bientôt insuffisante. Pour compléter ce que j'en ai dit, il me suffira de faire observer que le mouvement de la navigation, qui fut au début, en 1831, de 21,000 tonnes, fut de 197,000 en 1861; de 418,000 en 1871; de 769,000 en 1881, et atteignit, en 1905, 2,361,000 tonnes, effectué par 5,412 navires ayant fait opération de commerce; tandis que le trafic total du port atteignit le chiffre énorme de 11,284,000 tonnes, effectué par 10,500 navires!

Il est vrai de dire que 3,480 navires jaugeant 6,853,000 tonnes ont seulement fait relâche; mais comme ils n'en ont pas moins acquitté des droits de port, et que le plus grand nombre s'est ravitaillé de houille, leur passage n'a pas été sans profit pour Alger, qui, dès maintenant, occupe le deuxième rang parmi les ports de France, au point de vue du tonnage, et le sixième pour l'effectif des marchandises.

Et ce n'est pas seulement le port de la capitale dont le développement peut être cité avec une satisfaction légitime. C'est aussi le port d'Oran qui, dans la même année 1905, accuse un mouvement de 4 millions de tonnes effectué par 6,300 navires, dont il est d'autant plus fier qu'il n'est pas port de relâche. C'est aussi le port de Bône, qui suit encore d'assez loin, mais dont le mouvement déjà considérable prendra une grande importance, quand les mines dont il est le débouché seront en exploitation complète.

Une autre preuve de l'activité économique de l'Algérie est fournie par l'élévation des recettes des chemins de fer, encore si incomplets dans leur ensemble, passées, de 23 millions qu'elles étaient en 1896, à 35 millions en 1905, et à 39 en 1906.

On en trouverait une aussi dans l'importance des opérations effectuées par les sociétés financières : Banque d'Algérie, Crédit foncier et agricole, Crédit lyonnais, Compagnie algérienne, etc.

A la Banque d'Algérie, le mouvement des caisses a atteint 2 milliards 800 millions en 1905, et le total des escomptes est monté à 800 millions; au Crédit foncier, le mouvement du portefeuille s'est élevé à un milliard; et, à la Compagnie algérienne, le mouvement des caisses a dépassé 2 milliards 600 millions.

Certes, ce développement économique n'a rien qui puisse être comparé à celui dont les pays neufs, peuplés et industriels du nouveau monde donnent souvent l'exemple; mais, pour en apprécier équitablement la valeur, il faut observer que l'Algérie est une vieille terre dont la fertilité est limitée, qu'elle n'a pas encore d'industries, enfin qu'elle est relativement peu peuplée, puisque, au dernier recencement, celui de 1906, elle ne compte encore que 5,158,000 habitants, dont 4,778,000 indigènes et 680,000 Européens seulement; et que si la population indigène s'est accrue, en cinq ans, de 330,000, la population européenne n'a augmenté que de 48,000.

Dans ces conditions, on doit reconnaître que les efforts des Algériens sont considérables; les chiffres du commerce le prouvent, du reste, singulièrement.

En 1831, le commerce fut à peine de 8 millions de francs; c'est le point de départ. En 1861, il était de 166 millions; en 1871, de 307; en 1905, de 612; en 1906, enfin, de 667 millions, sur lesquels le chiffre des importations, qui, relativement, va toujours diminuant, était de 389, et celui des exportations de 278 millions.

En 1905, on avait relevé 384 millions à l'importation et 228 à l'exportation, soit 50 millions de moins. Cette plus-value considérable de l'exportation de 1906, qui ne croîtra peut-être pas en 1907 dans les mêmes proportions, doit être attribuée, pour une grande part, à la belle récolte des céréales, au développement des cultures fruitières et maraîchères, et à l'exploitation des mines.

Or, ce qu'il ne faut pas oublier, c'est la part considérable qui revient à la France dans ce commerce. Elle a été, en 1905, de 488 millions sur 612; c'est-à-dire que le commerce entretenu par la France de l'Algérie n'est primé que par ceux que la France entretient avec l'Angleterre, la Belgique, l'Allemagne et les États-Unis. Le marché algérien occupe, en France, le cinquième rang.

Ce qui assure l'importance de ces relations favorables à la colonie et à la métropole ne doit pas être perdu de vue. C'est le privilège du pavillon national, qui résulte de ce que, l'Algérie étant terre française, la navigation franco-algérienne est navigation de cabotage; et c'est aussi le régime nettement protectionniste des relations réciproques de la France et de l'Algérie.

Dans les conditions actuelles, les marchandises de provenance nationale peuvent défier, dans presque tous les cas, la concurrence étrangère, dans les ports algériens; et, de même, les marchandises de provenance algérienne se présentent, dans les ports français, allégées des droits, souvent considérables, qui frappent les marchandises étrangères.

Évidemment, des deux côtés, il y a des sacrifices consentis, dont parfois quelques intérêts ont à souffrir; mais il ne faut pas méconnaître le bénéfice considérable que les deux parties en retirent. Il faut, en effet, bien se persuader que si, dans l'état présent, on se relâchait des exigences protectionnistes que quelques intermédiaires prétendent, quelquefois, être excessives, tandis que les céréales d'Algérie ne pourraient plus lutter sur le marché de Marseille avec celles d'Orient, ni ses vins avec ceux d'Italie ou d'Espagne; de même, les produits manufacturés de France seraient évincés du marché algérien par les produits d'Allemagne, de Suisse ou d'Italie, qui s'y présenteraient avec des prix beaucoup moins élevés, qu'une population généralement pauvre apprécierait singulièrement et préférerait, sans aucun doute, aux produits similaires français.

Dans l'état actuel, et longtemps encore, les relations de la métropole et de la colonie ne peuvent que gagner à conserver les règles qui les régissent. Quitte, bien entendu, à en suspendre l'observation quand il plaît aux marins ou aux ouvriers du port de Marseille de se mettre en grève et de supprimer ainsi toutes les relations entre les deux pays, au détriment surtout de l'Algérie, dont ces fantaisies mettent en péril les plus grands intérêts, puisque, faute de pouvoir faire appel au pavillon étranger ou à la production étrangère, elle est littéralement coupée de la métropole, dont il lui faut cependant tout attendre et à qui elle doit tout envoyer pour vivre.

Les vins forment actuellement, malgré la crise qui les atteint, le plus important produit de l'exportation algérienne. De 17,000 hectolitres qu'elle était en 1880, cette exportation a atteint 5,435,000 hectolitres en 1905, produisant 95 millions.

Rappeler que l'Afrique était le grenier de Rome est un lieu commun. Actuellement, l'apologie fait parfois place à un dénigrement outré, dont on reviendra, quand la preuve des dangers d'une extension exagérée de la culture de la vigne aura ramené à la culture des céréales bon nombre d'Algériens qui l'ont trop négligée.

Tendres ou durs, les blés algériens sont excellents et fort appréciés; tandis que les orges se rapprochent sensiblement des belles qualités de la Beauce et sont fort estimées des brasseurs.

En 1904, il a été récolté 7 millions de quintaux de blé; le rendement à l'hectare n'étant pas, dans son ensemble, inférieur, il s'en faut, à celui des terres d'Italie, de Russie ou d'Espagne. Déjà supérieur dans les terres cultivées par les colons, il va en augmentant dans les terres cultivées par les indigènes, qui commencent à emprunter nos méthodes et à faire usage de nos instruments aratoires. La production de l'orge a dépassé 8 millions de quintaux en 1904.

L'exportation des moutons a atteint, la même année, un million d'animaux, vendus au prix de 24 millions; on estime à 9 millions de bêtes le nombre des moutons du cheptel algérien.

En 1905, l'Algérie a exporté 69,000 quintaux d'huile d'olive d'une valeur de 6 millions; 102,000 quintaux de laines, en masse, d'une valeur de plus de 12 millions; pour 4 millions de crin végétal; pour 5 millions d'alfa. Devenu le plus grand producteur de liège, l'Algérie en a exporté, en 1905, 242,000 quintaux, soit pour près de 13 millions.

Négligeant de parler de la culture des fruits, des légumes et des primeurs, qui prend chaque jour plus d'importance cependant, ainsi que de celle du tabac dont j'aurai à m'entretenir, et m'en tenant au seul chapitre des exportations, pour ne pas fatiguer mes lecteurs, malgré que celui des importations soit bien intéressant à regarder pour apprécier la vitalité du pays, je terminerai en appelant l'attention sur la cause de richesse que constitue, et que constituera surtout, l'exploitation des minerais et des phosphates.

L'exportation des phosphates a produit près de 9 millions de francs en 1905. Celle des minerais de fer, de zinc, de plomb et de cuivre, 18 millions. Mais elle ne donne aucune idée de ce qu'elle sera sous peu, si le quart seulement des espérances que l'on fonde sur l'exploitation des mines récemment concédées se réalise.

Ce sera alors une sorte de révolution économique dans le pays, un accroissement de transports incalculable à l'heure présente, et peut-être la constitution d'établissements industriels. On en jugera quand on saura que la compagnie formée par MM. Krupp, Schneider, Cockeril, etc., qui sollicite la concession de la mine d'Ouazan, se propose de construire une voie ferrée de 140 kilomètres pour atteindre Bône, et d'y faire un port qui lui serait spécial.

Je m'arrête. J'en ai dit assez; j'en ai dit trop, c'est-à-dire plus qu'il était nécessaire, pour établir la puissance économique de notre colonie, et condamner toutes les bêtises que des gens qui ne la connaissent pas s'en vont répétant sur cette « école » coûteuse.

Il reste à exposer les conséquences que l'on se propose d'en tirer, pour augmenter la puissance de l'outillage algérien.

V

PROJET D'EMPRUNT ALGÉRIEN

Juin 1907.

A l'essor commercial que j'ai cherché à résumer correspond une bonne situation des finances algériennes, dont tous les budgets présentent un excédent de recettes.

Ainsi, tandis que les recettes du budget spécial se sont élevées, en 1905, à 94 millions et demi de francs, les dépenses n'ont atteint que 91 millions, laissant un excédent de recettes de 3 millions et demi, qui a dû s'accroître en 1906, si la loi d'augmentation signalée depuis 1901 s'est confirmée.

Les budgets départementaux atteignent 22 millions et demi de recettes, et donnent près de 4 millions d'excédent de recettes.

Les budgets communaux, moins prospères, ne sont pas tous équilibrés; mais leur ensemble, qui est de 45 millions, présente cependant un excédent de recettes de 600,000 francs.

Il est vrai de dire que tous ces budgets comprennent des emprunts, dont il est sage de tenir compte : le budget spécial doit 114 millions; les budgets départementaux 73; et les budgets communaux, plus chargés ou moins bien administrés, 110 millions.

Mais il est juste aussi d'opposer à la note sombre des dettes ontractées la note réconfortante de constitution de fonds de réserve considérables, qui permettent de procéder souvent à des travaux extraordinaires.

C'est sur l'augmentation croissante des excédents de recettes que le Gouvernement général s'est basé, pour étudier et pour présenter son projet d'emprunt qu'il avait arrêté à 150 millions, que les délégations financières ont rapidement porté à 175, et que le conseil supérieur étudie en ce moment.

Mais cet excédent de recettes, pour aussi considérable et aussi assuré qu'il soit, n'aurait pas suffi, cependant, pour gager cet emprunt, si l'on n'avait pas ajouté au budget une recette qui ne figurait pas dans les budgets précédents.

Cette recette nouvelle est celle que fournira l'impôt sur le tabac, voté l'an dernier, et appliqué depuis le 1er janvier.

Jusqu'à cette date, la culture et la vente du tabac étaient libres en Algérie et exemptes de tout impôt; 7,000 planteurs, la plupart indigènes, ont produit librement, en 1905, 59,000 quintaux de tabac, dont la moitié environ fut achetée par l'administration ou par l'étranger, le reste étant, librement, manufacturé et consommé en Algérie.

Aujourd'hui, cet impôt, dont on attend de 4 à 5 millions, atteint les planteurs et les fabricants. Il a été assez mal accueilli, il faut le reconnaître, car il est venu bouleverser les habitudes de la population.

Le règlement qui a été rédigé en quatre-vingts articles, pour l'application de cet impôt, était, du reste, bien fait pour terrifier ceux auxquels il s'adressait, la plupart illettrés.

Pour ce qui est des fabricants ou des marchands, ils paraissent reprendre leurs esprits, grâce à une jolie majoration des prix qui les aidera, sans doute, à supporter les ennuis que la nouvelle réglementation leur cause.

Les planteurs, qui diffèrent de ceux de France, se feront plus difficilement à la situation nouvelle; et je crois que le règlement devra être modifié sur plusieurs points, ou bien être appliqué très libéralement, au début tout au moins, si l'on ne veut pas voir la culture du tabac diminuer en Algérie, au détriment des intérêts généraux, et peut-être même au détriment de l'impôt.

Quoi qu'il en soit, il était nécessaire de mettre l'outillage de la colonie à hauteur des besoins croissants de son commerce, pour lui permettre de se développer encore, et il est remarquable qu'on ait pu songer à le faire, tout en augmentant dans le budget ordinaire les dotations d'un grand nombre de services.

Toutefois, convenait-il d'emprunter autant, et convenait-il de faire, de la somme empruntée, l'usage qu'on se propose d'en faire?

Sur les deux points, l'accord n'est pas unanime; et je me permets de formuler quelques réserves.

La somme de 150 millions, portée à 175 par les compétitions des délégations, quoiqu'elle ne suffise pas à tous les travaux qui seraient nécessaires et qu'il faudra se déterminer à faire, sans doute, est bien considérable. Elle engage l'avenir pour quinze années au moins, dans un pays qui est encore en pleine transformation; car si beaucoup de branches du commerce et de l'agriculture y sont déjà très développées, il en est d'autres sur le développement desquelles on n'est pas bien fixé et qui peuvent varier considérablement, puisque le climat, et aussi la nature de l'esprit des habitants, font souvent de l'excessif la règle habituelle.

Lié pour aussi longtemps, il sera difficile, sinon impossible, au Gouvernement de parer à des nécessités qui viendraient à surgir, ou de prendre les mesures qu'une innovation dans les procédés de culture, de transport, d'industrie ou de commerce pourrait imposer.

Comme l'a dit un homme d'esprit : « M. Jonnart a fait un coup de maître; mais dans quel embarras n'a-t-il pas mis celui qui lui succédera, empêché, pour longtemps, d'entreprendre aucuns travaux nouveaux et forcé de résister aux requêtes ardentes que les délégations futures ne manqueront pas cependant de lui présenter avec instance! »

Je sais bien que l'emprunt ne sera pas contracté en une fois; qu'on fera appel au crédit au fur et à mesure des besoins; mais, comme il résultera de l'ensemble des travaux adoptés qui constitueront le programme de l'emprunt, on aura pris, en l'adoptant, un engagement qu'il sera impossible de ne pas tenir plus tard; car je ne vois pas bien des délégués consentant à renoncer, un jour, à l'achèvement de leur programme, renonçant aux bénéfices de ce que leurs populations attendaient, et se résignant à avoir payé l'impôt, pour des travaux dont leurs voisins ou leurs rivaux auraient été seuls à profiter.

On aurait pu arriver au résultat que l'on visait sans embrasser, de suite, un projet aussi vaste. La façade de l'édifice eût été moins développée assurément et moins grandiose; mais les budgets futurs auraient eu plus d'élasticité, et la faculté de se plier aux nécessités du moment eût été mieux assurée.

Mais il aurait fallu, pour cela, être certain de pouvoir résister aux poussées des délégations et aux intrigues qui s'y nouent; à tout ce qui caractérise la façon de discuter des parlements. Et peut-être, toute l'habileté et toute l'autorité du Gouverneur, qui sont grandes, ont-elles dû se borner à limiter la surenchère électorale à 25 millions, et à écarter, provisoirement, un supplément considérable de travaux coûteux, à peine évalués, que les délégations prétendaient imposer d'enthousiasme aux finances algériennes.

Au reste, le geste aura eu peu de portée, car le Conseil supérieur, renchérissant sur les délégations, vient de faire classer ce supplément de travaux ; 32 millions, simplement, à l'estime !

Sur les 175 millions de l'impôt, la plus grosse parsera destinée aux chemins de fer ; et cela est juste, car s'il n'y a pas trente ans — comme l'a dit le correspondant des *Débats* — qu'on n'a pas accru le réseau algérien, il y en a treize, ce qui est beaucoup.

Dans cette partie du programme, le rachat de la ligne de l'Est algérien (Alger, Constantine, Biskra, Bougie) est escompté. Mais, quoiqu'il soit réclamé en Algérie par ce qu'on appelle l'opinion publique, très montée contre la Compagnie ; quoique les colons manifestent une confiance enfantine, dans ce que leur procurera l'exploitation de la ligne de l'État, qui transformera et améliorera tout, jusqu'à la nature du terrain, souvent détestable, jusqu'au tracé parfois défectueux, le rachat reste en suspens ; et, tant qu'il ne sera pas effectué, il paraît difficile de consacrer à l'amélioration très nécessaire de la voie, que la Compagnie ne peut pas assurer dans les conditions de son exploitation, les 17 millions de l'emprunt qu'on doit y consacrer.

On propose d'attribuer 32 millions aux routes et 16 millions aux travaux maritimes.

Allant au-devant des reproches que l'on pourrait adresser aux trois chapitres principaux du programme, le Gouvernement a déclaré qu'il importait « d'éviter la faute commise ailleurs et de ne pas multiplier les ports sur les côtes algériennes. »

Cette faute a-t-elle été évitée complètement, et la caractéristique de tous ces travaux, dont l'adoption résulte surtout de concessions mutuelles et de compétitions locales, n'est-elle pas, au contraire, de ne pas tenir un compte suffisant des lois économiques qui régissent les transports et les échanges commerciaux?

Le petit port de Ténès, par exemple, a déjà coûté 8 millions et demi, et on lui réserve encore une dotation d'un million et demi; tandis que la moyenne annuelle de son trafic ne dépasse pas 10,000 tonnes, soit le quart, le cinquième à peine, du trafic journalier du seul port d'Alger.

Il est vrai de dire que, pour activer ce mouvement, peu perceptible, on construira un chemin de fer qui joindra ce pauvre petit port à l'artère ferrée d'Alger-Oran. Pense-t-on que les marchandises la quitteront pour gagner Ténès? Pense-t-on que les marchandises de la région de Ténès n'auraient pas plus d'avantages à gagner la grande ligne?

Le port de Djidjelli qu'on achève, non sans de grosses dépenses, quoiqu'il soit à peu de distance du port de Bougie, qui sera excellent et deviendra le siège d'un gros trafic, et à peu de distance aussi de celui de Philippeville, déjà important, ne sera que difficilement un bon port. Ce ne sera sûrement jamais, par le fait même de sa situation, un port considérable. On se propose cependant de le joindre à Constantine, par un chemin de fer qui traversera plus de quarante lieues d'un pays difficile, tandis qu'il serait préférable de le joindre aux voies qui gagnent déjà Bougie ou Philippeville.

Actuellement, dans les pays bien avisés, on consacre toutes ses ressources à la constitution de grands, de très grands, d'immenses ports, que l'on dote de tous les perfectionnements qui en font de puissants instruments de travail et des sources considérables de richesse nationale.

Seul, un grand port possède ce qui attire les navires, active la navigation et décuple le commerce. Les vingt lieues d'Escaut qui séparent Anvers de la mer n'empêchent pas des milliers de bateaux de remonter, chaque année, jusqu'à ses quais immenses; car ils savent qu'ils y trouveront place pour accoster et du trafic, et qu'en quelques heures, des engins puissants procéderont à des manipulations de plusieurs milliers de tonnes. Et, comme ils y perdent peu de temps, ils n'exigent pas de gros frets; et la modération de leurs exigences attire les marchandises.

Les grands ports ne doivent pas, bien entendu, être factices, c'est-à-dire construits comme celui de la Pallice, là où il n'y a rien, mais dans une grande place de commerce. Ils profitent des richesses de la place et les développent.

A Cannes, j'ai vu des bateaux charbonniers accostés à la petite jetée. Faute de grues, on les déchargeait avec des paniers, à dos d'homme! De quel prix était majoré le charbon?

C'est vers ces ports immenses que vont et que doivent aller les voies ferrées. L'influence de ces ports et de ces villes commerciales, qui attirent tout puissamment, est telle qu'elle réagit sur le prix des transports des voies ferrées; elle les fait diminuer, et cette diminution des transports s'ajoute au bénéfice qui résulte de la rapidité et de la sûreté des opérations effectuées dans le port.

Aller, même avec la vapeur et l'électricité, contre cette loi, est une entreprise dont l'issue est fatale.

Sans entrer dans un examen détaillé du programme, je me borne à émettre l'avis qu'il n'a pas tenu un compte suffisant des lois économiques.

Deux millions seront destinés aux travaux hydrauliques; 15 à la colonisation; 8 aux forêts qu'il importe tant de protéger et de reconstituer comme on s'efforce de le faire; 3 à l'Assistance publique, et 2 aux Postes et télégraphes. Rien de mieux.

Tels sont les projets considérables que le Conseil supérieur achève d'étudier en ce moment et que la métropole aura à approuver. Si on les peut discuter sur quelques points, il faut reconnaître qu'ils constituent, cependant, un ensemble qui développera singulièrement les richesses du pays. Ils feront vraiment époque dans l'histoire de la colonie; aussi conçoit-on qu'ils aient passionné et qu'ils passionnent encore tous ceux qui ont eu à les étudier ou à les discuter et tous ceux qui en tireront profit, et qu'ils soient, enfin, d'un bien puissant intérêt pour ceux qui, depuis longtemps, aiment l'Algérie, et qui la veulent riche, prospère et heureuse.

VI

LA QUESTION ALGÉRO-MAROCAINE

Juin 1907.

La question marocaine qui occupe encore les esprits en France, après les avoir terriblement inquiétés un moment, a toujours, pour l'Algérie, un puissant intérêt, et cela se comprend, car elle atteint son commerce et peut même compromettre la tranquillité de son territoire.

Je n'ai pas la prétention de traiter la question dans son entier; je ne veux l'étudier qu'au point de vue algérien. Je crois, du reste, qu'on aurait beaucoup gagné à ne l'envisager qu'à ce point de vue, parce qu'il aurait certainement conduit à obtenir des résultats matériels et politiques qui auraient donné, logiquement, par la force même des choses, la solution des problèmes qu'on poursuit encore vainement, en suivant la méthode que notre pauvre diplomatie s'obstine à suivre, sans se lasser jamais des échecs qu'elle éprouve.

C'est en 1842 que, notre occupation s'étendant vers l'ouest de la subdivision de Tlemcen, les relations avec le caïd d'Oudjda et les tribus voisines, avec lesquelles on prenait contact, commencèrent à devenir difficiles. L'émir Abd-el-Kader, qui était aux abois, s'employa habilement à les envenimer. La victoire du maréchal Bugeaud à l'Isly calma les Marocains; la paix fut signée; et l'année d'après, en 1845, à Marnia, les conventions relatives à l'application du traité furent arrêtées.

Mais que de fautes avaient été commises! Que de fautes que nous avons renouvelées depuis, comme à l'envi! Que de fautes dont nous eûmes à souffrir, presque aussitôt, et dont nous souffrons encore bénévolement!

Lorsque les progrès de notre occupation nous avaient conduits à l'ouest de la Tafna et nous avaient déterminés à construire le poste de Marnia, les Marocains avaient osé prétendre que les Français empiétaient sur leur territoire. Au lieu de laisser au Gouverneur le soin de répondre au petit caïd, qui se permettait de transmettre à l'autorité militaire française les revendications mensongères de son maître, on s'engagea dans la voie de la diplomatie.

S'il eût été laissé libre, le Gouverneur aurait répondu que, la France ayant succédé à l'Odjak d'Alger, dans tous ses droits, la frontière occidentale de l'Algérie française était celle de l'Odjak, laquelle ne s'arrêtait pas à la Tafna, comme on le prétendait, mais allait, à l'ouest, beaucoup plus loin, au delà du Kiss, jusqu'à la Moulouia; que la Moulouia avait été, dans l'antiquité, la limite séparative des deux Mauritanies; et que ce n'était qu'à la fin du siècle dernier que, profitant des embarras de l'Odjak, les Marocains l'avaient peu à peu franchie dans leurs incursions et poussée jusqu'au Kiss.

Et la chose eût été vite réglée par le Maréchal qui montra à l'Isly ce qu'était la force prétendue de ces voisins ombrageux, et bien réglée aussi par ce grand homme de guerre, qui écrivait alors ces lignes, dont les faits récents font ressortir le caractère prophétique :

« Si, par le désir d'épargner à mon pays une guerre avec le Maroc, je reste dans une défensive timide, je m'expose à perdre l'Algérie. Le Maroc profitera de mon inaction...

S'il craint d'en venir à une bataille contre mes sept mille hommes, il me débordera au loin, pénétrera dans le pays... Ainsi, je puis être ruiné par l'inaction... »

Mais, déjà, nous n'étions plus à l'époque où le Ministre de la marine congédiait à la française un ambassadeur anglais, et offrait aux escadres anglaises un rendez-vous auquel elles n'allèrent pas. Dès la première difficulté, tout mouvement de nos forces fut arrêté, non sans péril : tandis que notre consul à Tanger multipliait des démarches, plutôt humbles, avec la cour chérifienne, et que notre ambassadeur à Londres s'évertuait à obtenir, du gouvernement de Sa Majesté Britanique, qu'il voulût bien condescendre à ne voir rien de contraire à l'entente qui régnait entre les deux pays, dans l'acte que le Gouvernement du Roi serait forcé de commettre, contre son gré, malgré lui, pour défendre son droit. Sur la terre d'Afrique, on s'engageait, du reste, à limiter au strict nécessaire les conséquences de la victoire, si l'on était forcé de combattre.

La transformation maladroite d'une question qui était franco-marocaine, c'est-à-dire facile à résoudre promptement, parce que nos droits étaient certains, et que notre force pour les faire prévaloir était assurée, en une question internationale où nos droits couraient le risque de disparaître devant les jalousies et les compétitions de gens qui n'avaient pas à en examiner la valeur, fut une faute. Elle détermina aussitôt l'envoi de diverses escadres sur les côtes du Maroc ; et leur présence simultanée dans les mêmes eaux augmenta l'ampleur du conflit et fut une cause d'inquiétudes très vives.

Mais, heureusement, la vigoureuse canonnade du Prince-Amiral, puis la victoire de l'Isly, précipitèrent les événements ; et le Gouvernement français, autant pour calmer les susceptibilités de l'Angleterre que pour apaiser la colère de la Chambre ultra pacifique, signa à la hâte, avec le Maroc, un traité que le bon sens du Maréchal condamna sévèrement.

C'est ce traité que nous devons à la timidité de notre Gouvernement, aux criailleries de la Chambre et à l'incompétence de nos diplomates, qui écartèrent les militaires de la discussion; c'est ce traité, confirmé depuis, renforcé, respecté à l'envi par nos diplomates, qui est la cause première de nos embarras.

Mais, comment aurait-on pu résister aux aimables parlementaires qui, chaque jour, tandis que nos officiers donnaient aux soldats l'exemple des plus belles vertus militaires et assuraient à leur patrie la possession d'un pays magnifique, s'écriaient « qu'il était criminel de faire la guerre sans nécessité, uniquement pour satisfaire son ambition personnelle » !

Le patriotisme de MM. Jaurès et consorts a des précédents.

Aux termes du traité qui fut conclu, « les limites qui existaient autrefois entre le Maroc et la Turquie resteraient les mêmes entre le Maroc et l'Algérie. » Mais, au lieu de les fixer à la Moulouia, comme le vainqueur avait le droit et le devoir de l'exiger, — et la France, après deux années de défis patiemment supportés, avait vaincu à Tanger, à Mogador, à l'Isly, — on admit que la frontière partirait de l'embouchure du Kiss, dans la mer, cinq lieues plus à l'est. Et ce ne fut pas seulement un abandon de nos droits, ce fut une faute; car cela déterminait une frontière toute différente de la frontière séculaire, et très inférieure à celle que la Moulouia eût donnée. La frontière fut du reste prolongée, avec précision, jusqu'à la limite du Tell.

Au delà... Au delà, nous ne savions rien alors, ou presque rien; et l'on ne pensait pas qu'il y eût jamais, plus tard, à s'inquiéter du pays qui s'étendait au sud de notre poste le plus avancé de Sebdou.

On adopta donc la rédaction qu'on eut l'habileté de nous proposer. « Dans le Sahara, il n'y a pas de limite à établir, puisque la terre ne se laboure pas et qu'elle sert de pacage aux Arabes des deux empires, qui viennent y camper pour y trouver les pâturages et les eaux qui leur sont nécessaires. Les deux souverains exerceront de la manière qu'ils l'entendront toute la plénitude de leurs droits sur leurs sujets respectifs dans le Sahara. Et, toutefois, si l'un des deux souverains avait à procéder contre ses sujets, au moment où ces derniers seraient mêlés avec ceux de l'autre État, il procédera comme il l'entendra sur les siens, mais il s'abstiendra envers les sujets de l'autre Gouvernement. »

Le traité répartissait les tribus entre les deux pays, attribuant, à tort, au Maroc, une fraction des Ouled-Sidi-Cheick, et plaçant, par une erreur manifeste, Figuig dans le territoire marocain.

Ainsi, au delà du Tell, et par la force des choses, entre l'Algérie et le Maroc, pas de frontière, au sens strict; mais une région frontière que nous ne connaissions pas, que nous avons connue depuis et pratiquée peu à peu, l'étendant progressivement vers le sud; une région frontière, qui comprend les territoires où résident, campent et se meuvent, traditionnellement, les tribus marocaines, sédentaires ou nomades, en relation ou en contact habituel avec les tribus algériennes.

On conçoit que, dans ces conditions si particulières, le calme ne peut résulter que de la bonne foi et aussi de l'énergie des voisins : et que, quand elle se mêle de vouloir le garantir par ses protocoles, ses dépêches et ses notes sans sanction, la diplomatie n'y parvient pas.

Or, à cette bonne foi et à cette énergie que les deux

contractants s'étaient promises, le Maroc a substitué une constante duplicité et un perpétuel manque d'autorité, dont il ne s'est jamais départi. Tandis que la France, elle, a toujours été de bonne foi, à l'excès si on peut dire cela, et que, si elle a manqué souvent d'énergie, cela a été sur les instances des diplomates, et généralement dans un sens contraire à ses intérêts.

Et, ainsi, elle a grandi, comme à plaisir, et consolidé, presque créé, l'autorité du marabout de Fez, et subi des humiliations dont le récit, toujours triste, toucherait quelquefois au ridicule.

Sous l'Empire, à la fin de 1859, le général de Martimprey, pour châtier la tribu des Beni-Snassen, dut conduire dans le Maroc une expédition à laquelle une terrible épidémie de choléra mit fin. Plus tard, tandis que notre occupation s'étendait vers le sud et augmentait les points de contact et les relations dans la région frontière, le général Deligny, d'une si haute valeur dans toutes les questions algériennes, appuyé par le maréchal de Mac-Mahon, demanda, avec instance, qu'on cessât d'être berné par nos voisins. Mais l'Empire se bornait, souvent, à chanter des airs de bravoure; il préludait à Sedan par Castelfidardo, Sadowa et Queretaro. Il recula devant la crainte des complications qu'une action énergique aurait pu causer, au dire des diplomates.

Ce ne fut qu'en 1870 que le général de Wimpffen put aller frapper, au Maroc, les Doui-Menia et les Beni-Guil. Encore, ne le put-il faire qu'après avoir obtenu de la cour chérifienne une autorisation dont on a des deux côtés perdu le souvenir. Le Maroc avait reconnu qu'il n'avait aucun droit sur les tribus.

Après bien des atermoiements et bien des lenteurs, parfois même des reculs, notre occupation du Sud-Oranais s'étendit cependant jusque près de Figuig; c'est alors que le gouvernement de Fez, à l'instigation sans doute de quelque puissance européenne, donna successivement l'investiture aux chefs des Ksours, qui, partant de Figuig, s'étendent, par Insalah, presque jusqu'à Rhadamès; menaçant ainsi d'arrêter notre expansion et notre action dans le Sahara. Qu'avait prédit le Maréchal Bugeaud?

Pour déjouer ces actes hostiles, on fut engagé dans une série d'opérations que la mollesse et la mauvaise volonté du Gouvernement de Paris rendirent fort pénibles, et qui se termina par la conquête du Touat, du Gourrara et du Tidikelt. Ces conquêtes causèrent un dépit très vif à la cour chérifienne, incitée par des influences étrangères à voir dans tous nos actes une menace pour son autorité. Elles augmentèrent, du reste, terriblement nos charges et nos responsabilités.

Cependant, peu à peu, sous couleur de procéder à un acte civilisateur qu'on décorait du nom de pénétration pacifique, notre diplomatie, encouragée, pour cause, par l'Angleterre, s'occupait beaucoup du Maroc. Seulement, cette fois, elle était surtout l'agent actif de personnalités qui recherchent, dans les procédés civilisateurs, les profits qu'on peut tirer d'un pays neuf, sous la protection des baïonnettes nationales.

L'importance de ces bonnes affaires n'échappa point à l'attention du commerce allemand. On sait ce qu'il advint.

Je voudrais dire, maintenant, où en sont les choses dans la région frontière, où, depuis plusieurs années, le général Lyautey parvient, avec l'appui du Gouverneur, à maintenir ce que tant d'autres ont souvent menacé.

VII

LA QUESTION ALGÉRO-MAROCAINE *(suite)*

Juin 1907.

On dit qu'un beau désordre est un effet de l'art : à considérer le désordre qui caractérise la conduite de la politique française, dans la question franco-marocaine, on peut affirmer que nos diplomates et nos hommes d'État sont de grands artistes.

Cette constatation peut être une satisfaction pour quelques décadents; c'en est une assurément pour nos rivaux et pour nos voisins; mais c'est une grande tristesse pour les Français et les Algériens, qui connaissent la question et savent combien il eût été facile de la régler convenablement.

La diplomatie, soucieuse de calmer les inquiétudes exagérées et les susceptibilités que notre occupation du Touat, du Gourrara et du Tidikelt avait suscitées au Maroc, parvint à conclure avec nos voisins ce qu'on appelle les accords de 1901 et de 1902.

L'envoi à Paris d'un ambassadeur marocain, de belle allure, qui poussa, je crois, jusqu'à Pétersbourg, avait pour but de rehausser la valeur de la convention. A Paris, l'ambassadeur se conforma aux usages : il offrit, de la part de son maître, quelques chevaux de prix modeste au Président. M. Loubet en attela deux à son phaéton, en donna un à M. Delcassé, qui devint aussitôt un des cavaliers les plus assidus du Bois, et dispersa les autres.

Ce fut le produit le plus net de ces accords; car, de la création de marchés dans la région frontière, et de la désignation de commissaires marocains à Oudjda et à Figuig, et d'autres mesures qui devaient être prises, le Maghsen se soucia comme un poisson d'une pomme. De telle sorte que les accords qui intéressaient la région frontière n'eurent aucun effet sur ce que leurs auteurs avaient cru pouvoir régler pour assurer le développement des relations commerciales dans la région frontière, sans faire appel au seul argument capable d'assurer le calme.

Que dis-je? Loin de songer à faire appel à cet argument, la consigne de ne rien faire pour maintenir l'ordre et protéger nos tribus qui pût troubler qui que ce fût, fut renouvelée impérativement aux autorités algériennes.

Survint la révolte du roghi. Pour accroître les moyens dont le Sultan disposait pour la réprimer, — ce qui nous intéressait, paraît-il, — on s'avisa de permettre le débarquement en Algérie de forces marocaines qui, traversant notre pays, allaient prendre le roghi à revers. On s'entremit même pour faciliter le payement de la solde des soldats marocains; problème aussi ardu à résoudre, du reste, pour le Maghsen, que celui de la défaite du prétendant qui reste toujours en suspens.

Pendant ce temps que nous faisions preuve d'un attachement singulier au sort de Sa Majesté Chérifienne, des pillards bérabers, parfaitement indépendants du reste, nous causaient mille ennuis; et quand, nous imaginant que l'autorité de l'Empereur existait, parce que nous la respections, nous avions la bonhomie de nous plaindre à Fez de ces incursions, l'Empereur se gardait bien d'avouer qu'il n'avait pas plus d'autorité sur les Bérabers que sur le roghi et que sur les trois quarts de ses prétendus sujets, — car l'envoi persistant de nos réclamations était précieux pour le maintien et pour le développement de son prestige, — l'Empereur nous faisait répondre, par quelques-unes de ces dépêches orientales que, seuls, notre Ministre d'alors à Tanger, et à Paris, celui du quai d'Orsay, lisaient et discutaient patiemment. Ils y répondaient même fort sérieusement; on portait leurs réponses à Fez, quand on était autorisé à s'y rendre; on les remettait, quand on était reçu; et on en attendait l'effet, qui se manifestait, tout au plus, par la remise d'une nouvelle dépêche rédigée à la mode orientale.

L'inquiétude que donnait l'ambition des militaires, toujours incorrigibles, d'avoir le souci de la grandeur de leur patrie, troublait seule les esprits de nos agents, très préoccupés des vastes projets à la réalisation desquels le Kaiser mit fin, comme je l'ai dit.

On comprend que la période qui suivit l'éclat de Tanger et qui précéda la réunion de la conférence d'Algésiras fut particulièrement critique pour l'Algérie; et l'on doit voir dans le maintien, malgré tout ce qui la menaçait, de notre autorité dans le Sud-Oranais, la preuve indiscutable de l'excellence des dispositions que le commandant de la subdivision d'Aïn-Sefra avait adoptées.

Comme on le sait, le résultat le plus clair que nous avons obtenu à la conférence d'Algésiras, au prix de tout ce que nous y avons abandonné, a été la reconnaissance de notre situation privilégiée. En vérité, nous n'avions pas besoin de voir reconnaître, par les diplomates d'Europe et d'Amérique réunis, une vérité qui date du jour de notre débarquement à Sidi-Ferruch, et que soixante années de luttes, de travaux et de sang répandu, semblaient avoir écartée pour jamais de tout palabre international.

Même, loin de renforcer les droits qui étaient nôtres, cette reconnaissance, qui équivalait à une restriction, les diminuait; et son effet ne se fit pas attendre dans la région frontière où l'hostilité des tribus voisines s'accrut singulièrement. Sur notre propre territoire, dans le Tell même, les Arabes ne se gênèrent pas pour manifester leur admiration à l'égard de la puissance allemande, et ils continuent, depuis, à ne pas se gêner davantage. — « Mon commandant, disait cet hiver un Arabe des environs de Tlemcen à l'un de mes amis, t'iras pas au Maroc; c'est fini; l'empereur allemand, il veut pas et il est le plus fort. » Ce ne sont pas là des propos bons à entendre, et quand les Arabes, qui sont silencieux d'habitude, en tiennent de semblables, il y a lieu d'aviser.

Mais comment l'autorité algérienne, mise au courant de la situation et fort bien renseignée par notre nouveau Ministre à Tanger, très différent de l'ancien, aurait-elle pu aviser, lorsque, à Paris, où l'on est mieux informé, paraît-il, on prend à tâche de tenir peu de compte de ce qu'elle dit, et qu'on y a comme résolu de prescrire le contraire de ce qu'il conviendrait de faire?

Comment aurait-on pu songer à prendre aucune mesure vigoureuse pour la protection du calme dans la région frontière, quand le quai d'Orsay niait que l'Allemagne dictât la conduite du Maroc, affirmait qu'aucun sentiment de jalousie n'animait jamais l'Espagne à notre égard, et soutenait qu'il fallait, plus que jamais, tout attendre de la bonne volonté du Maghsen, qu'il importait, avant tout, de ne pas jeter dans les bras d'une autre puissance.

J'étais à Oran quand les propos tenus cet hiver par M. Messimy y parvinrent, condamnant l'exagération des dépenses militaires du Sud-Oranais, ainsi que l'ambition des officiers, etc. L'émoi y fut grand, et une brillante conférence de M. Doutée, professeur de la Faculté d'Alger, très spécial dans les questions marocaines, le calma difficilement.

De cette intéressante conférence, je ne citerai qu'un passage. « Quand vous rencontrez à Tanger, disait M. Doutée, un cortège de gens magnifiques, tout brodés, brillants, imposants et fiers, entourant un personnage important, soyez-en sûr, vous croisez un agent allemand. Que si vous rencontrez un petit monsieur d'allure modeste qu'accompagne timidement, en frisant la muraille, un pauvre chaouch : nul doute, c'est un agent français. »

Il faut avoir été, en Oranie, en relations avec les autorités, les colons, et tous ceux qui savent, et tous ceux qui peinent, pour apprécier ce qu'un propos d'un homme politique incompétent peut produire. Et l'effet de ces paroles ne se manifesta pas seulement en Oranie et sur la frontière; il s'étendit aussi dans toute l'Algérie, s'ajoutant à ce que la conférence d'Algésiras avait déjà causé.

Nos Arabes, qui sont parfaitement informés de ce qui se dit en France, car ils lisent nos journaux ou se les font lire, conclurent, ainsi que le Gouvernement marocain, qui se tient très au courant de nos affaires, que la France, hors d'état de soutenir l'effort qu'elle faisait dans le Sud-Oranais, ne tarderait pas à réduire les forces qu'elle y entretenait, et, par suite, à diminuer ses prétentions.

Le drame de Marakech servit de conclusion aux propos du député.

Il parut alors que la mesure était comble, et que l'on allait se résoudre, enfin, à contraindre l'Empereur marocain à faire preuve d'autorité, tout au moins de bonne volonté. On pouvait croire qu'on allait aussitôt se porter sur la Moulouia, occuper le port de Saïda et enfin Figuig, Ainsi nantis, nous aurions attendu, et nous n'aurions pas attendu longtemps, les satisfactions qui nous étaient dues.

Mais, de Paris, on donna simplement l'ordre d'aller occuper Oudjda, ce qui ne rime à rien et touche fort peu l'Empereur du Maroc; et, encore, donna-t-on cet ordre en proclamant bien haut, à la Chambre, qu'on n'allait à Oudjda que pour en sortir. Bon Dieu! que pour une fois M. Ribot, l'orateur à la parole inopportune, le promoteur de cette belle promesse, a dû faire rire les Arabes et les Marocains!

Le résultat de la décision gouvernementale, nous le connaissons. Nous avons nettoyé la ville d'Oudjda, qui avait grand besoin de l'être; nous y avons fait maintes œuvres excellentes; et nous attendons patiemment, au milieu de nos travaux de voirie, la réalisation des promesses que le Maghsen s'est enfin décidé à nous faire.

Des promesses! C'est ce dont il n'est jamais à court. Des promesses, c'est tout ce qu'a obtenu, en trois mois d'occupation, la nation privilégiée!

Pour prouver que les jugements que je porte sur la politique que le gouvernement de Paris persiste à suivre, au grand détriment de nos intérêts algériens, ne sont pas d'une sévérité outrée, je citerai quelques faits, qui donnent la mesure de ce que nous supportons, au mépris de nos devoirs, et du cas que nous faisons de nos droits.

Peu après les accords, un officier français, le capitaine Mougin, de la Commission marocaine, fut installé à Oudjda, en qualité d'instructeur, aux frais du trésor marocain. Or, dès le lendemain de la démonstration impériale de Tanger, les soldats marocains qu'il avait commencé d'instruire disparurent, peu à peu, pour rentrer dans la vie civile, sous les yeux mêmes de l'instructeur. Interrogé, le caïd répondit, à la façon d'un ministre de la guerre français, que le manque d'argent contraignait à ce licenciement.

Et, de fait, l'argent devait manquer au Maghsen, car, en trois ans, il ne songea jamais à remettre à l'instructeur un centime de la solde qu'il avait pris l'engagement de lui payer.

A Oudjda même, qui est le seul point de la frontière où l'autorité du Maghsen ait parfois quelque réalité, par suite, le seul où l'on soit en droit d'en espérer quelque chose, en trois années, toutes les réclamations que nous avons présentées sont restées sans effet, à l'exception de deux — c'est un rapport officiel qui l'affirme : — « Le maghsen, sachant qu'il n'y aura pas de sanction et nullement impressionné par la procédure suivie, ne fait aucune réponse et n'apporte aucun changement à sa manière d'opérer.

De Beni-Ounif, au sud, en deux ans, nous avons présenté au Maghsen quatre-vingt-cinq réclamations. Il n'a été donné suite à aucune !

Et, pour aussi humiliante que soit notre attitude dans ces deux cas, le quai d'Orsay avait cependant rêvé d'en adopter une plus triste encore.

On sait que le droit de suite est une conséquence du traité de 1845. Quand des malandrins viennent commettre des méfaits chez nous, nous avons le droit d'aller les châtier, où qu'ils aillent. Or, ne s'avisa-t-on pas, à Paris, que ce droit cessait d'être légitime, devenait excessif, et de nature à provoquer de graves réclamations diplomatiques s'il n'était pas exercé sur-le-champ?

En d'autres termes, on n'admettait pas que les 700 kilomètres de la région frontière ne fussent pas garnis, en tout temps, de forces toujours prêtes à partir de suite à la poursuite des délinquants; ce qui reviendrait à interdire, en France, à un pompier d'éteindre un incendie qu'il n'aurait pas attaqué au moment même où il aurait éclaté.

On eut grand'peine à ramener le ministère au sentiment de la réalité et à celui de notre dignité.

Par opposition, je citerai les bons résultats que les mesures qui sont prises par des chefs militaires, qu'on laisse quelque peu libres d'agir, obtiennent dans cette région frontière, où il semble que le Gouvernement ne veuille qu'à regret faire prévaloir notre autorité.

A Berguent, poste tout nouveau établi non sans peine, et où nous avons ouvert un marché, c'est-à-dire constitué un puissant élément de pacification, les transactions qui y ont été opérées, dès la première année, ont dépassé 500,000 francs.

Un peu plus au nord, autour du poste de Sidi-Aïssa, de création récente aussi, les labours ont été commencés dès notre arrivée; et, comme cela se produit toutes les fois qu'il n'en sont pas empêchés, des sujets marocains viennent constamment demander au chef de poste français de juger les différends qui les divisent.

Voilà, je crois, ce qu'on peut appeler la pénétration pacifique; et c'est cependant cette pénétration que les inventeurs de la grande pénétration pacifique ont, si longtemps, contrariée, et persistent à si peu encourager.

Mais il faut terminer. Je dirai donc, pour conclure, que la question franco-marocaine ne sera résolue que lorsqu'on se sera décidé à imposer la rectification de la frontière actuelle, qui a été fixée par un acte déshonnête; ce que nous ne paraissons pas sur le point de faire, hélas! puisque, pour complaire au roi d'Angleterre, nous venons de signer une convention qui, en garantissant le *statu quo*, nous interdit de songer à cette rectification, ainsi qu'à aucune modification que le Maghsen pourrait nous forcer d'apporter à l'état actuel.

Qu'il nous faudra continuer l'application de la méthode excellente que le général Lyautey a préconisée si habilement, et a si vigoureusement appliquée; et dont se sont imprégnés les officiers d'élite et les belles troupes qui défendent, dans ce pays lointain, au prix de grandes privations, et souvent sans récompense, l'honneur français, duquel tant de gens se soucient aujourd'hui si peu.

Et alors, tout ce que la nation privilégiée a le droit, tout ce qu'elle a le devoir de prétendre faire dans ce pays, s'effectuera par la force des choses.

Pour rassurer les gens qui, à l'exemple de M. Messimy, sont sensibles surtout à ce qu'ils croient être les seuls résultats à rechercher; qui ne voient que les bénéfices immédiats et ne songent pas à ceux qu'une bonne méthode procure dans l'avenir, j'ajouterai que, dès maintenant, le commerce par terre, entre l'Algérie et le Maroc, dépasse 10 millions; que le prolongement du chemin de fer de Tlemcen jusqu'à Marnia l'augmentera sous peu; et qu'il prendra, quand le pays sera pacifié et bien commandé, un développement de nature à contenter les plus difficiles.

VIII

D'ALGER A LA MAISON CARRÉE
LE MARÉCHAL RANDON

Juin 1907.

« Vous plairait-il » — me dit, un jour du mois de février, Mgr Fonqué, vicaire général, dont je ne saurais louer assez la parfaite amabilité et les prévenances — « vous plairait-il de venir, après-demain, visiter les Pères Blancs, à la Maison Carrée? Je suis persuadé que Mgr Livinhac serait heureux de vous recevoir. »

J'acceptai aussitôt, car l'offre qui m'était faite allait au-devant du désir que j'avais de connaître les Pères de cet ordre fondé, dans un dessein si noble et si français, par le Cardinal Lavigerie, le grand Cardinal, comme on l'appelle souvent en Algérie.

Et puis, j'avais aussi un grand désir de revoir ce petit pays de la Maison Carrée qui me rappelait tant de souvenirs d'enfance, et que, depuis un mois, je regardais d'Alger, sans avoir encore eu l'occasion de m'y rendre.

Car, ce que je voyais de ma fenêtre, ce n'était plus le paysage d'autrefois; ce n'était plus, couronnant une colline rouge et dénudée, ce grand fort turc, tout blanc, qui dominait l'embouchure de l'Harrach et se détachait sur le ciel bleu; c'était un coteau cultivé et planté de vignes, vert et rouge, et, au-dessus, un grand bois noir d'eucalyptus, qui cachait la vieille forteresse historique.

Pour s'y rendre, il fallait autrefois, quand on n'avait pas de cheval, se risquer dans un de ces corricolos qui semblaient dater de la conquête, où tout, chevaux, harnais, cochers, voitures et facilité de l'extension de la contenance et titres étaient fantastiques : « La belle Ecossaise, le Berceau d'amour, *Sol lucet omnibus*. »

On suivait la route cahoteuse, au pas, et quelquefois, tout à coup, au galop, quand la concurrence déterminait les cochers à rouer leurs pauvres bêtes de coups de fouet; on rencontrait une diligence, une ou deux pauvres charrettes ou des prolonges d'artillerie; des groupes d'Arabes; parfois, un troupeau de chameaux porteurs de charges énormes, qui, s'égaillant au bruit de la guimbarde, barraient la route. On traversait le seul petit hameau d'Hussein-Dey; on arrivait enfin, non sans s'être arrêté aux bouchons du « Rendez-vous des chasseurs », du « Retour de Laghouat » ou du « Vieux Bombardier ».

Aujourd'hui, sur la voie commune aux chemins de fer d'Oran et de Constantine, et sur celle du tram électrique qui la double, c'est un mouvement incessant. Sur la route bien entretenue, c'est, tout le jour, un charroi tel qu'à certains moments, en dépit des jurons lancés dans toutes les langues du bassin méditerranéen, l'enchevêtrement des voitures arrête tout l'écoulement.

Et pendant dix kilomètres, à partir de Mustapha, c'est une suite ininterrompue de villas, de maisons de tout modèle, d'entrepôts, d'usines, de gares, de dépôts ou d'ateliers de chemins de fer, de bâtiments militaires enfin, en arrière desquels s'étendent, le long de la mer, en une longue bande, les admirables jardins d'où les Espagnols laborieux envoient en France des cargaisons de primeurs.

Au pied de la Maison Carrée s'est formé un gros bourg très peuplé, centre industriel important qui n'est plus qu'un faubourg d'Alger. Tous les vendredis, il s'y tient un marché de bestiaux très considérable où les acheteurs de France viennent souvent s'approvisionner.

Combien tout ce mouvement, toute cette activité, toute cette richesse, œuvre des efforts accumulés des générations précédentes, dont tant de représentants sont morts à la peine, quelquefois découragés, diffèrent des débuts modestes, humbles, difficiles, dont les générations actuelles, héritières du passé, n'ont aujourd'hui aucune idée!

Longtemps, la Maison Carrée ne fut que la première étape d'Alger, dans la direction de l'est. C'était, comme me l'expliquait un jour, avec sa jolie verve méridionale, en me fixant de ses yeux vifs et frisant sa moustache noire, le général Lapasset, c'était une étape d'une brièveté imposée, une étape toute spéciale. — « Ne l'oubliez pas plus tard, mon ami, quand vous commanderez; la première étape, ce doit être l'étape de l'escargot qui se vide en marchant; car, le premier jour, les hommes laissent sur la route la trace de leur marche... Vous m'entendez? »

Et de fait, quand de jeunes soldats venus de France débarquaient après sept à huit jours d'une traversée pénible, serrés sur un transport ou une frégate à vapeur : le *Labrador* ou l'*Asmodée*, dans ce pays dont la lumière éblouissante suffisait pour les enivrer; dans ce pays que les récits de la chambrée leur avaient fait si différent de leur ancienne garnison; lorsque, pilotés par les vieux Africains, ils s'étaient gorgés de vin d'Alicante, grisés de tabac et pénétrés des charmes des hospitalières Mauresques de la Casbah, et qu'il s'agissait ensuite de ne pas succomber sous le poids du sac de l'armée d'Afrique, les jambes faiblissaient, le cœur était bouleversé et les entrailles singulièrement dérangées.

Ce sont ces angoisses d'un premier début que les soldats d'Afrique ont plaisantées, dans le couplet final de la diane; dans le couplet entraînant, rutilant, impératif, qui dresse sur leurs pieds ceux que le premier couplet lent, modéré et comme discret, n'a fait que réveiller doucement :

Il y a trois lieues d'Alger à la Maison Carrée.
Les bons petits amis font ça dans la journée,
Sans être essoufflés, sans être fatigués — sans être éreintés,
Sans qu'il manque un clou à leurs petits souliers!

Lorsque, après des adieux bien arrosés, un régiment parti d'Alger campait à la Maison Carrée, on allait, d'Alger, lui dire un adieu dernier; telles étaient alors les lois de la camaraderie.

C'est là qu'emmené par l'un des miens, j'eus l'honneur de voir de près et d'entendre le colonel Colineau, du 1er zouaves; que dis-je? de causer avec lui; avec ce héros qui, à la tête de son régiment, était sauté des premiers dans Malakoff, là où mon frère était tombé glorieusement. Quelle sensation parcourut tout mon corps! Comme mon cœur se mit à battre et à se dévouer davantage à ce qui le possédait déjà et à tout ce dont il devait vivre!

Ce jour-là, il contait la rentrée des zouaves venant de Crimée, et la réception que le Maréchal Randon leur avait faite. Je l'avais vue, cette rentrée triomphale et touchante; tous ces braves acclamés qu'on fêtait, qu'on couvrait de fleurs, qu'on embrassait, les larmes aux yeux! J'avais vu, précédant le régiment, les douze sapeurs à la barbe grise qui me semblaient des vieillards; et le caporal tout blanc, courbé sous son sac. Dieu! quel âge avait-il donc? Et derrière eux, en tête de sa troupe, Colineau, souriant discrètement à toute cette joie qui lui était douce, puisqu'elle fêtait ses enfants.

Sur la place du Gouvernement, le Maréchal avait passé la revue du régiment; et comme il lui avait apparu, comme à la foule, que les zouaves, un peu émus, n'avaient pas tous le corps droit, ni l'immobilité, ni les talons joints, ni les pieds un peu moins ouverts que l'équerre de la théorie, il s'en était suivi un colloque, dont le caractère avait été saisi douloureusement par les assistants.

« Savez-vous ce que le Gouverneur a eu l'amabilité de « nous dire, en nous recevant? Colonel : Je consens à « laisser votre régiment à Alger; mais à condition que « vos zouaves tiendront une bonne conduite, et qu'ils « cesseront de se coiffer, en rejetant la chéchia ridiculement en arrière, en filles publiques. — Ah! ton« nerre! Aussi, lui ai-je fort simplement répondu : « Monsieur le Maréchal, je suis certain que les zouaves « continueront à observer la conduite qui a fait l'admi« ration des armées alliées et des Russes, et de porter « leur chéchia comme ils la portaient à l'Alma et à « Malakoff. Envoyez-nous à Coléa; du reste, cela, pas « plus qu'autre chose, ne nous fait peur. Alger ne nous « manquera pas. Et voilà pourquoi on nous a mis à « Coléa, au lieu de nous laisser à Alger, à notre retour « de Crimée! »

J'eus l'occasion de revoir souvent le colonel qui fréquentait à la maison; je le vis même en expédition; et toujours il voulait que je fusse enfant de troupe dans son régiment. Je manquais aux zouaves, disait-il affectueusement; et cela me distinguerait d'arriver à Saint-Cyr en zouave. Devenu général il mourut en Chine de la petite vérole. « Est-ce bête, répétait-il en mourant, mourir de la petite vérole! »

Le maréchal Randon, qui l'avait tancé assez malheureusement un jour de fête, était un homme excellent, plein de bonté et de droiture; mais, timide et de petite taille, il craignait souvent de ne pas faire preuve d'une autorité suffisante. Cette inquiétude le rendait bougon, parfois bourru. Ses belles qualités auraient dû le faire aimer; on l'estimait seulement, ce qui n'est pas suffisant pour un chef. Plus administrateur et plus organisateur que soldat, et n'ayant pas, à son actif, des actions comparables à celles qui illustraient alors plusieurs de ses contemporains, il manquait de prestige.

Lors d'une revue qu'il passait à Mustapha, à laquelle j'assistais encore, car, je dois l'avouer, les prises d'armes m'occupaient plus que les classes du lycée, un capitaine étant passé devant lui sans crier : Vive l'Empereur! il fit signe d'arrêter. On ne le comprit pas, ou l'on fit semblant de ne pas le comprendre, si bien qu'il dut courir et se placer devant la compagnie du capitaine qui ne s'arrêtait pas. Et là, tandis que la tête du régiment, qui ne voyait rien, continuait à marcher, et que la queue, qui ne comprenait rien, venait buter sur la troupe arrêtée : « Criez, capitaine, criez : Vive l'Empereur! — « On ne crie pas sous les armes; c'est défendu. — Criez, « je vous l'ordonne. — Je ne crierai pas... » Le maréchal, furieux, s'en fut en coup de vent, mettant fin brusquement à une scène qui avait fort ému tous les assistants, à l'exception du capitaine de Troussure, qui peu après quitta l'armée et mourut plus tard glorieusement aux zouaves pontificaux.

De pareils incidents auraient pu être évités; aussi, volontiers et à tout propos, chansonnait-on le Maréchal. Lorsque, étant encore général de division, il revint de Kabylie, après l'expédition avortée de 1854, on chanta la perte d'un bâton de Maréchal sur la route de Tizi-Ouzou. Plus tard, quand il eut soumis la Kabylie et qu'il fut

Ministre, un des couplets d'une complainte qui résumait sa carrière disait méchamment :

Il a soumis la Kabylie,
Qui n'avait pas un seul canon.
Rendons, rendons, justice à Randon,
Mais la Crimée et l'Italie
Ne le connaissent que de nom,
Rendons justice à Randon.

La Maréchale, femme parfaite de tous points et éminemment respectable, fort belle et imposante, un peu froide, passait à tort pour l'exciter à se montrer sévère. L'excellente femme avait reçu le surnom de Frédégonde; elle le savait, sans s'en émouvoir du reste. Elle aussi, on la chansonnait.

Belle armée! diront les gens moroses de l'époque actuelle. Oui, belle armée! On y était fier; ce qui est mieux pour un soldat que d'être humble. On y était quelque peu difficile à commander; ce qui vaut mieux que d'être trop facile à commander et d'accepter avec la même déférence, sans conviction, les chefs dignes de commander et ceux qui ne sont pas dignes de commander. On chantait, pour oublier ses fatigues et aussi parce qu'on était gai; ce qui vaut mieux que d'être triste; on chantait, parce qu'on savait qu'on ne serait ni épié ni dénoncé. Mais si quelques jeunes gens dépassaient parfois la limite des plaisanteries permises, cela n'atteignait pas le respect qu'on avait au fond pour ses chefs. On pouvait plaisanter leurs petits défauts; on n'oubliait pas leurs qualités; leur vie même était l'exemple qu'on s'efforçait de suivre.

Ce qu'il faut dire, c'est que le maréchal Randon parcourut une belle carrière; qu'il clôtura l'ère militaire de notre occupation d'Algérie et ouvrit celle de la colonisation; qu'il fut un Gouverneur excellent; qu'on lui doit l'extension du port d'Alger, l'inauguration sans cérémonie des travaux des chemins de fer, et cent autres mesures fécondes pour le développement du commerce et de la colonisation. L'Algérie lui a voué, fort justement, un souvenir reconnaissant.

Mais je dois m'excuser d'avoir oublié de conter ma visite chez les missionnaires d'Afrique, de m'être laissé entraîner par mes souvenirs militaires? Ils peuvent figurer, du reste, dans une lettre sur l'Algérie.

IX

LES MISSIONNAIRES D'AFRIQUE

Juillet 1907.

A un kilomètre au nord de la Maison Carrée et dominant quelque peu la mer, au milieu d'un grand vignoble que le Cardinal a créé et dont les religieux ont dû se dessaisir, s'élèvent les bâtiments considérables du monastère Saint-Joseph, maison mère des missionnaires d'Afrique, qu'on a coutume d'appeler Pères Blancs, à cause du burnous blanc dont ils sont revêtus.

En fait, coiffés de la chéchia rouge, ils sont habillés à l'arabe. Ainsi le voulut le fondateur de l'ordre, afin que les missionnaires puissent circuler au milieu des populations arabes, sans attirer l'attention ni soulever la colère des fanatiques.

On se rend au monastère par une route que prolonge une admirable avenue d'où la vue embrasse la rade entière, depuis Notre-Dame d'Afrique. A gauche, Alger la blanche, le port avec sa forêt de mâts et de cheminées, le fort l'Empereur et les coteaux féeriques de Mustapha, et, à droite, la côte qui s'abaisse jusqu'au cap Matifou. En face, au delà de l'horizon, bien loin, c'est la France; la France que les religieux ont quittée pour toujours, qu'ils ont juré d'honorer ainsi que Dieu, au prix de leur vie; la France vers laquelle leur pensée et leurs regards se portent chaque jour.

Nous fûmes reçus par Mgr Livinhac que deux de ses assistants accompagnaient; et, tout de suite, il nous fit les honneurs du couvent avec une bonne grâce charmante, coupant la visite minutieuse d'un vieux militaire, toujours un peu inspecteur, d'un déjeuner où l'on ne servit que des produits de la maison. J'avoue, du reste, que la conversation des convives ne me permit pas de les apprécier.

Nous visitâmes la chapelle ornée de belles fresques de Lazerges, les cloîtres, les jardins, les salles de travail des novices, puis la salle de réception où se voient une bonne copie du portrait célèbre du Cardinal, par Bonnat, et tout un musée de souvenirs rapportés des pays de mission, au milieu desquels figurent quantité d'instruments qui ont torturé les glorieux martyrs dont l'ordre s'honore; enfin, une grande et belle imprimerie où s'établissent des catéchismes dans divers dialectes africains, par les soins, pour la partie matérielle, de Kabyles chrétiens, qui expliquent parfaitement bien le travail auquel ils ont adroitement coopéré.

Nous terminâmes par l'établissement voisin où les propriétaires, qui ont acquis le vignoble des Pères, ont installé des chais gigantesques, pourvus de tout ce qui assure la conservation de leurs excellents vins. Là, de nombreuses escouades d'ouvriers, au milieu d'un tapage qui ne va heureusement pas jusqu'au couvent, se livrent aux travaux du soutirage, de la mise en barrique ou en bouteille, de l'emballage et du chargement sur les chariots qui gagnent Alger.

Tout ce monde actif et affairé ignore, paraît-il, l'existence d'une crise vinicole, et n'a qu'une crainte : celle de ne pouvoir pas suffire aux commandes.

Mais l'intérêt se concentre sur le monastère, sur la maison mère, où se prépare et s'achève la formation des missionnaires; d'où ils partent ardents et résolus; où ils reviennent, parfois, retremper leurs forces, quand ils ne succombent pas à la peine, et d'où émanent, enfin, les instructions que donne à tous ses frères, qui combattent au loin, le supérieur sage, énergique et bon que, tous, ils aiment du plus profond de leur cœur vaillant.

Se doute-t-on que cet ordre, de création récente, compte, malgré les difficultés qu'il doit vaincre, neuf grandes missions : celles d'Algérie, du Sahara, du Soudan, du Nyassa, du haut Gongo, du Tanganika, de l'Ounyanyembè, du Nyanza septentrional? Que ces missions comprennent près de cent stations, où, dans mille écoles, quatre cents missionnaires et deux cents sœurs blanches de Saint-Charles ont enseigné trente mille élèves, et, dans deux cents établissements de charité : orphelinats, dispensaires, hôpitaux ou léproseries, soigné, dans cette même dernière année, plus de six cent trente mille malades?

Et quels malades, quand il s'agit de ces malheureux atteints de la maladie du sommeil, jusqu'à ce jour sans remède, abandonnés de tous, repoussés par tous, même par les pasteurs protestants, et que les pères et les sœurs recueillent, avec joie, par centaines, sans distinction d'origine, de race ni de religion; sans consulter leurs ressources parfois si modestes; leur prodiguant tous leurs soins des mois entiers, jusqu'à la dernière heure, et les ensevelissant enfin dans des cimetières qui comptent plusieurs milliers de victimes!

« Avez-vous la consolation d'en convertir quelques-uns? » demandai-je à Mgr Livinhac. — « Oui, souvent, très souvent. Mais jamais nous ne leur demandons de se convertir. Les pères et les sœurs les soignent de leur mieux; souvent ces soins touchent le cœur de ces pauvres malheureux habitués à être des sujets d'horreur et d'effroi; ils cherchent à comprendre ce qui pousse des inconnus à les traiter si bien. « Puisque ton Dieu te rend « si bon, disent-ils un jour, fais-le-moi connaître; moi « aussi, je veux le connaître et l'aimer. ».

« C'est par l'exemple que les missionnaires agissent surtout. Du reste, leur bonté est connue dans ces pauvres pays désolés où les blancs se montrent souvent si durs; on y appelle nos pères : *Ceux qui ont pitié.* Là-bas, c'est notre nom. »

Ceux qui ont pitié! Peut-on concevoir une plus belle récompense?

Le zèle apostolique des missionnaires complète l'œuvre de leur charité, puisque, l'année dernière, ils ont administré plus de vingt mille baptêmes, et qu'ils comptaient autour d'eux trois cent trente mille néophytes ou catéchumènes?

La mission d'Algérie compte cinquante pères et près de cent sœurs, réparties dans dix-sept écoles que huit cents élèves arabes ou kabyles ont fréquentées, et dans quinze établissements hospitaliers où plus de cent vingt mille malades ont été soignés. En 1906, également, six mille communions ont été données à des indigènes.

Pour consolants qu'ils soient, les résultats obtenus en Algérie sont inférieurs à ceux qui auraient été obtenus si les pères avaient toujours joui de plus de liberté.

L'autorité doit observer, en Algérie, la neutralité à l'égard de toutes les religions, et assurer à la religion des vaincus les égards qu'on lui doit. Oui, cela est entendu. Mais il y a neutralité et neutralité : la neutralité bienveillante et une autre qui, sans être ouvertement malveillante, diffère essentiellement de la bienveillante, et produit des effets différents. L'autorité les pratique toutes deux; mais tandis que, depuis plusieurs années, elle observe, avec rigueur, la seconde, pour restreindre, gêner ou arrêter l'action des missionnaires catholiques, elle pratique fort aimablement la neutralité bienveillante à l'égard de tout ce qui est mission protestante, oubliant qu'en pays musulman, si catholique est synonyme de Français, protestant est synonyme d'Allemand ou d'Anglais, d'Anglais surtout.

Perdant aussi le souvenir des constatations qu'elle a été forcée de faire, il y a quelques années, dans les officines de propagande protestante, où les Kabyles étaient surtout chapitrés sur la supériorité de la Grande-Bretagne et sur la décadence française, elle persiste à voir, d'un œil favorable, les efforts que font les missions protestantes de Djemma-Saharidj. Elle semble même ignorer la propagande protestante, plus qu'active, qui est menée à Alger, où l'on distribue des sommes dont l'importance devrait surprendre, sous la direction non déguisée du consul anglais et de sa femme.

En vérité, il n'y a que dans le territoire de la République française que les agents diplomatiques de l'étranger jouissent d'une pareille immunité. On dira qu'étant agent du roi Édouard, ce consul a le droit de se croire en pays conquis; mais c'est simplement la connaissance qu'il a de la mentalité algéroise qui l'autorise à ne pas se gêner.

Là est le point douloureux que j'ai déjà signalé. La population européenne, plus exactement, la partie de la population qui fait du bruit et qui vote, est aujourd'hui souvent pénétrée des idées fausses du Bloc — à l'exception de l'antimilitarisme, et pour cause — à un degré qui oblitère son bon sens, sur nombre de questions qu'elle juge, au rebours de ses intérêts, avec la passion qu'elle met à toutes choses. Les ménagements à garder avec les indigènes l'occupent rarement; il lui serait fort indifférent qu'on attentât à leurs croyances, ce à quoi personne ne song, les indigènes le reconnaissent hautement. Ce qu'elle, poursuit, c'est l'échec de tout ce qui est catholique.

Sous l'action des Loges, qui pullulent en Algérie et qui ont enrôlé trop de gens auxquels leurs fonctions auraient dû commander de n'y pas entrer et qui siègent presque en permanence, une partie de la population, hélas ! considérable, oublieuse et ingrate, semble souvent avoir perdu le souvenir de tout ce dont la terre d'Afrique est redevable à la religion catholique. Elle semble souvent oublier que, dès le premier jour, aussi loin que les colons les plus hardis soient allés, ils ont trouvé près d'eux, partageant leurs privations, leur exil et leurs dangers, un prêtre qui les réconfortait, instruisait leurs enfants et leur donnait l'exemple de la résignation et de la résolution. Aujourd'hui, elle tend à rompre, d'un cœur léger, avec tout ce passé ; et cette religion dont elle s'éloigne, elle entend qu'on ne s'avise pas d'en parler aux Arabes.

« En vérité, ce ne serait pas la peine d'arracher ces Bédouins au fanatisme qui les dégrade » — disent certains de ces maçons éclairés — « pour les plonger dans un fanatisme plus honteux encore. C'est à les dégager de toutes superstitions, à les élever à notre niveau de libres penseurs, adversaires de toutes les prêtrailles, qu'il convient de s'attacher. »

Et comme en Algérie, autant si ce n'est pas plus qu'en France, les autorités sont aux ordres des Loges, on comprend dans quelles conditions les missionnaires d'Afrique peuvent agir aujourd'hui.

Quand on songe que, s'ils avaient été quelque peu aidés, les pères auraient pu amener à la religion chrétienne les populations kabyles fort peu attachées à la mahométane, et, peut-être aussi, les Chaouias de l'Aurès, qui sont des mahométans fort tièdes, on se prend à déplorer le peu de liberté de jugement et le manque d'élévation de pensée qui président souvent aux actes gouvernementaux de notre pays. Était-ce là tout ce qu'on pouvait attendre de la fille aînée de l'Église?

On dit souvent que les Arabes gagnent peu à notre contact; que la vue de nos défauts et de nos vices, qui se montrent, a plus d'effet sur eux que celle de nos qualités et de nos vertus, plus rares ou plus discrètes. Ils n'auraient donc qu'à gagner à voir, plus souvent, l'exemple que des religieux leur auraient donné, en faisant le bien au milieu d'eux; car l'exemple est le plus puissant des enseignements.

Mais nous ne sommes pas prêts de voir donner cet enseignement, — quoique les élections récentes du conseil général du département d'Alger marquent un effort vers la raison, — puisque celui qu'on tolère aujourd'hui touche peut-être à sa fin; qu'il est à craindre que les missionnaires et les sœurs soient bientôt privés du droit d'enseigner aux indigènes et soient peut-être même dispersés, par application des décrets et des règlements qui seront rendus pour l'application des lois de séparation à l'Algérie.

Les missionnaires d'Afrique chassés de l'Algérie!

Si elle est commise, ce sera une lourde faute. Ce sera plus qu'une faute : ce sera un acte mauvais, coupable, antifrançais, révoltant et stupide, à ajouter à tout ce que la folie de l'assimilation a fait commettre en Algérie. Ce sera aussi le plus bête.

C'est sur l'évocation de cette triste éventualité, c'est en songeant aux forces qu'on disperserait criminellement ainsi, que j'ai quitté les braves pionniers de la civilisation chrétienne et française que j'étais venu voir; ému par ce que j'avais vu, et plus encore par ce que leur modestie m'avait caché de leur vie de travail, de privations et de dangers, toute pénétrée d'une foi invincible et d'un ardent patriotisme.

Je m'étais promis de ne pas le dire, pour ne pas froisser son humilité; mais je ne puis me taire. J'emportais aussi l'impression profonde que Mgr Livinhac m'avait causée, par sa simplicité, sa modestie, sa bonté, son bon sens et son savoir; par le feu de son regard si doux et si brave, par tout ce qui rayonnait de son être vraiment saint!

X

LA QUESTION VINICOLE EN ALGÉRIE

Juillet 1907.

Je voudrais parler de la crise vinicole, qui est, comme je l'ai dit, l'une des questions qui occupent et passionnent l'Algérie. Mais, avant de le faire, je dois avouer que je me bornerai presque à résumer les renseignements que j'ai recueillis, sans me risquer à formuler des jugements trop formels, dans une question qui n'est pas de ma compétence.

Il est certain que la culture de la vigne, qui a pris, en Algérie, un rapide développement et a acquis une importance considérable, après avoir donné des résultats magnifiques, rapporte fort peu depuis plusieurs années ; que les viticulteurs souffrent de l'avilissement des prix auxquels ils doivent consentir pour vendre des vins qu'ils ne peuvent que très rarement garder. Il y a mévente des vins.

Cependant, pour garder une juste mesure, il faut observer que si l'exportation des vins de la colonie était tombée, de 95 millions de francs qu'elle était en 1904, à 40 en 1905, elle s'est relevée, en 1906, à 50 millions, marquant un progrès qui permettait d'espérer le retour de jours meilleurs.

J'ignore quel a été le commerce d'exportation dans les premiers mois de l'année 1907, mais je crains qu'il n'ait, de nouveau, périclité, les plaintes des producteurs étant devenues, alors, plus vives. Je ne dis pas plus générales, car il est des producteurs qui n'ont jamais cessé d'être satisfaits des résultats de leur exploitation.

Un incident donna corps à ces plaintes. Au commencement de l'année, un très gros propriétaire de la Mitidja, le plus grand producteur de vins de l'Algérie, déposa son bilan. Il s'agissait, d'après un inventaire, un peu exagéré du reste, de treize millions seulement! De la retentissante déconfiture du plus puissant viticulteur, les intéressés, qui sont intéressants dans leur ensemble, — je veux dire ceux qui pouvaient craindre semblable aventure, — déduisirent aussitôt, non sans bruit, que la prospérité de l'Algérie était en grand péril, puisqu'il était prouvé, par les malheurs du plus puissant viticulteur, que la culture de la vigne en Algérie conduisait sûrement à la ruine.

Et comme on désire toujours, quand on est dans une situation difficile, prétendre qu'on n'y est que par le fait d'autrui, on attribua la cause de cette déconfiture, et de celles qui menaçaient d'autres propriétaires, au Gouvernement et aux banques.

On accusa le Gouvernement, parce qu'à l'époque où le vignoble du Midi était détruit et qu'on faisait, en France, appel à des vins étrangers, il s'était enthousiasmé, à l'excès, des résultats que le vignoble algérien commençait à donner, et avait poussé, forcé presque, nombre de colons, qui s'en étaient médiocrement souciés alors, à entreprendre une culture très rémunératrice et très conforme aux intérêts français; qui, pour vaincre les hésitations qu'il avait rencontrées, n'avait pas craint d'agir sur les banques, afin de les déterminer à consentir, en vue du bien public qui les devait intéresser, des prêts considérables aux colons.

On reprocha aux banques d'avoir cédé aux sollicitations du Gouvernement, et d'avoir dépassé, de beaucoup, ce qu'il leur avait demandé; d'avoir prêté, prêté avec exagération et renouvelé, acculant ainsi les créanciers à une ruine certaine, dans le but de devenir propriétaires, à bon compte, des terres que leurs infortunés créanciers devaient être forcés d'abandonner.

Certes, il y a quelque vérité dans ces accusations. Il est à croire que le Gouvernement, inquiet du désastre du Midi, a cédé à un entraînement excusable; qu'il a, sans doute, agi sur les colons, par ses conseils tout au moins, plus que de raison; qu'il a été trop pressant près de ceux qui manquaient de fonds, et qu'il a, sans doute aussi, engagé, un peu trop, les banques dans la voie des prêts exagérés.

Mais, si les banques ont fait des prêts trop considérables, elles ne les ont faits qu'après réflexion, dans les limites de leurs statuts et dans leur esprit même. Elles ne les ont accordés et renouvelés que sur la demande des emprunteurs, sur leur prière instante plutôt. Et elles ne semblent pas, enfin, avoir désiré bien vivement déposséder les propriétaires de leurs biens, à considérer le nombre des renouvellements auxquels elles ont toujours consenti.

En vérité, ceux qui ont perdu la mesure, et il faut le leur pardonner, ce sont les colons qui, sans avoir de capitaux suffisants pour entreprendre et pour poursuivre une culture très onéreuse, ou qui, n'en ayant pas assez pour développer leur exploitation, au gré de leurs désirs ambitieux; pour faire grand, très grand, et réaliser un gain énorme; emportés par la fièvre qui possédait le pays, ont emprunté des sommes dont l'importance suffisait à mettre leur entreprise en péril, et au lieu de s'arrêter, quand il en était temps, ont continué à s'endetter, chaque jour, davantage.

De quoi a succombé le grand propriétaire auquel j'ai fait allusion, si ce n'est de l'impossibilité dans laquelle il s'est trouvé de payer à la Banque de l'Algérie ce qu'il lui devait, quand les annuités sont venues à dépasser la somme qu'il tirait de ses propriétés? Mais à qui pouvait-il s'en prendre si, depuis dix ans, il avait augmenté dans des proportions déraisonnables l'étendue des ses exploitations, devenues trop vastes pour pouvoir être gérées économiquement.

Cependant, ce ne fut pas au créancier capitaliste auquel une campagne, faite pour réconforter d'autres créanciers, donna tort. Ce fut à la Banque d'Algérie; à cette banque cruelle, inhumaine et coupable, qui n'avait aidé les colons que pour les mieux perdre. Elle n'avait pas le droit de poursuivre le remboursement de sa créance; l'État, en tout cas, devait l'en empêcher. Banque d'Algérie, elle ne pouvait pas porter un semblable coup à l'Algérie. Des actionnaires soucieux, sans doute, de rentrer dans des sommes qu'ils avaient prêtées, on n'avait cure.

La polémique se continuait sur cette question, qui intéressait plus de gens, sans doute, qu'on ne voulait l'avouer, quand la crise du Midi éclata. Elle rallia aussitôt l'unanimité presque des viticulteurs algériens. Sans songer, toutefois, à se mettre en grève, ils firent cause commune avec leurs compagnons d'infortune de France; et ils formulèrent les mêmes revendications auxquelles un grand meeting, tenu à Alger, le 9 juin, en imitation de ceux du Midi, donna une solennelle consécration.

Cette résolution spontanée fut très habile, du reste, car elle empêcha les viticulteurs du Midi de persister dans une voie de revendications contraire aux intérêts algériens, où plusieurs s'étaient déjà engagés. Au nombre des causes de la crise dont il souffre, le Midi a, en effet, souvent invoqué le préjudice que lui cause l'entrée sans droits en France des vins d'Algérie, falsifiés ou mal faits, disent-ils, et obtenus, par les Algériens, dans des conditions moins onéreuses que celles dont la rigueur pèse sur les producteurs français. Pour mettre fin à une situation aussi défavorable, le Midi ne proposait rien moins que de frapper les vins d'Algérie d'un droit d'entrée particulier, et de les soumettre à toute une série d'expertises et d'analyses.

Or, tandis que ces dernières opérations déconsidéreraient fortement les vins d'Algérie, et par suite diminueraient encore leur valeur marchande, en formulant leur demande de droits d'entrée particuliers, les braves gens du Midi allaient plus loin qu'ils ne se l'imaginaient.

J'ai dit que les échanges commerciaux qui se pratiquent sans droits entre la métropole et la colonie, et inversement, procuraient des avantages considérables aux deux pays, au prix de quelques sacrifices qu'ils avaient le bon esprit d'accepter. Si le Midi venait à estimer qu'il lui fût désormais impossible de supporter le préjudice qui résulte pour lui de l'entrée en France, sans droits, des vins algériens, l'Algérie pourrait légitimement demander qu'on cesse de laisser entrer sans droits, dans ses ports, certains produits français; ou, ce qui revient au même, qu'on cesse de frapper d'aucuns droits les mêmes produits de provenance étrangère.

Si cette demande portait sur les tissus, par exemple, et si elle était admise, les tissus de Belgique, d'Allemagne, de Suisse et d'Autriche inonderaient aussitôt le marché algérien. Ce serait une perte de cinquante millions que supporteraient les industries de Rouen, d'Elbeuf, de Roubaix, de Saint-Quentin, de Reims, de Caudry, de Villefranche, de Roanne, de Thizy, de Tarare et de Lyon, pour coopérer au relèvement du vignoble du Midi, sans empêcher, toutefois, la ruine du vignoble algérien.

L'adhésion de l'Algérie aux revendications du Midi a dissipé le danger qui la menaçait; elle a fort heureusement uni les deux régions qui souffrent dans la défense commune d'intérêts qui, sans être absolument les mêmes, ne peuvent cependant pas être séparés et doivent être réglés conjointement.

Le Midi a reconnu, du reste, que si les Algériens fraudaient aussi et envoyaient, quelquefois, des vins mouillés, leurs livraisons, dans leur ensemble, étaient bonnes et non seulement favorables, mais indispensables même, aussi bien aux producteurs qu'aux commerçants français, puisqu'elles leur permettaient de relever et de vendre des vins sans valeur. Et assurément les conclusions d'une commission d'enquête, qu'on a envoyée en Algérie dans des desseins inquiétants pour les Algériens, seront écartées.

De leur côté, sans rompre le contrat d'union, les Algériens demandent que les droits exceptionnels dont sont frappés les mistelles, — boissons fabriquées avec des marcs et de l'alcool, — ainsi que les vins de liqueur, qu'ils font parfaitement, soient abaissés.

Une première loi sur les boissons a été votée; une seconde va l'être, car notre Parlement n'a pas la perception exacte rapide. Sera-ce la dernière? On ne peut le savoir; on ignore, en tout cas, quand des dispositions vraiment propres à détruire l'effet de celles dont on a tant souffert seront adoptées.

Pour que la loi qui a été votée puisse être appliquée en Algérie, une formalité a dû être remplie. Le budget algérien doit, en effet, être voté par les délégations qui ne se réunissent que dans le premier semestre; il a donc fallu qu'une loi intervînt pour autoriser à convoquer les délégations, afin d'obtenir qu'elles votent les modifications que les dispositions de la loi, qui entraîneront des dépenses, apporteront dans le budget déjà arrêté.

Les délégations viennent de se réunir; elles ont voté, pleines d'enthousiasme et de confiance dans l'avenir qui semble s'ouvrir à leurs yeux pour la viticulture algérienne.

La loi qui a été votée pour réprimer les méfaits de la fraude améliorera certainement la situation, en Algérie aussi bien qu'en France; mais à la condition que la fraude, conséquence logique et directe d'un régime de fraude, né de la fraude et en vivant, soit énergiquement punie. Il est permis malheureusement de douter qu'il en soit ainsi, quand on songe au passé et à la moralité des gouvernants.

Enfin, la disparition de la fraude suffira-t-elle à ramener en Algérie l'âge d'or de jadis? Je ne le crois pas, estimant que, pour cela, d'autres résolutions devront être prises.

Il y a quelques mois, quand on était de bonne foi, on avouait qu'on avait planté trop de vignes, et l'on accusait l'autorité d'être cause de cette exagération; on avouait aussi qu'il y avait surproduction de vins, puisqu'il était impossible de vendre à bon compte sur le marché français encombré, et l'on prétendait que la difficulté de se créer des marchés nouveaux à l'étranger paraissait insurmontable.

L'administration conseillait même, dans certaines de ses publications, de restreindre la culture de la vigne et de s'adonner davantage à celle des céréales, moins coûteuse et plus sûre, faisant observer que l'exportation des céréales était passée, de 1904 à 1906, de 31 à 48 millions,

Aujourd'hui, ces aveux sont déjà oubliés; et cependant ils étaient justifiés, et l'administration avait raison. On a planté trop de vignes en Algérie; on en a planté dans des terrains peu convenables à cette culture; on a consacré trop de domaines à la culture exclusive de la vigne, au lieu d'y joindre, autant que possible, d'autres cultures; on a créé des domaines d'une importance trop grande pour pouvoir être exploités économiquement et sans danger. Souvent on a entrepris cette culture coûteuse, sans avoir assez de capitaux pour la mener à bien; et alors des emprunts excessifs ont forcé les colons à vendre à vil prix, pour avoir l'argent nécessaire au payement des intérêts de leur dette.

Surtout, il est arrivé que, faute d'avoir été suffisamment soignés, les vins d'Algérie ont souvent laissé à désirer. Il en est d'excellents; la généralité est fort bonne; mais l'on conçoit le parti pris de dénigrement que les rivaux ont tiré des constatations fâcheuses qui ont été faites parfois de vins algériens mal faits.

C'est à améliorer leur vin que les colons doivent s'attacher énergiquement; car, lorsqu'il sera prouvé que le vignoble algérien produit toujours de bons vins, les commandes afflueront, les prix se relèveront, et l'exportation augmentera. On pourra alors songer à étendre la culture de la vigne.

La crise aura eu des conséquences fort heureuses, si elle détermine tous les propriétaires à imiter, même au prix de sacrifices qu'ils recouvreront, la façon de faire des viticulteurs algériens qui produisent de bon vin et ayant de l'argent, et de bons chais pour garder leur vin, peuvent attendre, pour le vendre, le moment où ils le vendent bien.

XI

LA LOI DE SÉPARATION EN ALGÉRIE

Juillet 1907.

J'arrive à la dernière des questions algériennes dont j'ai signalé l'actualité : celle de la Séparation, à laquelle j'ai déjà fait allusion, du reste.

De celle-là, on peut dire que, si elle ne touche que médiocrement une partie de la population européenne, et fort peu la masse de la population arabe, parce qu'elles ont, actuellement, peu de souci des questions religieuses, elle inquiète, au contraire, profondément, les classes qui constituent l'élite de la population européenne et celle de la population arabe des villes ou de l'intérieur; et que la solution qui lui sera donnée, en vertu des prescriptions impératives de la loi, peut avoir les plus graves conséquences pour l'Algérie et pour la France.

Assurément, la gravité de ces conséquences n'échappe pas aux autorités algériennes; c'est pourquoi la loi votée au mois de décembre 1905 n'est pas encore appliquée en Algérie, tant, sans aucun doute, la rédaction des instructions qui devront en réglementer l'application soulève de questions difficiles, sinon impossibles, à résoudre; tant on hésite à Alger, comme j'aime à le croire, à franchir le pas, à signer et à publier des textes, dont tout homme doué de raison voit nettement l'impropriation absolue et la folie coupable.

En attendant, l'Algérie reste sous le régime concordataire. Aussi, a-t-on été douloureusement surpris d'apprendre, lors de la dernière réunion du Conseil supérieur, que, par ordre de M. Clemenceau, sans doute, toujours fougueux avec les gens dont il n'a rien à craindre, l'archevêque d'Alger avait été exclu de la haute assemblée dont il faisait partie de droit, et où il semblait qu'il fût convenable de le laisser siéger, puisque sa situation n'était pas modifiée. Le Gouvernement aurait dû garder un souvenir plus reconnaissant à ce prélat, malade et attristé, des marques de déférence qu'il lui avait prodiguées et du dévouement qu'il avait toujours montré aux intérêts du pays.

Certes, on ne songerait pas à employer un procédé semblable à l'égard d'un marabout marocain. Si, par aventure, il faut un jour qu'un des ministres des affaires étrangères de notre République, toujours si conciliante à l'extérieur, soit dans l'obligation douloureuse de gêner quelque peu, dans ses habitudes antifrançaises, un personnage religieux du soi-disant empire du Maroc, il ne se résignera à le faire qu'après avoir dépêché, pour y être autorisé, un extraordinaire ambassadeur près de Sa Majesté Britannique ou près de ce navigateur amateur qui, du pont de son yacht impérial, règle les actes de la politique française.

Mais un archevêque, le plus grand personnage religieux d'Algérie, cela ne compte pas ! Pourrait-on, sans tomber dans le cléricalisme, être courtois avec lui et avec tout ce qu'il représente? Et y a-t-il rien de plus simple que de faire arrêter par le Conseil supérieur le budget des cultes — car il y a encore un budget des cultes — sans le concours du prélat qui en était comme le rapporteur naturel?

Oui, cela est vrai : rien de plus simple. Et, si l'on

rapproche de ce procédé le souvenir des paroles que le Gouverneur avait prononcées, à la réception du jour de l'an, sur l'infaillibilité du pape, qui semblaient avoir peu de rapport avec la cérémonie, on voit dans quelles dispositions d'esprit la question courait le risque d'être abordée. Fort heureusement, la perception du mal qu'on allait faire se fit jour dans les esprits les moins favorablement prévenus.

S'il fut jamais, en effet, une loi qui ne dût pas être importée en Algérie, c'est cette loi de la Séparation. Certes, on ne peut pas comprendre qu'il se soit rencontré des cerveaux assez perturbés, par la folie antireligieuse, pour avoir conçu la pensée de l'appliquer dans un pays tout différent de celui pour lequel ils l'avaient fabriquée, au risque de le jeter dans le plus grand désordre et même d'y mettre notre autorité en péril.

Assurément, la loi de Séparation présentera partout ce qui caractérise la législation anarchique et despotique des jacobins; mais en imposer l'observation aux diverses sociétés et aux diverses races de cultes différents qui composent, dans des conditions toutes particulières, la population de l'Algérie, c'est vraiment dépasser le comble du despotisme et de la folie.

C'est à une population européenne, qui compte une part si grande d'étrangers, qu'elle y forme, souvent, la majorité; trop disséminée sur le territoire et généralement trop pauvre aussi, pour pouvoir songer à subvenir aux frais du culte, qu'elle devra s'appliquer; supprimant, par le fait, l'exercice du culte dans presque tout le pays. Il ne subsistera, sans doute, et encore, dans des conditions très précaires, que dans les villes importantes; dans l'intérieur, il faudra, sans doute, se borner à des missions accidentelles, à condition toutefois que le zèle des catholiques de la colonie peu fortunés puisse permettre de subvenir aux frais que les missions nécessiteront.

Or, si la partie blocarde de la population dont j'ai parlé ne doit pas s'inquiéter de cette suppression du culte catholique, si même elle doit se plaire à y voir la satisfaction des passions dont on l'a affolée, il y a, heureusement, dans la population française, des éléments nombreux, restés excellents et chrétiens, que cette suppression attristera et dont ils souffriront d'autant plus que, faute de ressources, ils seront dans l'impossibilité presque absolue de la faire cesser.

Mais les étrangers si nombreux, qui sont, presque tous, de fervents catholiques, seront atteints plus douloureusement encore. Ces étrangers, dont le labeur nous est si précieux, car ils réussissent et prospèrent là où nos colons moins économes, moins résistants et moins travailleurs échouent; ces étrangers qu'une bonne politique conseille d'attirer, et de ne pas troubler dans tout ce qui n'est pas contraire au bon ordre, — d'autant plus qu'ils n'ont pas rompu, autant qu'on pourrait le croire, avec leurs pays d'origine, très voisins de l'Algérie, — croit-on qu'ils s'accommoderont, tout simplement, de la situation qu'un caprice d'un parlement français, qui les ignore, et qu'ils ignorent, leur imposera?

Ils sont venus gagner leur vie dans un pays qu'ils croyaient être une terre de liberté; tout en l'enrichissant par leur travail, ils y ont trouvé le bien-être; peu à peu, les liens qui les attachent à la patrie où ils avaient souffert se détendaient; mais, voilà qu'ils sont atteints dans ce qu'ils ont de plus cher au cœur, et que le pays dont ils se plaisaient à reconnaître la générosité leur devient odieux. Et tandis qu'ils se prendront à détester ceux qui les persécutent, leur pensée se reportera vers la patrie délaissée; ils y étaient pauvres, peut-être, mais ils pouvaient au moins y prier Dieu.

Il arrivera alors que leurs anciens Gouvernements, qui ne perdent pas de vue leurs nationaux autant qu'on se l'imagine et qui n'ont pas abandonné l'espoir de renouer, un jour, avec eux, ne manqueront pas de s'intéresser à leur sort et leur enverront des prêtres du pays, pour remplacer ceux que le Gouvernement français leur aura enlevés. La dépense qui en résultera pour ces Gouvernements sera mince, à côté du profit qu'elle pourra leur assurer.

Alors, les Espagnols qui forment la majorité dans nombre de localités de la province d'Oran, et qui sont très nombreux dans plusieurs localités de celle d'Alger, recevront des prêtres espagnols que Sa Majesté Très Catholique entretiendra. De même les Italiens, nombreux dans la province de Constantine, seront pourvus par les soins du roi d'Italie, qui ne pense pas que l'anticléricalisme soit un objet d'exportation. Que cela soit fait ouvertement ou secrètement, — et l'autorité française n'aura nul droit de l'empêcher, — tous les efforts que les autorités diocésaines ont faits jusqu'à ce jour, pour donner à toute la population des prêtres français, ou des prêtres dont le dévouement à la France ne pouvait pas être soupçonné, seront anéantis.

Cela ne causera tout d'abord aucune crainte aux blocards, comme je l'ai dit; car, par définition, ils ne perçoivent pas les réalités; mais cela alarmera les gens qui ont des vues plus nettes et qui, moins convaincus qu'eux de la perpétuité de la paix européenne, songent aux éventualités qui ne manqueront pas de menacer l'Algérie, quand la France sera engagée dans une guerre européenne.

En vérité, si l'on avait voulu accroître les craintes que fait concevoir, à tout esprit réfléchi, ce que la proportion considérable des étrangers et des néo-naturalisés peut amener en Algérie dans certaines hypothèses, on n'aurait pas procédé autrement.

Et avant même que l'une quelconque de ces hypothèses se réalise, comme ceux de ces étrangers qui sont naturalisés automatiquement, par le fait de la loi de 89, sont électeurs, ils pourront faire connaître au Gouvernement ce qu'ils pensent des procédés qu'il emploie à leur égard.

On m'a objecté que les évêques n'autoriseront pas le ministère de ces prêtres étrangers. Comment songeront-ils à ne pas l'autoriser, quand le nombre des prêtres français dont ils pourront disposer sera diminué; quand les séminaires seront fermés et que leur recrutement sera tari, car déjà les menaces de la loi l'ont réduit, hélas! dans des proportions qu'on n'ose dire? Comment pourront-ils s'opposer à ce que les populations, qui veulent avoir un pasteur, en aient un de leur choix, puisqu'ils ne pourront plus leur en donner un qui parle leur langue et soient faits à leurs usages.

Si l'on examine la question à l'égard des mahométans, elle est fort inquiétante aussi. Avec eux, on est lié par des conventions solennelles. On leur a promis que rien ne les gênerait jamais dans l'exercice de leur religion; c'est sous cette condition expresse qu'ils ont fait leur soumission; c'est à ce prix qu'ils ont cessé de nous combattre et qu'ils ont déposé les armes. Nous avons consfisqué, sur tout le territoire, leurs biens d'église, les biens « habbous »; et, les ayant aliénés, nous avons pris l'engagement de subvenir à toutes les dépenses du culte mahométan. Si cette confiscation n'a pas toujours été conforme au droit des gens, elle a été imposée du moins par les droits du vainqueur, qui a le devoir de maintenir la tranquillité dans le pays conquis. Et, du reste, le gouvernement français a tenu sa promesse avec une attention, et souvent même avec une générosité, qui ont parfois scandalisé ceux qui oubliaient d'où provenaient les largesses gouvernementales à l'égard des musulmans.

Mais, maintenant que la loi va ordonner d'ignorer l'existence d'un clergé mahométan, aussi bien que celle d'un clergé catholique, et de ne pas s'occuper des mosquées ou des zaouïas plus que des églises ou des séminaires, comment les Arabes, dénués de ressources, s'y prendront-ils pour pourvoir aux frais de leur culte? Car on ne pourra pas leur rendre les biens habbous qui sont aliénés, et on ne songera certes pas non plus à leur donner la somme qu'on en a tirée.

Je sais bien qu'ils sont victimes du procédé que l'on a appliqué à notre clergé, car le propre de la République est de dépouiller; mais le vol que le vainqueur pratique sur le vaincu est particulièrement odieux; et quand c'est la France qui le pratique, la France, jadis généreuse, chevaleresque et fidèle à sa parole, cela fait rougir de honte un Français, sous le regard attristé du vaincu dépouillé.

On pourrait objecter que le clergé mahométan n'avait pas, autrefois, l'importance que nous lui avons donnée, puisque le culte mahométan ne comporte qu'une seule cérémonie, la prière en commun, et que, là où se trouvent deux mahométans, l'un d'eux dit la prière; que, par conséquent, la diminution, la suppression même du clergé mahométan ne froissera pas les Arabes autant qu'on le croit, et qu'elle sera, en tout cas, sans conséquence pour nous. En le faisant, on se tromperait fort.

Outre que les Arabes des villes tiennent à garder leurs muphtis, leurs imans et leurs moudérès (professeurs dans les mosquées), c'est justement parce que la prière peut être dite et la parole portée par tout fidèle que nous avons jugé bon de désigner, et de payer, ceux qui diraient la prière et ceux qui parleraient dans les édifices du culte mahométan, et de constituer ainsi un clergé naturellement intéressé à réagir contre toutes les prédications qui pourraient lui porter ombrage et lui faire concurrence, contre l'action, toujours menaçante pour la tranquillité des esprits, des marabouts, des khouans ou des derviches quelconques, qui, sans cesse, s'en vont prêchant dans la vaste terre d'Islam.

Or, il importe de ne pas l'oublier, l'Algérie, terre d'Islam, fait partie du monde musulman, qui est un, de Delhi à Fez ou à Tombouctou; observation capitale qui ne doit jamais être négligée, quand on envisage les questions qui intéressent la population arabe d'Algérie.

Qui donc nous préviendra de ces prédications clandestines, dont la portée peut être immense, si ceux qui étaient intéressés à le faire ne sont plus là? Les autorités attentives, dit-on, savent désormais tout ce qui se passe dans le pays; rien ne peut maintenant leur échapper... Laissons dire ces bêtises, dans le cabinet d'un Ministre de l'intérieur, mais ne les répétons pas, si nous ne voulons pas nous vouer au ridicule.

Qu'adviendrait-il donc si la loi était strictement appliquée aux indigènes?

Pour le moment, la démarche un peu pressante que quatre à cinq mille Arabes, armés de bâtons, firent, il y a quelques années, près du Gouverneur, pour faire savoir qu'ils s'opposaient à ce que, sous prétexte de l'embellir, on touchât à la mosquée de la Pêcherie, permet de penser qu'ils sauraient, peut-être, obtenir quelques adoucissements par ce même procédé, dont les catholiques français, gens trop civilisés, ne comprennent pas assez la valeur.

Mais après; mais plus tard? Faits à la patience et confiants dans l'avenir, ils attendront l'heure, silencieusement, impassibles, ajoutant cet injuste traitement et le vol dont ils auront été victimes aux blessures dont le cœur d'un vaincu est toujours ulcéré; perdant même le souvenir de la justice si souvent rendue. « Si les Français renient Dieu, disait un Arabe de grande famille, dont le jugement n'est pas à dédaigner, ils perdront le droit de nous commander; Dieu les abandonnera et nous les chasserons. »

Et l'heure qu'ils attendront, quand elle sonnera, ne sera-ce pas celle où les étrangers d'Algérie se souviendront aussi que le sang qui coule dans leurs veines n'est pas du sang français; celles enfin où nos soldats combattront pour la défense nationale, loin de cette terre conquise par leur valeur?

Je ne parle pas des protestants; l'Allemagne et l'Angleterre n'ont pas attendu jusqu'à ce jour pour se créer des droits éventuels à leur reconnaissance; ni des Juifs, parce que, estimant peu leurs rabbins qu'ils trouvent trop ardents à vivre de l'autel et trop soucieux de s'assurer des vieux jours fortunés, ils se détachent, de plus en plus, de leur religion et tendent toutes leurs facultés vers la solution des questions qui rapportent.

On s'explique que la correspondance qui s'échange entre Alger et Paris pour régler l'application de cette loi malheureuse se prolonge. « Périssent les colonies plutôt qu'un principe », a dit un ancêtre fameux. Ce n'est heureusement pas l'avis du Gouverneur. Il y a trois mois, il avait réussi, non sans peine, à vaincre l'intransigeance du Ministre, et il avait été arrêté qu'il resterait libre de régler l'application de la loi, en y apportant certains ménagements. Au nom des intérêts de la politique, il ne heurterait que progressivement les sentiments de certaines populations catholiques; au nom des intérêts de la domination, il agirait de façon à ne pas soulever la colère des musulmans.

Dix années étaient accordées pour mener l'œuvre au point voulu par les jacobins assimilateurs. Mais ce délai a, sans doute, paru trop long, et la liberté laissée au Gouverneur trop grande à notre Conseil d'Etat judéo-protestant, et, quand j'ai quitté l'Algérie, la réglementation était encore à l'étude.

Quoique je n'aie exposé que le côté politique de la question, que je n'aie pas discuté les solutions qui ont été présentées parfois pour la résoudre et que je n'aie fait aucune allusion aux deuils qu'elle prépare, aux destructions qu'elle accomplira, aux ruines matérielles et morales dont elle couvrira ce beau pays, si digne d'intérêt, j'espère avoir fait comprendre combien il importera, plus tard, de réparer le mal que la secte va commettre, dès que le bon sens, l'équité et l'intelligence régleront les décisions du Gouvernement français.

En tout cas, notre devoir est d'assurer de tous nos vœux ardents la jeune Église d'Afrique. Formée par les prélats éminents que furent l'évêque Dupuch, l'évêque Pavy, le cardinal de Lavigerie, elle s'apprête à soutenir la lutte et à subir, sans broncher, pour le service de Dieu et l'honneur de la France, tous les sacrifices qui lui seront imposés.

Rien, rien, on peut en être sûr, n'arrachera de ses mains l'étendard sacré qu'elle tient vaillamment sur la terre d'Afrique.

XII

D'ALGER A ADÉLIA. — ALGER EN 1871

Juillet 1907.

Je suis allé à Oran, pour répondre à l'invitation d'un ami très cher qui me pressait de m'y rendre. J'étais curieux aussi, je l'avoue, de voir ce qu'était devenue cette ville que j'avais habitée, à diverses reprises, de 1864 à 1866, et que je savais transformée.

J'aurais pu, pour m'y rendre, imiter, comme on me conseillait de le faire, la plupart des voyageurs et les bandes de touristes, de nations diverses, qui prennent le train de nuit, pourvu de wagons-lits où ils dorment confortablement; braves gens, munis de petits cahiers qui règlent leurs déplacements par le menu, et dont la seule préoccupation semble être de détacher, en temps convenable, le coupon vert, rose ou bleu qu'ils doivent remettre, à point nommé, à un agent désigné; sans songer un instant à regarder un pays qu'ils s'imaginent avoir suffisamment étudié quand ils ont remis, à un dernier agent, le dernier feuillet de leur précieux petit cahier — Cook ou Lubin.

N'ayant, du reste, aucun coupon à remettre, je pris le train de jour, moins confortable et plus lent. Ainsi je pus voir se dérouler, toute une longue journée, qui me parut très courte, devant le wagon où j'étais tranquillement assis, au milieu de compagnons qui montaient et descendaient sans cesse, allant à leurs affaires et en causant, le panorama varié de tout ce pays que j'avais traversé souvent, dans des conditions si différentes, parfois en expédition.

Je ne veux pas exposer de nouveau la comparaison, qui risquerait de paraître monotone et fatigante à la longue, entre le passé dont je me souvenais et le présent que j'avais sous les yeux; entre ces grandes étendues de terres, autrefois incultes ou à peine défrichées, et ces champs, aujourd'hui cultivés et souvent riches; entre les pauvres gourbis, qui bordaient alors la route parfois à peine tracée, et ces villages propres, coquets, ombragés, au clocher effilé que la route, belle et large, traverse maintenant de distance en distance; entre ces gués, alors redoutés, où l'on passait les rivières torrentueuses, au prix de grands dangers, et les ponts hardis et légers qui franchissent tous les cours d'eau et tous les ravins; entre ce grand silence qui régnait, implacable et douloureux, tout un jour parfois, sur cette terre quasi inhabitée, où quelques colons tremblaient la fièvre, tandis que les Arabes s'y cachaient, épiant tout ce en quoi ils voyaient un danger, et le bruit de tout ce monde français, arabe espagnol, juif qui va, vient, s'accoste, trafique, crie, se presse et se coudoie.

Cependant, je ne veux pas parler de mon séjour à Oran avant d'avoir conté quelques-uns des souvenirs que le pays traversé a évoqués dans ma mémoire.

Celui de ces souvenirs que je veux conter le premier, il me semble que j'ai le devoir de le faire connaître, car il a trait à l'un des épisodes les plus importants et les plus tragiques de notre histoire, resté, jusqu'à ce jour, complètement inconnu.

La voie d'Alger à Oran, pour passer de la plaine de la Mitidja dans la vallée du Chéliff, qu'elle suit pendant cinquante lieues, franchit l'Atlas, par un long tunnel, à Adélia. L'exécution de ce gros travail présenta des difficultés singulières qui en retardèrent l'achèvement. Ne s'avisa-t-on pas, n'eut-on pas la malechance, dans un pays où l'on trouve si rarement un peu d'eau, où l'on est si heureux d'en trouver quelques gouttes, de rencontrer, là où elle n'était qu'un empêchement considérable, une rivière souterraine, dont personne n'avait soupçonné l'existence, et contre les méfaits de laquelle on n'avait naturellement préparé aucune mesure!

Les travaux se prolongèrent donc au delà des prévisions qu'on avait conçues; et longtemps après que la voie d'Alger atteignait, à Bou-Medja, le pied de l'Atlas, et celle, venue d'Oran, Affreville, sur le versant sud, du côté du Chéliff, on était obligé, la jonction n'étant pas faite entre les deux parties de la ligne, d'aller, par la route, de Bou-Medfa à Affreville, distants de neuf à dix lieues toutes de côtes et de descentes.

Ce transbordement augmentait la durée du voyage d'Alger à Oran; pour une troupe, la durée du voyage était de plus de quatre jours.

Les choses étaient ainsi au mois d'avril 1871. A cette époque, la situation de la colonie, et surtout la situation d'Alger, était fort grave. L'insurrection que les fautes du gouvernement de Tours, la diminution exagérée des troupes en Algérie et le bruit de nos défaites avaient suscitée dans la province de Constantine, longtemps contenue par l'ascendant que l'autorité militaire avait conservé sur les Arabes, malgré les attaques dont elle était l'objet de la part de la lie de la population, encouragée par la platitude des autorités civiles, avait subitement pris un développement effrayant.

Semblable à l'un de ces incendies qu'allume un accident fortuit, et qui, par les journées brûlantes des étés algériens, se développent et gagnent, avec une vitesse prodigieuse, dévorant tout, en quelques instants, chassant les populations effarées, l'insurrection partie de la Kabylie, ravageant tout sur son passage, pillant, brûlant et massacrant, atteignit, en quelques jours, la rive droite de l'Oued-Hamiz, qui coule à trois lieues de la Maison Carrée, à moins de six lieues d'Alger.

Or, comme le peu de troupes dont le général en chef, le général Lallemand, avait pu disposer, avaient été envoyées, depuis quelques jours, les unes vers Aumale, avec le général Cérez, les autres à Bougie, sous le général Lapasset, avec la mission de chercher à préserver la Kabylie, encore soumise au moment de leur départ, de la contagion insurrectionnelle, qui, venant de l'est, menaçait de l'atteindre; que d'autres, enfin, avaient été occuper les places en péril, le général n'avait, à Alger, rien qu'il pût opposer au flot subitement déchaîné des populations kabyles; rien qui pût arrêter ces bandes révoltées et affolées, qui menaçaient de mettre à sac la banlieue et peut-être même la capitale.

Le télégraphe sous-marin était coupé : on n'avait donc aucun moyen d'informer promptement le gouvernement de Versailles. Le peu de troupes dont M. Thiers avait consenti à se dessaisir, et qu'il avait donné l'ordre d'expédier à Alger, sur les instances du général Lallemand, qui, depuis longtemps, avait exactement discerné l'imminence des dangers qui menaçaient la colonie, avait été arrêté au passage à Toulon par le général Espivent, occupé à réduire la Commune de Marseille. Une division de dragons à pied, que l'historien des guerres impériales avait eu l'idée fantastique de vouloir expédier en Algérie, n'avait pas été mise en route. On n'avait rien à portée, dans la province d'Alger, qui pût être mobilisé; on ne pouvait rien recevoir d'autre part.

Pendant ce temps, la municipalité d'Alger formait un bataillon de miliciens payés, qu'elle grossissait en enrôlant des séries de drôles que la Commune de Marseille lui dépêchait, dans des vues faciles à concevoir. Affublés de costumes d'opéra-comique, chaussés de bottes de plusieurs lieues, empanachés et drapés dans des manteaux doublés de soie, tous ces Vengeurs, Éclaireurs, Volontaires et Indomptables, échappés des bandes garibaldiennes, débarquaient avec fracas et se plaignaient de voir leur dévouement méconnu, aussitôt que l'administration militaire refusait de leur accorder les allocations fantaisistes qu'ils avaient pris la douce habitude de percevoir depuis plusieurs mois.

A la tête du Gouvernement, pactisant avec les mauvais, par le seul fait de l'inertie coupable dans laquelle il affectait de se tenir, un Commissaire extraordinaire de la République faisait fonction de Gouverneur. Ce haut personnage, vraiment extraordinaire, du nom d'Alexis Lambert, était passé, en quelques semaines, de la situation modeste de secrétaire de la mairie de Constantine, qu'il occupait le 4 Septembre, à celle plus relevée de sous-préfet de Bône, puis à celle plus considérable de préfet à Oran, pour arriver, presque aussitôt, au gouvernement de la colonie! Il faut reconnaître que ce très haut fonctionnaire avait conscience de la mission que les frères et amis avaient prétendu lui confier, en l'arrachant à la rédaction des actes de l'état civil.

Un jour que le général en chef avait été avisé, par le directeur des douanes, qu'un bateau venait d'arriver, portant le matériel de deux batteries expédiées par la Commune de Marseille à la municipalité d'Alger, il m'envoya demander au Gouverneur de donner l'ordre à l'administration des douanes de remettre ce singulier envoi à l'autorité militaire. Quand je lui eus exposé le but de ma visite : « Dites bien au général d'avoir pleine confiance en moi; que si, de cœur, je suis avec le Gouvernement de Paris, je n'oublie pas que mon devoir me retient avec les gens de Versailles. — Qu'il fasse « ce « qu'il veut. » Et, galamment, il me congédia, et sauta allégrement dans sa voiture, pour aller rejoindre Mme Lambert, sous les frais ombrages du palais d'été. Le couple avait, en effet, contracté un goût très vif des palais, qu'ils fussent d'hiver ou d'été.

Cette réponse n'était pas de nature à nous surprendre; car, ayant l'habitude, excusable en de pareilles circonstances, et prudente, en tout cas, de lire les premiers, et d'expurger parfois la correspondance de M. le commissaire de la République, nous étions au courant des secrètes pensées du chef de notre Gouvernement.

D'autre part, instruits des malheurs qui accablaient la France depuis neuf mois, de la gravité de l'insurrection parisienne et des progrès de la révolte de leurs coreligionnaires, encouragés, enfin, par ce qu'ils voyaient faire par la municipalité et par ce qu'ils voyaient tolérer par le petit employé que les événements avaient juché à la tête du Gouvernement, les Arabes de la ville témoignaient une grande nervosité. Des rapports très sûrs nous informaient que leur soumission ne tenait qu'à un fil, et que le moindre incident déterminerait une néfra, sorte de tumulte, préface habituelle de scènes de pillages et de meurtres.

Cependant, gardé par treize turcos — seule troupe dont on pût disposer — cachés dans la cave de son hôtel, devant lequel se promenait fièrement un milicien envoyé par la municipalité, très pénétré de l'importance de son rôle de surveillant de l'autorité militaire, le général Lallemand, que son calme n'abandonna pas un instant, attendait, avec une sérénité admirable, que le général Lapasset ramenât de Bougie les troupes dont il avait prescrit le retour immédiat à Alger.

Arriveraient-elles à temps?

Les bandes d'insurgés ne les devanceraient-elles pas? Elles étaient à six lieues. Une néfra des indigènes ne mettrait-elle pas avant la ville à sac? La municipalité n'établirait-elle pas la Commune, avec la complicité de l'extraordinaire commissaire, bouleversant tout, déchaînant la révolte furieuse et sauvage des Arabes d'Alger, et donnant le signal d'une insurrection générale, qui anéantirait dans tout le pays l'œuvre de quarante années?

Nous comptions les heures, nous efforçant d'imiter l'exemple de notre chef.

Ce fut alors qu'un matin, violant la consigne que le général m'avait donnée, j'introduisis dans son cabinet M. Noblemaire, alors directeur des chemins de fer algériens. « Mon général, lui dit-il aussitôt, je sais que vous ne voulez pas être dérangé; mais votre capitaine m'a autorisé à enfreindre votre consigne; vous m'excuserez; le capitaine me l'a promis. Je viens vous dire, mon général, que, depuis ce matin, un train peut franchir le tunnel d'Adélia... Je crois que la nouvelle vous causera quelque joie... »

La Providence nous prit ce jour-là en pitié. Aussitôt, des dépêches furent expédiées; et, trente heures après, un beau bataillon de zouaves d'Oran, suivi d'un beau bataillon de turcos de Mostaganem, campait à la Maison Carrée, près de quelques centaines de turcos qu'on avait réussi à tirer du dépôt de Blida. Comme effrayés de leur témérité, les insurgés n'avaient pas poussé de l'avant; ils avaient perdu leur temps à piller et à brûler des hameaux et des fermes. Alger était sauvé; la banlieue et la plaine furent occupées par des milices, et, deux jours après, le retour de la colonne Lapasset constituait le noyau des troupes avec lesquelles le général Lallemand fit son admirable campagne de Kabylie, dès que l'arrivée d'un nouveau Gouverneur, l'amiral de Gueydon, lui permit de s'éloigner de la capitale.

Pour moi qui ai vécu ces heures tragiques, qui en ai connu toutes les péripéties, les longues journées et les dépêches croissant de gravité et de menaces, les nuits qui n'interrompaient ni les mauvaises nouvelles ni le travail, et que les principaux fonctionnaires venaient passer avec nous, sous la sauvegarde de nos treize turcos, je n'ai jamais cessé de voir dans le fait inattendu, qui sauva la colonie, une marque de la bonté divine. Dieu nous prit en pitié; il ne permit pas que l'œuvre algérienne de la nation qu'il aime fût détruite.

Et c'est à tout cela que je songeais, tandis que le train gravissait péniblement la pente qui conduit au point culminant; tandis que j'étais plongé dans l'obscurité bruyante du tunnel, puis que, rendu à la lumière éclatante, je descendais rapidement, en vue des montagnes boisées où s'est comme accrochée Miliana, fraîche, gracieuse et pittoresque, l'héroïque Miliana de Duvivier. Je voyais la figure grimaçante du commissaire extraordinaire; les manteaux gris doublés de soie rose des Garibaldiens courroucés et les plumets des Vengeurs; les bons sourires de nos turcos noirs qui, un à un, venaient, de temps à autre, fumer une cigarette dans une cour retirée, tandis que le milicien de la pseudo-Commune, de garde à la porte, pensait nous tenir; puis les trains sauveurs, qui les premiers franchirent le tunnel que je passais pacifiquement.

Surtout, je voyais la figure, la belle figure confiante, calme, imperturbable de l'homme de guerre accompli, de l'homme de bien, du grand serviteur de son pays, du sauveur de l'Algérie, de mon chef vénéré, le général Lallemand.

XIII

DE L'OUED FODDA A ORAN. — LES TRINGLOTS; CHANGARNIER; LE GÉNÉRAL LALLEMAND.

Août 1907.

Un bruit subit de ferrailles, un roulement assourdissant; le train passe sur un pont. A travers les croisillons des poutrelles de fer, on voit des eaux troubles qui roulent entre deux berges de terre d'ocre jaune qu'elles rongent; le train s'arrête devant le petit bâtiment d'une station : « l'Oued Fodda ! l'Oued Fodda ! »

Nous avions à Saint-Cyr un professeur d'une loquacité légendaire, qui évitait rarement de faire, dans le cours tumultueux de ses périodes sonores, des rapprochements dont l'irrévérence scandalisait souvent notre foi exaltée et juvénile. Un jour qu'il avait raconté ses souvenirs d'une visite au champ de bataille de Wagram, sur un ton prosaïque, qui avait froissé les sentiments qu'elle avait au cœur pour ces champs sacro-saints, la promotion se mit à dire, en chœur, en guise de conclusion : « Wagram ! Wagram ! Cinq minutes d'arrêt. Buffet ! » Il paraissait, alors, aux futurs officiers, invraisemblable, irrespectueux, coupable, monstrueux, qu'une terre, imprégnée de tant de sang généreux, pût être traversée par une voie ferrée ! Ah ! nous ressemblions peu au modèle d'officier qu'on prétend imposer à notre armée; et nous aurions fait un joli *chahut* à celui qui se serait avisé de venir nous exposer quelques-unes des théories qui assurent, aujourd'hui, l'avenir de messieurs les professeurs de l'École, dite militaire, de Saint-Cyr!

« L'Oued Fodda! L'Oued Fodda! » Il me semblait entendre notre professeur parler avec désinvolture de ces champs glorieux, dont le nom seul faisait battre nos cœurs et trempait nos volontés.

Mais, parmi les milliers de voyageurs qui passent le pont, et voient, de la station, les coteaux cultivés qui s'étendent au loin, nul ne se doute qu'il vient de franchir un torrent qui fut, longtemps, comme un fléau, et qu'il a sous les yeux le théâtre de combats qui furent héroïques.

L'Oued Fodda descend du massif de l'Ouarsenis (l'œil du monde), dont on voit, du wagon même, se profiler la silhouette en dents de scie. Recueillant les eaux d'un vaste bassin assez dénudé, et celles qui dévalent de la haute montagne, la rivière, qui va se jeter dans le Chéliff, a des crues dont l'importance, et surtout la souveraineté étonnante, causèrent, pendant trente années, tant qu'il fallut la passer à gué, des accidents légendaires dans l'histoire de la colonie.

Souvent la diligence, qui n'avait pu franchir la rivière, s'arrêtait sur le bord, et les voyageurs campaient ou s'installaient au caravansérail voisin avec les rouliers qui, après des tentatives plus ou moins coûteuses, avaient pris le parti de dételer leurs bêtes; et l'on attendait que la baisse des eaux, qui heureusement survenait souvent aussi vite que les crues, permît de s'aventurer dans le gué. Alors, sur la rive, de grands diables d'Arabes, fort peu vêtus, offraient leurs services, et la nécessité forçait des femmes charmantes à se confier à leurs bras vigoureux. D'autres, plus délicates, auxquelles répugnait le contact de cette chair bédouine, faisaient appel à la bonne volonté de soldats qui eux conservaient, au moins, un pantalon.

Quand la crue interrompait le passage d'une troupe, la chose prenait plus de gravité. Alors, comme on ne se risquait dans le gué qu'avec un sac allégé, ceux qui se trouvaient du côté où n'étaient pas les vivres risquaient d'être fort dépourvus. En toute hâte, il fallait venir à leur aide. Et l'on conçoit que, lorsqu'il s'agissait de faire passer plusieurs centaines d'hommes, des accidents survenaient presque toujours.

Mais ce sont les soldats du train qui fournissaient le plus de victimes. On ne se figure pas aujourd'hui ce qu'était, autrefois, le service de ces braves gens; on ne se doute pas de ce que l'armée d'Afrique, la colonie, la France et la civilisation ont dû au dévouement obscur et au courage sublime de ces soldats modestes, de ces braves tringlots, héros souvent ignorés d'une armée qui en comptait tant.

On les chargeait alors de faire les convois entre les places, de ravitailler les postes du télégraphe aérien, les caravansérails isolés, les stations de remonte, etc. Par petits détachements de trois ou quatre, quelquefois de deux seulement, chacun ayant deux mulets — deux *Ministres* — à conduire, ils s'en allaient, sans chef pour les diriger, les conseiller ou les encourager; sans témoins; sous la seule poussée du sentiment du devoir et de l'esprit de corps, qui animait leur cœur de tringlot, avec cette résolution honnête que le troupier français possédait, alors, pendant sept ans au moins. Quand ils arrivaient devant un torrent déchaîné, tel que l'Oued Fodda, lorsqu'y dévalaient les eaux de l'Ouarsenis, pour peu que la chose leur parût possible, ils tentaient, aussitôt, de le franchir : « Hue, Martin ! Va donc, Louise » ! Mais, souvent, les pauvres bêtes butaient et tombaient sous le poids de leur charge; il fallait les relever, quand le courant ne les avait pas roulées et emportées. Parfois, aussi, rien n'arrivait sur la rive opposée, et, seul, le retard de ce qu'un poste attendait faisait connaître le dénouement d'un drame accompli sans témoins, la mort glorieuse de héros inconnus.

Voilà ce qu'était jadis et ce que fut longtemps le passage des rivières d'Algérie, au nombre desquels celui de l'Oued Fodda était le plus mal réputé.

C'est dans la vallée qui se resserre en amont de la gare que furent livrés les combats dont un contemporain me fit souvent le récit.

C'était en 1842; le général Changarnier, après une série de belles opérations dans la région de l'Ouarsenis, fut attaqué, dans sa marche de retour vers le Chéliff, avec une telle vigueur, et par des contingents si nombreux, qu'il eut à supporter plusieurs combats dont l'issue devenait, chaque fois, plus inquiétante. Un dernier avait été particulièrement grave.

Les Arabes, dont le nombre croissait par heure, entouraient la petite colonne; les troupes, très fatiguées par des marches pénibles, très éprouvées par les pertes qu'elles avaient subies, et quelque peu ébranlées par des incidents cruels qui caractérisent les retraites d'Afrique et qui émeuvent les plus résolus, songeaient à tout ce qu'elles avaient enduré et se demandaient ce qu'il adviendrait le lendemain. La nuit, tandis qu'elles se serraient, comme pelotonnées, silencieuses et sans feu, tout autour, les Arabes menaient grand tapage; et des mille feux qui illuminaient leur camp, au bruit de la Nouba de guerre, ils lançaient, à la façon des héros d'Homère, aux roumis qu'ils comptaient achever le lendemain, le répertoire, peu varié, de leurs injures.

Cependant, au milieu de la nuit, Changarnier manda

les chefs de corps à sa tente; et là il leur tint un petit discours qui les stupéfia d'abord et les transporta tout aussitôt. Ce qu'on avait éprouvé dans la journée, succédant aux précédentes, montrait qu'il était impossible de continuer la retraite; là-dessus, aucun doute. La colonne entière serait perdue. Mais il y avait un moyen, un moyen sûr, de se tirer d'affaire et de battre ces enragés; c'était de les attaquer. Oui, de les attaquer; et de les attaquer de suite, en réveillant la troupe en silence...

Électrisés par la résolution de ce vrai capitaine, les vaincus des jours précédents se jetèrent sur l'ennemi avec une telle vigueur qu'ils le mirent en déroute et le poursuivirent longtemps. Sorti du mauvais pas où il semblait qu'il dût succomber, Changarnier rejoignit Blida en s'offrant le luxe d'aller châtier, le long de la mer, les tribus des Beni-Menacers dont il avait eu précédemment à se plaindre quelque peu.

Ce combat de l'Oued Fodda fut une des plus belles actions de la glorieuse carrière de Changarnier; celle où il donna la preuve la plus formelle de son esprit de résolution, de la trempe de son caractère et de la nature bien française de son courage. Quoiqu'il fût très vieilli, *Bergamote* montra cependant à Metz, notamment le jour de Servigny, quand il fit battre la charge et tira les troupes de l'état passif où toutes leurs belles qualités risquaient de se perdre, ce que valaient les généraux que le Deux-Décembre avait chassés de l'armée.

Une demi-heure après avoir quitté la station de l'Oued Fodda, traversant, à plusieurs reprises, le canal qui porte l'eau d'un grand barrage construit, de notre temps, à un étranglement du Chéliff, et qui a transformé tout le pays, le train s'arrêta dans la gare ombragée d'Orléansville.

La première fois que je vins à Orléansville, c'était en 1865. Du Daahra où nous étions en colonne, j'avais été chargé d'y porter une dépêche au colonel Lallemand, qui commandait la subdivision. Le colonel ayant été mandé à Alger, je ne le trouvai pas. Ayant remis mon pli à qui de droit, j'eus tout le loisir de visiter la ville, ce qui demandait peu de temps. Le soir venu, j'allai voir mes chevaux et mon ordonnance, car je voulais aller le lendemain, si cela nous était possible, jusqu'à Relizane, qui est à vingt-deux lieues.

Chemin faisant, dans une avenue un peu écartée, je fus surpris d'entendre sortir de terre un chœur de chants plaintifs. Je m'approchai d'une sorte de regard par où venait le bruit de ces chants. J'étais jeune, seul, dans un pays où l'on est tenté de croire au merveilleux; il faisait nuit; j'éprouvai une profonde sensation de tristesse et de pitié. Ce que j'entendais me paraissait douloureux, terrifiant. C'était comme une interminable litanie arabe, sanglotée plutôt que chantée; puis de longues prières, coupées d'invocations graves, désolées, non désespérées pourtant.

J'allai me coucher fort ému; je dormis peu. Le lendemain, avant le jour, quand mon bon Négro, auquel il ne manquait que la parole, passa près du mystérieux regard, il prit peur et fit un écart; et, longtemps, le souvenir de cette singulière aventure continua de m'intriguer.

Cinq ans après, j'étais aide de camp du général Lallemand, qui commandait toujours la subdivision d'Orléansville; un soir, qu'après dîner, nous faisions notre promenade habituelle, nous vînmes à passer près du fameux regard; l'occasion me parut bonne de savoir le secret de ce qui m'avait tant intrigué et je contai au général ce qui m'était arrivé.

« — Ah! » — me dit mon bon chef, en souriant un peu, — « ah! vous croyez avoir entendu des chants qui sortaient de terre, ici, en 1865? Vous ne vous êtes pas trompé. Cependant, il était défendu à ces gaillards de venir de ce côté... A vous, je puis bien dire ce que c'était. Voici :

« Vous vous souvenez, puisque vous l'avez combattue avec Legrand, Lapasset et Lacretelle, que l'insurrection qui embrasa, en 1864, la plus grande partie de la province d'Oran et tout le sud de celle d'Alger, s'arrêta sur la limite de la subdivision d'Orléansville. Elle l'entoura, sans la troubler, et je pus venir en aide à mes voisins moins heureux.

« Quand l'insurrection fut réprimée dans le Tell, le Maréchal me fit un jour de grands compliments sur la tranquillité qui n'avait pas cessé de régner dans ma subdivision.

« — En définitive, me disait le maréchal, — vous savez comme il est bon pour moi, — c'est affaire à vous, mon cher Lallemand, de tenir les Arabes. Mais, comment diable avez-vous pu garder tout votre pays en si bon ordre?

« — Mon Dieu, monsieur le Maréchal, mon procédé est simple; il est aussi très ancien. J'ai employé la méthode préventive, celle dont mon patron, le maréchal Bosquet, préconisait l'usage; vous vous en souvenez. Quand j'ai vu que les choses prenaient une mauvaise tournure, j'ai tiré de mon tiroir la liste de mes suspects; je l'ai donnée à mon chef de bureau arabe, Capifali, vigoureux officier, bien préparé à l'exécution de missions délicates, et je lui donnai l'ordre de faire enlever, la nuit d'après, tous les Arabes portés sur la liste, puis de les amener dans notre prison souterraine d'Orléansville.

« Cela fut fait sans incident et le pays resta dans le

calme le plus profond. Quand les choses furent remises en bon ordre, je rendis la liberté à mes prisonniers. »

« — Ah! ah! C'était un peu raide... Mais que vous ont-ils dit, ces pauvres diables, et comment ne se sont-ils jamais plaints par la suite?

« — Se plaindre? Oh! monsieur le Maréchal, ils n'y ont jamais songé. Quand, au bout de treize mois, je me décidai à les relâcher, je les réunis : tous me remercièrent avec effusion. Je m'étais montré leur père, un père attentif, dévoué aux intérêts de ses enfants. Je les avais bien jugés. J'avais compris leur faiblesse. Je leur avais épargné les malheurs où leur folie les aurait, sans aucun doute, entraînés, si je les avais abandonnés aux mauvais conseils des méchants. Sans moi, ils seraient morts, ou ruinés, ou à la Nouvelle-Calédonie. Ils me devaient la vie qu'ils avaient conservée, leurs biens qu'ils allaient retrouver avec leurs familles dans la joie, et ils juraient de prier toujours Dieu de me conserver dans la gloire.

« Le Maréchal imita les Arabes, il me remercia. Puisque vous savez la chose, rappelez-vous, mon ami, que rien ne vaut la méthode préventive. A l'occasion, dans le cours de la carrière que vous devez, sûrement, parcourir, ne l'oubliez pas : n'hésitez pas : *Principiis obsta.* »

Voilà ce que peut faire, pour le bien, l'autorité, quand elle est aux mains d'honnêtes gens. Voilà comment peuvent opérer, dans les circonstances difficiles, ceux qu'un pouvoir éclairé a le don de discerner et d'employer; ceux qui savent. Voilà jusqu'où peut s'élever l'esprit d'un chef qui est convaincu qu'au-dessus des intérêts particuliers, il y a l'intérêt général, au-dessus des droits des individus, le droit de la collectivité, le droit de vivre de la nation, et les exigences de la mission qu'elle a le devoir de remplir.

Par le fait, la mesure que le général avait osé prendre

méritait ce que les Arabes en avaient dit. Elle avait sauvé toute une subdivision et de nombreuses populations d'une guerre qui les aurait désolées.

Mieux que cela, elle avait arrêté le développement de l'insurrection, qui aurait été formidable, qui aurait causé de grandes ruines, entraîné de grosses dépenses, nécessité de grands efforts et occasionné des pertes douloureuses, si elle avait gagné la région de l'Ouarsenis, la plaine du Chéliff et, au delà, le pays de Mazouna, dans le Daahra, d'où elle se serait fatalement étendue.

Le train continuait sa marche, j'étais déjà loin d'Orléansville, tout près de l'ancienne Smala de l'Oued Sly, que le capitaine Fleury commanda longtemps que je pensais encore aux échos plaintifs des prisonniers d'État résignés, et à la belle leçon de commandement que mon chef m'avait donnée.

XIV

ORAN. — SITUATION ÉCONOMIQUE ET COMMERCIALE

Août 1907.

A Oran, la gare du chemin de fer, petite et misérable, est fort éloignée du centre de la ville; de telle sorte qu'en gagnant son hôtel, on prend un premier aperçu de cette ancienne capitale de province, rabaissée au rang de chef-lieu de préfecture, puisque l'Algérie ne comprend plus de provinces, mais de simples départements, ainsi que l'exigèrent les lois implacables de l'assimilation, au nom desquelles on a faussé tant de choses en ce pays, qui malgré tout n'est pas la France. N'étant plus province, et humilié sans doute de n'être qu'un département, on est devenu l'Oranie. La logique a toujours le dernier mot.

Ce qui frappe, de suite, c'est la largeur et l'animation des rues, le mouvement incessant des trams bruyants, celui des voitures et des charrettes de toutes sortes, qui toutes, presque, descendent vers le port ou en remontent, et aussi le petit nombre d'Arabes qu'on rencontre, au milieu de la population qui va et vient, affairée.

La partie de la ville qu'on traverse, moderne et sans caractère, donne l'impression d'une ville bâtie sans vues d'ensemble et suivant, sans jamais les devancer, les besoins qui, croissant rapidement, ont surpris ceux qui auraient dû les prévoir. C'est aussi une ville presque entièrement européenne; l'élément indigène, qui n'a pas la même importance relative qu'à Alger, et surtout qu'à Constantine, se montre peu et habite un quartier excentrique.

Mais Oran est surtout un centre commercial, une grande place de commerce, dont l'importance s'est développée avec une rapidité quasi américaine et qui augmente, chaque jour, dans des proportions qui suscitent, chez les Oranais, la prétention de primer, sur nombre de points, Alger, la capitale, pour laquelle ils ne peuvent se défendre d'avoir, souvent, quelque jalousie.

Quelle est la capitale qu'on ne jalouse pas, du reste? Quelle est la capitale qui ne provoque pas, aussi, des jalousies légitimes! Quelle est la ville qui, sur la voie de la prospérité, ne se laisse jamais gagner par des ambitions exagérées? Mais, en vérité, devant les progrès qu'ils ont su accomplir, les Oranais ont le droit d'avoir de grandes visées.

Quand nous prîmes possession définitive de la ville, — je ne parle pas de l'occupation de Mers-El-Kébir que décida, dès la prise d'Alger, le Maréchal de Bourmont, — la population d'Oran n'atteignait pas 4,000 habitants. On comptait plus de 3,000 Juifs, 500 Maures ou Arabes seulement, car un grand nombre étaient partis aussitôt, et un Européen.

Or, en 1877, la population était de 44,000; en 1881, de 54,000; en 1901, de 89,000, dont 78,000 Européens, tandis qu'Alger, qui ne s'était pas encore annexé les communes suburbaines de Mustapha et de Saint-Eugène, n'en comptait que 71,000.

Le recensement de 1906 a donné 101,000 habitants; mais il faut savoir comment se décompose le chiffre de cette population, pour apprécier le caractère commun à cette grande ville et à une partie des villes de l'Oranie.

On comprend, en Algérie, sous le nom de Français, des catégories d'individualités très différentes, et qui le demeurent, malgré l'appellation commune dont on les revêt. Ce sont, d'abord, les Français d'origine; puis les Français naturalisés par décrets individuels; puis les Français naturalisés par la loi de 1889, c'est-à-dire des fils d'étrangers, nés en Algérie, qui sont naturalisés, automatiquement, quand, à vingt-deux ans, ils ne déclarent pas vouloir conserver leur nationalité; il y aussi les Juifs indigènes, naturalisés par le décret Crémieux de 1870; et enfin, les fils de ces derniers, généralement plus instruits que leurs pères, sans toujours valoir mieux; ils constituent la dernière catégorie. Tels sont les éléments, plus que divers, auxquels le droit de voter ne donne pas ce qui leur manque, et chez lesquels il ne détruit pas ce qui les caractérise, que la statistique officielle présente sous le nom de Français, devançant singulièrement l'œuvre encore incertaine du temps.

D'après la statistique, la population française d'Oran est de 55,000 habitants. Mais, sur ce nombre, 24,000, seulement, sont Français d'origine; 2,000 ont été naturalisés individuellement; 21,100 l'ont été par la loi de 89; 3,000 par le décret Crémieux, et 5,000 sont nés de ces derniers. C'est, en somme, 24,000 Français contre 31,000 pseudo-Français.

La population étrangère est de 30,000 habitants, dont 27,000 sont Espagnols. La population indigène est de 16,000, dont 13,000 sujets français comprenant les descendants des fameuses tribus maghsen des Douairs et des Smélas qui nous furent toujours dévouées, et que le colonel Ben-Daoud représente aujourd'hui très dignement; enfin, de 3,000 Marocains.

Mais ces chiffres, pour officiels qu'ils soient, ne sont pas exacts. En effet, dans le but de diminuer, aux yeux du public, l'importance de la population étrangère, on compte, comme Français, des étrangers de moins de vingt-deux ans. Or, s'ils sont destinés à être Français quand ils atteindront vingt-deux ans, à moins qu'ils ne préfèrent alors garder leur nationalité, ils ne le sont pas, tant qu'ils n'ont pas vingt-deux ans. L'erreur n'est pas mince, car à Alger, par exemple, elle a pour effet de réduire le nombre des Espagnols, qui est de 20,000, à 12,000, et d'augmenter d'autant le nombre des Français, en y comprenant des éléments qui ne sont pas français, aux termes de la loi.

En réalité, on compte à Oran, à très peu près : 24,000 Français; 24,000 pseudo-Français; 37,000 étrangers, dont 34,000 Espagnols, et 16,000 indigènes.

Il faut dire, de suite, que si l'élément espagnol domine, comme il se recrute, surtout, parmi les populations pauvres de l'Espagne, et que, souvent, quand ils ont amassé quelques économies, les Espagnols regagnent leur pays, il ne s'élève que rarement dans l'échelle sociale. Il fournit surtout des travailleurs robustes, sobres, infatigables, un peu enclins parfois à jouer du couteau, dont les familles s'entassent, généralement, dans la vieille ville ou dans le quartier de la marine. Là, tout est espagnol : les enseignes des magasins; la cuisine, dont les relents se répandent dans la rue; les soins accidentels de la toilette qui se prennent sur les trottoirs; la marmaille qui crie et grouille demi-nue dans la rue; l'air imprégné, pénétré, saturé de l'odeur enivrante de l'anisette, qui s'échappe de tous les débits où résonne la guitare, où nasillent des voix extraordinaires.

Quoiqu'ils participent, pour la plupart, à cette vie spéciale et toute nationale, les 21,000 électeurs, qui sont de provenance espagnole, n'ont pas manifesté, jusqu'à ce jour, des tendances politiques qui leur soient spéciales. Ils suivent le courant, généralement blocard, qui entraîne les électeurs français.

Le commerce est surtout, presque exclusivement même, entre les mains des Juifs et des Français. Leur activité, leur habileté, leur esprit d'initiative sont cités dans toute l'Algérie. Ils en donnent constamment la preuve. L'énergie et la méthode qu'ils ont montrées dans l'étude de la question orano-marocaine, dont ils ont saisi, depuis longtemps, l'importance pour le développement du commerce oranais, ne sauraient être trop louées.

C'est aussi à la persistance de leurs efforts et à la générosité de leur contribution financière qu'ils devront d'avoir obtenu la transformation de leur port, menacé de devenir insuffisant, puisque son trafic, de 36,000 tonnes seulement en 1855, et déjà de 1,800,000 en 1895, a atteint 4 millions de tonnes en 1905.

L'histoire de ce port montre, du reste, combien est vaine la prétention d'imposer aux opérations du commerce maritime un port factice, théorique, ne répondant pas, avant tout, aux exigences des lois commerciales.

Oran n'avait pas de port naturel; mais, à une lieue environ, à Mers-el-Kebir, se trouvent une rade admirable et un petit port qui suffirent, longtemps, au commerce, cependant considérable, des Arabes andalous qui avaient fondé Oran au dixième siècle, et l'avaient singulièrement développé sous la protection des souverains de Tlemcen. La prospérité avait même engendré une telle démoralisation qu'un saint marabout avait prédit à « la ville d'adultère » que l'étranger y viendrait jusqu'au jugement dernier. Le cardinal Ximenès, en 1509, se chargea de vérifier une première fois la prédiction.

Les Espagnols restèrent à Oran deux cents ans, presque toujours bloqués comme ils le sont encore dans leurs présides du Maroc. Chassés, ils y rentrèrent en 1732, pour en sortir, découragés, en 1792, après le tremblement de terre de 1790, qui avait en partie détruit la ville. Après s'être longtemps contentés, comme les Arabes andalous l'avaient fait, des ressources que leur offraient la rade et le port de Mers-el-Kébir et la darse d'Oran, qu'ils avaient bien fortifiés, les Espagnols reconnurent la nécessité d'avoir un port près de la ville. Ils le commencèrent, et c'est sur les ruines de leurs travaux inachevés que nous entreprîmes d'établir le port actuel. Toutefois, il fallut poursuivre longtemps les études, les rapports et les démarches, pour que le Gouvernement voulût bien reconnaître que, pour aussi bonne qu'elle fût, la rade de Mers-el-Kébir ne pouvait pas servir de port à la ville d'Oran.

L'usage fait l'organe, dit-on. L'usage actif qui fut fait du pauvre petit port d'Oran contraignit, à la longue, à le faire tel qu'il est; il force, actuellement, à l'agrandir dans des proportions très considérables, qui n'auront cependant rien d'exagéré.

Il faut observer, en effet, que quatre lignes de chemin de fer aboutissent à Oran : celle d'Alger, qui traverse les riches contrées de l'est de la province : celle de Saïda et Colomb-Béchar, qui la traverse du nord au sud et dessert le Sud-Oranais; celle d'Aïn-Temouchent, à l'ouest; celle, enfin, de Tlemcen, qui va atteindre Marnia, sur la frontière, et qui sera, vraisemblablement, prolongée au delà, jusqu'à Oudjda, créant alors un courant d'affaires nouveau, dont l'animation croissante des transactions que notre occupation d'Oudjda provoque permet d'apprécier l'importance certaine.

La situation du département présente aussi des particularités dont il faut tenir compte, quand on veut scruter quelque peu l'avenir. De même que le chef-lieu est une ville surtout européenne, le département est celui de la colonie dont l'ensemble des propriétés européennes est le plus considérable. C'est celui où l'on défriche le plus de terres. C'est celui dont la valeur du matériel agricole est la plus grande; celui dont la population rurale européenne est la plus élevée. Il a presque autant de moutons que celui de Constantine, qui est beaucoup plus étendu; il produit presque autant de vins que celui d'Alger.

Quel développement prendraient ces richesses, si quelques-uns de nos concitoyens, qui restent inactifs, se décidaient à passer la mer et à imiter l'exemple des colons, qui, comme du Pré de Saint-Maur et d'autres, ont donné le signal d'un mouvement qui nous réjouirait davantage s'il était entretenu, poursuivi et augmenté par un plus grand nombre de nos compatriotes.

Que serait-ce si les capitaux français montraient plus de confiance dans les entreprises algériennes? Qu'on y songe. C'est bien de bombarder les villes coupables telles que Casablanca, mais il faut aussi être prêt à profiter des droits que la correction qu'elle a été forcée d'infliger à ceux qui lui manquent donne, même à une nation qu'on dit être privilégiée comme la France.

Il faut que nous soyons prêts à mettre en valeur les avantages recueillis, si nous ne voulons pas nous exposer à les voir accaparer, sous nos yeux, par des gens toujours disposés à profiter de nos lenteurs, de nos doutes ou de nos abandons.

XV

ORAN. — VUE GÉNÉRALE ET LE CHATEAU-NEUF

Août 1907.

Les Oranais, gens affairés et positifs, n'ont pas orné leur ville outre mesure. C'est sur la place d'Armes qu'ils ont concentré leurs efforts. Au centre se dresse un monument élevé à la mémoire des combattants de Sidi-Brahim; lui faisant face, d'un côté, un théâtre qu'on achève; de l'autre, la mairie, vaste édifice, surchargé d'ornements, du style Garnier. Le perron, les escaliers, les salles de fêtes, avec leurs marbres de couleur, leurs ors variés et leurs peintures, forment un ensemble qui rappelle les casinos somptueux et les hôtels monstres, décorés, désormais, du nom peu français de palaces, où se donnent carrière, sans originalité, le talent et le goût de nos prix de Rome.

A peu de distance s'élève, non sans prétention, une grande synagogue. Comme elle est encore inachevée, les mauvaises langues prétendent que les travaux ne sont pas suspendus faute de fonds, mais parce que le consistoire estime qu'il y a plus d'avantages à faire fructifier, quelque peu, l'argent dont on dispose, qu'à l'immobiliser dans la construction d'un édifice, fût-ce même d'un édifice religieux.

Non loin de là, on remarque un vaste chantier désert, entouré de planches disjointes. C'est là qu'en des temps meilleurs, on avait commencé d'édifier une cathédrale, plus digne de la grande ville qu'est Oran, siège d'un évêché, que la pauvre église Saint-Louis, quasi abandonnée, qui est dans le quartier de la Marine. Mais, qui songerait aujourd'hui, en Oranie, à achever un édifice religieux? Les Juifs seuls sont capables d'une pareille faiblesse; encore la commettent-ils par orgueil, sans doute, pour donner une preuve ostensible de leur richesse et de leur puissance.

Aussi l'herbe pousse-t-elle sur les travaux, abandonnés au ras du sol, recouvrant ce qu'on a jugé cependant indispensable d'achever : la crypte. Heureusement que le clergé et les catholiques d'Oran savent tout ce qui est sorti des cryptes où, malgré les persécutions les plus cruelles et les plus acharnées, les premiers chrétiens prièrent, pendant des siècles, sans défaillance. Ils se contenteront de leur église souterraine; ils y prieront le Dieu de miséricorde, qui pardonne, tandis que les fêtes de la libre pensée se multiplieront dans la salle luxueuse du palais municipal, et que les Juifs triomphants clameront leurs chants de victoire, dans leur orgueilleuse synagogue.

Je souhaite du reste, qu'avant d'achever sa synagogue, le consistoire songe à rappeler les Juifs à l'observation des préceptes hygiéniques de la loi de Moïse, que violent, avec trop d'excès vraiment, ceux que la modicité des bénéfices de leur commerce n'a pu décider à abandonner le quartier animé et bruyant mais pestilentiel, épouvantable gettho, où ils naissent, croissent, vivent, trafiquent, pullulent et meurent. Dût la couleur locale en être diminuée, le souci de la santé publique commande de supprimer le danger auquel ce foyer de corruption expose la ville en tout temps.

Quand on ne les a pas vues, aucune description ne

peut donner l'idée du spectacle que présentent ses rues étroites, au sol souillé d'ordures : tripes, boyaux, têtes de poissons, os et légumes que les chiens fouillent, se disputent et dispersent. Là se croisent tous les exemplaires de la juiverie dépenaillée de l'Algérie et du Maroc. Vieillards graisseux, marchands en loques, enfants sales, femmes outrageusement débraillées, qui sortent, pêle-mêle, de leurs maisons peintes; contemplent les étalages invraisemblables de revendeurs sordides; respirent l'odeur suffocante d'huile rance brûlée qui s'échappe des boutiques de friture; songent et calculent, devant les étalages de têtes de moutons rôties des bouchers, ou devant les paquets de bougie et les tas de vieux macaroni cassé des épiciers, ou se pressent autour des pêcheurs italiens qui, en courant, gesticulant et criant, déposent à terre leurs paniers de sardines frétillantes, à côté d'un vieil Arabe accroupi, immobile, impassible et muet, qui garde cinq à six petits tas de trois salades, de quatre artichauts sauvages ou de cinq oranges défraîchies. Étranger à tout ce mouvement, un vieux bijoutier à binocle, la barbe grise en pointe, souffle son petit chalumeau et soude quelque vieillerie; tandis qu'à côté, tapant à tour de bras sur son enclume, assourdissant tous les passants, un ferblantier fabrique cafetière sur cafetière.

Au travers de tout ce monde, courent et sautent dans la boue, sans se soucier des injures qu'ils provoquent ni des coups qu'ils esquivent, des gamins de tout âge. Les écartant du geste brutal d'un homme très occupé, un crieur fend la foule, et vend à l'enchère un pantalon rapiécé, une paire de souliers fatigués ou un burnous fort usagé; il s'efface pourtant et laisse passer, non sans lui jeter un regard d'envie, la mule chargée et surchargée du colporteur qui, plein de dignité, quitte ce quartier sans ressources, pour la campagne où il vendra à meilleur compte et prêtera mieux encore. Sortant de chez elles, enfin, à tout propos, des filles peintes et fardées se mêlent à la foule qui grouille; demi-vêtues d'oripeaux éclatants, les pieds dans des babouches de cuir jaune du Maroc qui laissent traîner le talon à terre, surchargées de bijoux faux, insolentes ou brutalement provocantes, elles dissipent les illusions qu'on peut avoir sur la beauté des filles d'Israël.

Jadis, au soir du vendredi, tout ce bruit prenait fin et tout ce désordre cessait; on rentrait chez soi et on se nettoyait quelque peu; et, le samedi, tous les habitants revêtaient leurs costumes nationaux, qu'ils portaient riches, pour donner une idée favorable du succès de leurs entreprises. Mais, aujourd'hui, les prescriptions de la loi sont oubliées : la soirée du vendredi diffère fort peu des autres; et, le samedi, c'est en redingote et en chapeau que les hommes désœuvrés flânent, gauchement, à travers la ville, et en jupes de soie et en chapeaux à plumes de couleur que les femmes vont promener, par les rues, les charmes de leurs corsages opulents.

Le panorama d'Oran ne peut pas être comparé à celui d'Alger; il n'en possède ni la variété, ni le charme, ni l'étendue, ni les lointains horizons; mais il a un grand caractère qui est d'un effet intense. L'aspect du vaste golfe au fond duquel la ville a été construite, d'abord timidement, près d'une aiguade, puis, peu à peu, fièrement, sur les pentes et sur les plateaux; celui des hautes montagnes rocheuses, autrefois dénudées, maintenant en partie boisées, qui dominent la ville de si près qu'elles semblent menacer de la vouloir écraser; celui, enfin, des forts à la silhouette pittoresque que, de toutes parts, les Espagnols ont construits, pour se défendre contre les attaques incessantes des Arabes et des Turcs, depuis la

Mouna, au bord de la mer, jusqu'à Saint-Philippe, dans les terres, Saint-Grégoire, sur un des gradins du Murdjadjo, et jusqu'à Santa-Cruz, sur le haut de la montagne, qui dominerait tout, si les Arabes ne s'étaient avisés, pour dépasser l'effort des Espagnols qu'ils avaient chassés, de construire plus haut encore, à plus de 400 mètres d'altitude, leur marabout d'Ab-el-Kader : tout cela saisit singulièrement. Soit que, sous la lumière crue d'un soleil éclatant, les contours et les plans se dessinent et tranchent, avec une vigueur presque brutale; soit que, par un temps couvert, tout revête une teinte sévère et presque tragique, qui émeut et fait songer aux luttes dont ces rochers ont été les témoins, durant des siècles, entre le Croissant et la Croix, l'impression est profonde.

Mais, ce qui résume l'histoire d'Oran, l'ancienne et la moderne, c'est le Château-Neuf; vaste citadelle, véritable ville, d'où l'on jouit d'une admirable vue, et que l'on aperçoit de partout; que les Espagnols ont élevée sur le bord du plateau, au-dessus du port; que les Arabes disposèrent pour leurs usages, et où nous avons installé une garnison, des magasins, des batteries, un grand nombre de services et enfin l'hôtel de la Division.

Sans l'attrait qu'exerce cette citadelle immense, exemplaire très rare et très complet de l'architecture militaire du seizième et du dix-septième siècle, qui songerait à s'arrêter, quelque peu, à Oran, hormis les voyageurs que le trafic seul attire et qui restent insensibles aux souvenirs du passé, à ceux des sacrifices généreux des générations passées, semences fécondes, d'où est né cependant le commerce dont ils vivent; insensibles à l'enseignement de l'histoire que les pierres donnent, souvent, avec plus d'éloquence et plus d'exactitude aussi que les plus savants auteurs? Et, pour un militaire, de quel prix ne doivent pas être les souvenirs que cette citadelle historique évoque?

Il s'est trouvé, cependant, un Ministre de la guerre, ou plutôt un politicien, pourvu par malheur de la fonction, et sans doute aussi, hélas! quelques autorités militaires timides et conciliantes, autant civiles que militaires, qui ont donné leur approbation à un projet de cession du Château-Neuf que la municipalité d'Oran, soucieuse de faciliter, sous des motifs spécieux, une vaste spéculation, a su arracher à leur faiblesse! Le Château-Neuf est menacé de disparaître, pour céder la place à des maisons, justement appelées de rapport.

Le Château-Neuf! C'est là que, pendant cinq années, celui qui conquit la province d'Oran et ne s'arrêta dans son œuvre que lorsqu'il eut reçu la soumission de son redoutable adversaire, Ab-el-Kader, venait, après une expédition rude et pénible, en préparer une autre, sans s'accorder plus de repos qu'il n'en laissait à l'ennemi. Dans la grande pièce qui sert aujourd'hui de salon à la Division, entouré de ses officiers — car on vivait alors, et les bons chefs vivent encore avec leurs officiers — la pipe à la bouche, l'infatigable et laborieux Lamoricière, que des gens jaloux de toute supériorité, des malades incapables de supporter la fatigue, et des gens trop bêtes pour comprendre un ordre laissant quelque initiative à l'exécutant, ont accusé d'imprévoyance, étudiait par le menu et arrêtait toutes les dispositions de la campagne qu'il projetait de faire sans délai.

Comme les murs ont des oreilles et que le succès de l'entreprise qu'il projetait reposait toujours sur la surprise, il ne parlait de départ qu'au moment où il ordonnait de partir. Ses officiers, ses collaborateurs étaient surpris; ils l'auraient été toujours, si un signe précurseur ne les avait, à la longue, avertis de l'imminence d'un départ. N'avaient-ils pas remarqué que chaque fois que leur chef d'état-major, homme ponctuel, réglé et méthodique, comme il convenait à la fonction, rendait, à la brune, visite à une Espagnole de ses amies, on partait la nuit suivante? Le général s'aperçut que son chef d'état-major gardait mal le secret qu'il lui avait confié, et force lui fut alors de surprendre tout son monde : les officiers, leur chef, même l'Espagnole.

Ce fut là que se développèrent, par l'étude acharnée et par le maniement des grandes affaires, les qualités admirables de ce vrai capitaine, qui devait sauver la société française en 48, et ne connaître qu'une fois la défaite; mais la défaite qui honore, grandit et glorifie, près des champs de bataille de Lombardie où ses jeunes camarades, poussés aux plus hauts grades, avaient fait triompher, grâce à la vaillance de leurs troupes, dans des conditions dont l'insuffisance avait frappé l'État-major prussien, la cause antifrançaise, si chère au cœur de l'Empereur des Français.

C'est là que fut aussi le vainqueur de Sébastopol; de là qu'il partit pour la Crimée, comme il s'était élancé souvent pour aller châtier les Flittas ou les révoltés du Daahra, ou qu'il avait couru enlever Laghouat. C'est de la petite loggia du bastion-pointu, qui domine la ville, qu'il observait, de cet œil auquel rien n'échappait; de son bureau, qu'émanaient les ordres sévères qui assuraient le respect de la règle. C'est là enfin qu'il admonestait, avec sa verve railleuse et parfois un peu brutale, ceux qu'il voulait punir, ou que, plus souvent, il récompensait ceux qui le méritaient, avec la chaleur de son cœur excellent et l'autorité de son grand caractère.

C'est encore au Château-Neuf que résida, pendant de longues années, le général Deligny, quand il ne guerroyait pas dans le Sud. Digne successeur du chef dont j'ai rappelé le souvenir, ce fut une des plus grandes figures de notre armée.

Sa valeur exceptionnelle l'avait porté très vite au grade de colonel, quand il reçut en Kabylie, c'était en 54, une blessure à la tête qui l'étendit raide. On le crut mort, et sa troupe, alors fort ébranlée, abandonnait le corps de son colonel aux profanations des Kabyles, quand deux jeunes lieutenants, Faivre, de l'état-major, et Boulanger, du 25ᵉ léger, le prenant par les pieds et le traînant, la tête ensanglantée, sur les pierres, parvinrent à le sauver.

La guérison fut longue, et elle causa toujours au général des souffrances dont son humeur se ressentait. Souvent, il avait ce que nous appelions les jours de blessure; alors, cet homme excellent, de taille très élevée, d'une tenue parfaitement correcte, d'un aspect sévère, froid, un peu hautain parfois, au courant de tout, parlant bien, et peu naïf, faisait trembler les plus hardis.

J'ai connu un jour de blessure. C'était en 65; détaché près du général Legrand, commandant la subdivision, je fus envoyé près du général Deligny, pour lui demander de faire concourir la milice au service de la place que la garnison, diminuée par une petite épidémie de choléra, ne pouvait plus assurer qu'avec peine. J'avais mis mon beau képi, ma tunique neuve, des gants bien blancs; je m'étais soigneusement brossé et j'avais noué, élégamment, la cravate que nous portions alors. Si bien ficelé, je me sentais plein de confiance.

Mais quand, la porte du cabinet ayant été fermée derrière moi, je me trouvai devant le général, que je le vis se lever, redresser sa grande taille qui me parut gigantesque, et que, sans ouvrir la bouche, il s'avança vers moi, de son grand air imposant et fier, puis qu'il rejeta sa longue chevelure noire en arrière, d'un geste dont la gravité était connue, je me sentis fort décontenancé. Je le fus bien davantage quand il prit la parole pour répondre à la demande que je lui avais exposée. « La milice? Faire monter la garde à la milice, sous prétexte de choléra! Quand je vois, de mon pavillon, M. le comptable de l'hôpital qui exerce ses infirmiers à l'école de bataillon! Votre général ne le voit donc pas? Au fait, combien avez-vous de malades? Combien avez-vous de cholériques? Quel est votre effectif? Combien avez-vous d'hommes faisant le service? Vous dites?... — Je ne vous demande pas de chiffres approximatifs; entendez bien. — Et d'hommes de service, combien en avez-vous?... Ah! vous ne le savez pas au juste; il faudrait le savoir, pourtant, avant de venir me demander de déranger la garde nationale! Dites à votre général de revoir la question, et de faire monter la garde aux infirmiers, puisqu'ils ont du temps de reste. »

Assez honteux de la leçon que mon imprévoyance juvénile m'avait attirée si justement, je fus dépêché chez le colonel commandant la place. Ses nombreuses campagnes n'avaient qu'imparfaitement développé ses facultés intellectuelles. Le vieux brave était légendaire. « Diminuer le service! Voilà qui est bientôt dit, quand on n'entre pas dans le détail! Dites-moi, mon enfant, » — le colonel me connaissait depuis longtemps, — « dites-moi, le général souffrait de sa blessure quand vous l'avez vu? Vous pensez bien que je n'ai pas attendu ses ordres pour réduire tout au plus juste; je n'ai plus que 317 hommes de service. Je vais voir. Mais, ne serait-il pas plus raisonnable de faire monter la garde à ces clampins de gardes nationaux qui flânent dans les cafés? »

Après trois jours d'un travail attentif, le colonel rendit compte qu'il avait pu, sans nuire au bien du service, ni compromettre le bon ordre dans la place, réduire le service à 316 hommes, en supprimant le planton que le général Pélissier avait fait placer douze ans avant, en 53, pour empêcher de salir les abords de cantines qu'on avait établies autre part dès 1855.

Pour des raisons qu'il serait trop long de dire, ce fut là tout ce qui fut fait. Le choléra disparut; l'ardeur guerrière du comptable de l'hôpital se calma; tout rentra dans l'ordre habituel; et je me dis qu'une tenue élégante ne suffisait pas quand on va en mission.

Cet hiver, je retrouvai dans le même cabinet un ami qui m'est très cher depuis vingt ans. Je voyais mon ancien capitaine commander la division de Lamoricière de Pélissier de Deligny, entouré d'officiers que son cœur, son intelligence et son caractère ont conquis. Cela ne rajeunissait pas le vieux retraité; mais cependant, durant les six jours que j'ai passés près du général Lyautey, entouré, choyé, gâté par lui, et à l'envi par tous, il me semblait que j'étais revenu au temps de ma jeunesse. Dieu, que nous fûmes gais! de cette bonne gaieté de soldats qui s'estiment et qui s'aiment.

Et mon cœur reconnaissant et joyeux se dilatait en voyant comme mon ami est digne de la confiance que les officiers et la troupe lui accordent; digne des récompenses qu'il a reçues si justement, digne enfin des grandes destinées qui lui sont sûrement réservées.

Je m'arrête et prie M. Ballif, président du Touring-Club, et M. Hallays, des *Débats*, qui ont déjà sauvé tant de trésors des mains des barbares ou des spéculateurs, de consacrer quelques instants de leur activité puissante au Château-Neuf d'Oran. Qu'ils sauvent la vieille citadelle du péril qui la menace! Qu'ils épargnent au paysage d'Oran la honte des hideuses maisons de rapport!

XVI

TLEMCEN

Août 1907.

Depuis qu'ils qu'ils peuvent y venir en chemin de fer, les touristes visitent, en grand nombre, Tlemcen, qui est assurément, même dans l'état actuel, l'une des villes les plus intéressantes de l'Algérie. Ils y accomplissent, régulièrement, les rites imposés par leur Boedecker ou par les petits cahiers des agences qui signalent ce qu'il faut voir, disent le temps qu'on doit consacrer à voir, et les endroits où l'on doit donner essor à son admiration.

A peine débarqués, précédés, accompagnés et suivis, au sortir de l'hôtel, par des théories de mendiants, qui ne les quitteront plus, et dont l'obstination semble les amuser, ils passent en revue les « Curiosités » signalées dans les conditions qui leur sont indiquées; puis ils regagnent en troupe la gare et poursuivent leur voyage d'excursion.

Que voient-ils ainsi à Tlemcen, tous ces braves gens? Que voient, même, ceux qui se hâtent moins? Un joli bassin de marbre et un grand lustre dans une mosquée; les murs d'une sombre citadelle; une porte bien ouvragée, près d'une petite niche où l'on montre un tombeau; une grande tour au milieu des ruines. Mais, si la vue rapide de ces différentes choses satisfait leur curiosité enfantine, elle ne leur procure aucun souvenir qui subsiste. Elle n'est surtout d'aucun enseignement pour ceux qui n'ont aucune notion sur le passé de cette ville, qui, pendant des siècles, eut une grandeur dont les ruines qu'on peut voir aujourd'hui ne donnent aucune idée.

Il faut reconnaître, du reste, que la connaissance de l'histoire de Tlemcen ne saurait être que très exceptionnellement possédée par les voyageurs. Aucun livre, en effet, ne pourrait la leur donner, à l'exception d'Ibn-Khaldoun et de Léon l'Africain, réservés aux érudits, puisque les ouvrages excellents et faciles à lire de M. Brosselard et de l'abbé Bourgès, épuisés depuis longtemps, sont presque introuvables, et que le beau livre de M. Marçais, ancien directeur de la Médersa de Tlemcen, surtout consacré à l'architecture des monuments, dit peu de choses de l'histoire du pays.

Si je signale cette lacune, c'est que j'ai eu, maintes fois, l'occasion de faire, en Algérie, une observation semblable; et que l'un de mes amis, Algérien considérable par son savoir et son expérience, l'a faite aussi. Selon lui, au lieu de s'attacher à l'étude des documents locaux et de faire des études personnelles, nos savants algériens se complaisent trop dans des travaux de seconde main, imprécis. Il ne font pas progresser les connaissances algériennes, locales, spéciales, autant qu'ils le pourraient faire. Sur plus d'un point même, ils ont, par indifférence, laissé se disperser et se perdre des documents du plus grand intérêt. Nous n'avons pas su conserver partout les fonds que nous avions constitués au début de la conquête.

Cependant, pour ce qui est de Tlemcen, les voyageurs seront bientôt pourvus d'un guide qu'achève, à leur intention, M. Bel, directeur de la Médersa; ils pourront donc, désormais, s'ils veulent bien s'en donner la peine, apprécier et comprendre ce qu'ils verront au cours de leur visite.

Attirés par la fertilité du sol, la modération du climat et l'abondance des eaux, les Romains fondèrent un camp qui devint la ville de Pommaria, au nom significatif. Au septième siècle, les Arabes construisirent, près de là, Agadir, qui prit un grand développement et fut, pendant deux cents ans, la capitale des Édrissites, sans cesse menacés par Fez et par Cordoue, qui finirent par en triompher.

A la fin du onzième siècle, Youssef-ben-Tachfin, l'Almoravide, c'est-à-dire le puritain, venu du haut Niger, conquit tout le pays et fonda, tout proche des ruines de Pommaria et d'Agadir, sur un plateau qui les domine toutes deux, la Tlemcen actuelle. Il étendit son pouvoir en Afrique jusqu'à Bougie; il s'empara du sud de l'Espagne.

Cent ans après, conquise de nouveau, Tlemcen fit partie de l'empire assez éphémère des Almohades, qui allait de l'Atlantique à l'Égypte et du Soudan à la Castille, jusqu'au jour où elle fut encore enlevée par Yaghmorâcen et devint, cette fois, la capitale d'un royaume indépendant.

Mais sa grandeur ne tarda pas à exciter, de nouveau, la jalousie des rois de Fez; ils firent le siège de Tlemcen, et ce fut alors que, pour défendre le camp où ils s'étaient établis, ils construisirent le Mansoura, dont l'ensemble gigantesque fait rêver. Vainqueurs un moment, ces rois de Fez furent chassés par les descendants des anciens maîtres du pays, et, en 1359, la dynastie des Beni-Zeiyan s'implanta dans le pays.

Ce fut la grande époque de la ville. Pendant tout le moyen âge, riche et prospère, elle fut le centre d'un commerce important, où s'effectuaient des échanges considérables entre l'Afrique et l'Europe. Elle compta jusqu'à 125,000 âmes. Tous les arts, toutes les sciences y étaient cultivés.

Plus tard, menacée par les Espagnols d'Oran et par les Turcs nouvellement installés à Alger, la dynastie des Beni-Zeiyan déclina, puis disparut; et Tlemcen, la noble, la lettrée, se soumit humblement à l'Odjac ignorant et brutal. Nous n'y entrâmes qu'en 1836, appelés par les Turcs et les Koulouglis, qui, retranchés dans la citadelle du Méchouar, refusaient de se soumettre aux Arabes et à Abd-el-Kader, le petit marabout de Mascara, qui s'était mis à leur tête. Gens d'ordre et d'autorité, peu accessibles aux entraînements d'une religion enflammée, ces troupiers préféraient les soldats français et leurs chefs aux cavaliers indisciplinés d'une race qu'ils avaient, depuis des siècles, pris l'habitude de commander et d'exploiter, et à leur très mince derviche.

L'année d'après, nous fûmes, à notre tour, assiégés dans le Méchouar.

Si j'ai rappelé les phases principales de l'histoire de cette ville, qui fut comme formée des alluvions successives de plusieurs villes; où tant de races accourues de l'est, du sud, de l'ouest, et enfin du nord, vinrent se heurter, se combattre et se chasser l'une l'autre; dont l'influence s'étendit jusqu'à l'Egypte et jusqu'à l'Atlantique, et du désert jusqu'à l'Espagne; qui fut le centre des relations des peuples les plus divers et les plus éloignés; qui eut des siècles de gloire, au cours desquels affluaient, près des grands ou à la cour de ses rois éclairés, des savants, des astrologues, des musiciens, des historiens, des philosophes, des artistes, des poètes, des théologiens, c'est pour montrer que Tlemcen mérite vraiment plus d'attention que le voyageur ne lui en accorde d'habitude.

Aujourd'hui, ni l'animation que donnent à ses rues une garnison considérable et la foule animée qui s'y presse; ni l'intérêt des monuments qui subsistent de son passé; ni la vue du panorama grandiose qui l'entoure de toutes parts : montagnes élevées qui la dominent au sud, d'où s'élance, en cascades étincelantes, la rivière du Safsaf et que le soleil revêt de teintes idéales, ardentes le matin, douces et apaisées le soir; vallée plantureuse de l'Hennaya, fleurie et embaumée, qui s'étale à ses pieds et va, doucement mamelonnée, vers la montagne bleu du Fillaoucen et vers le pays de Marnia, d'où surgirent tant de fois les ennemis et où s'accuse, en ce moment encore, l'antagonisme, vieux de sept siècles, qui sépare les deux Magrebs, le Maroc et l'Algérie, que nos pauvres hommes d'État rabaissent à une question de surveillance policière; rien n'efface l'impression de mélancolie que les souvenirs de ce qui n'est plus donnent à la pensée.

Si encore les leçons de ce passé étaient connues des puissants!

Capitale, autrefois si riche, si belle, si vantée et si chantée, dont les Turcs ont abattu la grandeur et détruit l'essor et l'influence; devenue chef-lieu de sous-préfecture et chef-lieu de subdivision, la voilà, désormais, vouée à la banalité, désolante et attristante, à laquelle les administrations, rivalisant d'un zèle destructeur, la condamnent chaque jour et la réduiront sûrement.

Or, Tlemcen étant, ainsi que Constantine, une ville essentiellement arabe, puisqu'elle compte 26,000 indigènes sur une population de 37,000 habitants, et que, si la population européenne des environs, qui ont un grand avenir, est appelée à augmenter, celle de la ville n'augmentera pas, car le chemin de fer portera l'animation commerciale plus à l'ouest, quelle excuse peut-on invoquer, pour mettre à bas des quartiers qui ne gênent rien et ne gêneront rien de longtemps?

Encore quelque temps, bien peu de temps sans doute,

et l'on ne verra plus, comme aujourd'hui, les brodeurs, dont rien ne détourne l'attention, qui occupent toute une rue. Rangés côte à côte, assis à la façon des tailleurs par rangs entiers, une fleur à l'oreille, ils brodent de soie et d'or des vêtements de femmes et d'hommes, burnous, vestes, gilets, caftans, calottes, ou des harnachements somptueux.

A côté, tout le long d'une rue étroite, ce sont les orfèvres; sur le devant de la boutique, quelques petits bijoux montrent leur habileté; au fond, l'artiste travaille sur son petit établi, attentif, tout à sa besogne, tandis que son apprenti mutin, à la mine éveillée, prend plus de souci du Roumi qui passe ou du chien qui aboie que des doctes enseignements du maître.

Plus loin, on traverse le quartier des fabricants de babouches, dites du Maroc; industrie prospère entre toutes. Là, l'animation est plus grande. Les uns taillent et découpent le cuir avec soin, le beau « filali » jaune, car il est cher; d'autres fabriquent la semelle à coups de marteau de bois; tandis que leurs camarades clouent sur les formes la chaussure mouillée qu'ils viennent de terminer et, pour la sécher, l'étalent au soleil.

Puis ce sont les épiciers : ceux-là, parfaitement immobiles, ne font rien. Accroupis au milieu des sacs de leurs marchandises diverses, derrière lesquels ils disparaissent à demi, ils attendent l'acheteur, avec la résignation du musulman et la patience du marchand sûr de sa journée.

Au tournant de la rue, voici les marchands d'étoffes, fiers, importants, fort dignes vraiment dans leurs haïcks blancs ou leurs djellahs rayés. Ils ont bien l'attitude qui convient à de riches négociants, et c'est avec une sorte d'indifférence, bien jouée, qu'ils montrent leurs marchandises, et avec une hauteur très noble qu'ils traduisent, à l'Arabe qui vient de la leur remettre, la lettre dont le pauvre diable écoute la lecture d'un air soumis et confiant. Gens de savoir, ils sont aussi de bon conseil; charitables au prochain, ils consentent à prêter à ceux qui les en prient; non sans intérêt toutefois, car, sur ce point, ils se soucient peu des défenses de Mahomet.

Si l'on poursuit et qu'on ne craigne pas le bruit strident des marteaux, on tombe dans le quartier des forgerons. Fers de cheval, étriers, mors, serrures, socs de charrues, gonds de portes, ils font tout, devant le petit feu au soufflet branlant que manie l'apprenti, ou sur la petite enclume dont la pointe effilée dépasse dans la rue.

Enfin, ce sont les bouchers; Marocains d'habitude, qui disposent leurs viandes découpées; et les boulangers qui étalent leurs petits pains ronds ou prennent, sur la planche étroite qu'un enfant leur présente, ceux qu'un client envoie à leur four.

De distance en distance, un peu partout, on voit des fondoucks, cours fermées, entourées de galeries qui, à la façon de nos vieilles auberges, donnent asile à peu de frais. Les gens mettent la marchandise à l'abri sous la galerie et couchent auprès; les bêtes, entravées, restent dans la cour, pêle-mêle : chameaux, chevaux, juments, mules, mulets et ânes confondus, mais inégalement traités pourtant; car, si l'on desselle ou débâte et donne, parfois, quelque nourriture aux animaux, les pauvres petits bourricots gardent toujours, sur leur dos ensanglanté, le bât dont ils ne sont jamais délivrés, et, pour se sustenter, n'ont que ce que leur industrie parvient à trouver. Pauvres petites bêtes, méconnues, oubliées, méprisées, martyrisées toute leur existence, jusqu'au jour de la délivrance, où elles tombent épuisées, ayant accompli leur tâche douloureuse! Par leur énergie, leur endurance et leur sobriété, ne sont-elles pas, cependant, l'aide le plus puissant de la société arabe?

Tout le jour, c'est dans les fondoucks un mouvement incessant et un bruit confus; à la nuit, les voyageurs qui ne sont pas partis et qui restent dorment peu, car ils sont à demi confiants dans la surveillance du gardien.

Cette activité très particulière assure à Tlemcen le renom dont elle jouit encore dans la population arabe. C'est la ville qu'il faut voir; celle qu'on envie; celle dont on parle et dont on s'entretient partout. Tandis que Blida passait jadis pour la ville de débauches, Tlemcen conserva longtemps la réputation d'être la ville des plaisirs délicats et plus dangereux; aussi la poésie a-t-elle exprimé, maintes fois, les angoisses de la femme dont le mari s'attarde à Tlemcen. Aujourd'hui encore, une Mauresque d'Alger, pour endormir son enfant, lui chante une berceuse fort tendre :

Mon ami, votre voyage à Tlemcen dure trop.
Je suis à bout de patience, brisée par le chagrin.
Ce que vous me faites souffrir, on ne peut le dire;
Cela est plus douloureux que tout ce que souffre l'esclave des [chrétiens.]

Ou cette autre plus désolée encore :

Vous; vous; toujours vous!
Je n'ai que vous dans le cœur.
Quand je serai sur mon lit de mort,
Ma pensée fidèle ira vers vous.
Quand l'ensevelisseur viendra,
Je lèverai ma tête hors de la bière pour vous voir;
Mon corps ira au tombeau,
Mon âme restera avec vous.

En ma qualité de militaire, c'est le Mansoura et le Méchouar qui devaient m'intéresser le plus. Quand j'ai revu la haute tour du Mansoura, par un beau soleil de mars, j'ai éprouvé une sensation aussi profonde que celle que je ressentis la première fois que je la vis, arrivant à Tlemcen, il y a plus de trente ans, mouillé, trempé, glacé par la neige, venant de Sebdou à cheval, et que je passai, dans l'obscurité, au pied de cette masse sombre.

D'après un historien arabe, « Yacoub le Mérinite, ayant entrepris contre Tlemcen cinq expéditions, fut battu dans les quatre premières; mais à la cinquième, venu avec une armée innombrable, il s'empara de toutes les provinces et places fortes du royaume; Tlemcen seul resta au pouvoir d'Abou-Saïd. Alors, le prince Mérinite construisit, non loin de la capitale, une ville ceinte d'un mur; il érigea des palais, des bains, des fondoucks, des places et des marchés, et lui donna le nom de *Tlemcen-la-Neuve*; il serra la place de près, et le blocus fut tel que jamais on n'en avait vu de pareil. »

Après la prise de Tlemcen, qui eut lieu à la suite d'un siège horrible de deux ans, — le premier qui avait été levé ayant duré sept ans, — la ville nouvelle reçut le nom de Mansoura, *la victorieuse*. De cette création extraordinaire d'une ville construite de toutes pièces pour en prendre une autre, et qui fut ensuite abandonnée, il ne reste, aujourd'hui, qu'une partie de l'enceinte, qui mesure 4 kilomètres, faite d'un mur en pisé fort épais de 12 mètres de haut, flanqué de quatre-vingts tours; les ruines d'une mosquée qui avait 100 mètres de long et des colonnes de marbre admirable; enfin, le minaret, précédé d'une porte monumentale, qui s'élève fièrement au milieu des pierres éparses, haut de plus de 40 mètres.

Quelle ne devait pas être la puissance de souverains qui pouvaient transformer un camp en une résidence royale? De ces mahométans qui avaient à leur solde des milliers de volontaires chrétiens? De combien de travailleurs disposaient-ils? De combien de soldats pour les protéger contre les sorties de la ville assiégée?

Que de sujets de réflexions, propres à confondre la superbe de ceux qui n'édifièrent qu'à grand'peine, durant le siège de Sébastopol, le coquinville de Kamiesch!

La citadelle actuelle, le Méchouar, fut construite sur l'emplacement où le vainqueur d'Agadir avait planté sa tente; c'est autour de la forteresse que, peu à peu, Tlemcen se développa.

Tous ces guerriers étaient de terribles constructeurs; ils faisaient grand et solide, puisque le Méchouar est resté intact, depuis huit cents ans, et qu'il abrite, actuellement : un hôpital, des casernes, des services divers, la manutention, la prison, une poudrière, des jardins et une petite chapelle.

A l'extérieur, sombre, tout sombre, il fait songer à la figure sévère du soldat qui s'y illustra dans un siège de quinze mois; à Cavaignac, le républicain vite désabusé qui, en lisant les noms des membres du Gouvernement provisoire, disait à son secrétaire : « Ça, la République? Oh! non, mon ami, ce n'est pas la République! » A Cavaignac, qui eut la rude tâche de la répression des journées de Juin, puis, noblement et tristement, disparut.

CHAPITRE XVII

SIDI-BEL-ABBÈS

Août 1907.

Quand on quitte Tlemcen en chemin de fer, on jouit, pendant près d'une heure, d'une vue magnifique. La voie court, par une série de lacets, sur le flanc du Djebel-Hanif, dominée, souvent de très près, par des escarpements élevés, et dominant la plaine. Au sortir de la ville, elle passe devant le cimetière séculaire, ombragé d'arbres élevés et touffus, calme et mélancolique et gracieux, lieu habituel des promenades des femmes et des enfants, qui mangent, songent, chantent et dorment, au milieu de l'amas des petites tombes bombées de leurs ancêtres.

Puis c'est le village de Bou-Médine, accroché à la montagne, dont le joli minaret blanc se détache sur un fond de verdure. C'est là, dans une petite kouba attenante à la mosquée, qu'est enterré ce saint personnage de Bou-Médine, qui, né en Espagne et ayant professé à Bagdad, à Séville, à Cordoue puis à Bougie, se proposait de se fixer à Tlemcen quand la mort le surprit. Malgré tout ce qui a tant de fois bouleversé le pays, rien, depuis des siècles, n'a jamais troublé, rien ne trouble encore le calme de ce saint lieu. Le bruit du petit jet d'eau qui tombe, goutte à goutte, dans la vasque de marbre de la petite cour, semble compter le temps, qui s'écoule, immuable. Les psalmodies discordantes des enfants qui apprennent et récitent des versets du Coran, qu'ils ne comprennent pas, sous la baguette menaçante d'un mouderès attentif, balançant leurs petits corps, selon le rythme de la récitation, suivant le texte de leurs petits doigts sur la tablette qu'ils tiennent entre eux, sont comme des prières qui, sans cesse, depuis des siècles, s'élèvent vers le ciel, de ce tombeau, qu'après tant d'autres, fort différents, M. Loubet souriant, M. Fallières essouflé, M. Chaumié étonné et M. Étienne tout rond et tout aimable, dans son fief oranais, sont venus, il y a deux ans, regarder un instant.

Puis, la voie traverse la vallée du Safsaf, et franchissant des cascades, et descendant le long de la montagne, elle atteint un vaste plateau, d'où elle gagne la vallée riche et plantureuse de la Mekerra. Quelques fermes s'y montrent : d'abord rares et éloignées; puis plus nombreuses et plus rapprochées; puis ce sont des hameaux et tout près des bouquets de bois; tandis que, sur la route qui longe la voie, le mouvement augmente. On a la sensation qu'on s'approche d'un foyer de vie, dont l'activité s'accuse peu à peu. Et, en effet, voici une grande masse de maisons tout entourée d'arbres : c'est Sidi-bel-Abbès, dont le mur d'enceinte n'a pu arrêter le développement, et que sept faubourgs entourent de toutes parts.

Après qu'il eut visité l'Algérie en poste, l'Empereur communiqua au public ses impressions de voyage, dans une lettre qu'il adressa au Maréchal de Mac-Mahon, Gouverneur général.

Cette lettre, singulière de la part d'un chef d'État, assemblage confus de critiques injustes, d'aphorismes enfantins et de propositions sans portée, fit scandale. Elle fut vivement discutée, et sévèrement jugée par ceux qui jouissaient de quelque indépendance, et qui trouvaient, pour le moins, étranges les critiques du souverain à l'égard de braves gens qui ne pouvaient pas lui répondre.

Elle suscita aussitôt, dans toute la colonie, des discussions qui divisèrent en deux camps, bientôt ennemis, toutes les classes de la société algérienne, et telles que, longtemps après, quand elles se furent apaisées, elles s'opposèrent encore à leur union.

Dans le style pompeux qu'on faisait profession d'admirer et dont les rédacteurs de déclarations ministérielles gardent la tradition, l'Empereur, toujours soucieux de frapper les esprits par l'énoncé d'une formule, avait défini l'Algérie : un royaume arabe, une colonie européenne et un camp français!

Développant sa pensée, il avait manifesté la volonté de restreindre l'étendue des territoires de colonisation, dont l'avenir lui inspirait peu de confiance, et celle de rendre aux Arabes les territoires qu'on cesserait de consacrer à la colonisation; il insistait, enfin, sur cette conclusion, qu'en somme, au point de vue militaire, ce que l'Algérie pouvait donner à la France, c'étaient quelques milliers de turcos.

Ayant parcouru, bien escorté, un pays que les dures expéditions de 1864 avaient pacifié, toutes les mesures que l'autorité militaire avait prises successivement depuis le premier jour, et qui avaient assuré le développement et le raffermissement de notre autorité, lui paraissaient exagérées. Les enceintes, notamment, dont on avait entouré les places, lui semblaient fort inutiles; cependant, moins de six années après, ces enceintes que l'Empereur avait condamnées sauvaient Bougie, Bordj-bou-Areridj, Fort-l'Empereur, Tizi-Ouzou, Dellys! Les hôpitaux militaires, qui suffisent à peine aujourd'hui à hospitaliser la population civile qu'ils reçoivent, lui paraissaient aussi beaucoup trop vastes.

Avec cet esprit faux, ce manque de jugement et cette méconnaissance des intérêts français qui le caractérisaient, l'Empereur montra, dans l'exposé de cette thèse monstrueuse, qui faisait de l'armée française la gardienne indifférente d'un royaume arabe mahométan et d'une colonie quelconque, hormis française, qu'il n'avait rien compris à l'Algérie, parce qu'il ne l'aimait pas, et qu'il ne l'aimait pas, parce qu'elle était l'œuvre de la monarchie et celle des Princes de la famille royale. Il effraya, en annonçant tout un ensemble de mesures dont quelques-unes auraient suffi à compromettre, pour toujours, le développement de la colonie. Les résistances qui leur furent opposées dissipèrent, heureusement, les craintes que ses élucubrations impériales avaient causées.

Ayant été de ceux que la lecture de la lettre-programme et la vue de tout le trouble qu'elle avait porté dans les esprits avaient fort inquiétés, combien de fois, depuis, n'ai-je pas pris plaisir à voir les démentis que des faits de toute nature venaient infliger aux pauvres jugements de l'empereur, et avec quelle force ma pensée ne les a-t-elle pas évoqués, quand je me retrouvai ce printemps à Bel-Abbès! Ah! certes, si jamais démenti net, complet, formel, éloquent, fut donné à tous les détracteurs de notre œuvre algérienne, c'est celui que Bel-Abbès ne cesse de donner, et dont, sans aucun doute, elle accentuera encore l'importance.

Fondée seulement en 1849, sur l'emplacement d'une petite redoute qui avait été construite près du marabout consacré à Sidi-bel-Abbès, la ville offre cette particularité qu'elle montre, d'une façon toute spéciale, l'aptitude que les Français possèdent à coloniser, puisque, seule de toutes les villes de l'Algérie, elle n'a aucun passé historique, et que tout y a été créé par des Français, avec l'aide de la main-d'œuvre étrangère.

Il y a soixante ans, les soldats de la légion étrangère,

qui furent les ouvriers de la première heure, les fondateurs de Bel-Abbès, commencèrent à défricher le pays de broussailles et de marais, où maintenant s'élève une ville importante, avec une population européenne considérable; où l'on voit des routes fréquentées, un chemin de fer fort actif, un gros mouvement commercial, et, tout autour de la ville, des faubourgs animés, au centre d'une région admirablement cultivée.

C'est la perle de la province, peut-être celle de l'Algérie, dont un délégué des États-Unis a pu dire : « Je suis émerveillé de ce que je viens de voir. Aux États-Unis, nous créons peut-être aussi rapidement qu'on l'a fait à Bel-Abbès, mais, à coup sûr, pas aussi complètement. »

La population, qui n'était encore que de 6,000 habitants quand l'Empereur visita la ville, s'est augmentée selon une progression singulièrement constante, sauf dans ces toutes dernières années où elle s'est un peu ralentie. Le recensement de 1906 accuse 26,400 habitants, dont 19,400 Européens, au nombre desquels on ne compte malheureusement que moins de 7,000 Français d'origine, contre près de 9,000 Espagnols, plus de 10,000 en vérité, pour les raisons que j'ai dites déjà, et 6,000 indigènes,

Au contraire de Tlemcen, Bel-Abbès est donc une ville européenne, et l'élément indigène, qui ne constitue qu'une faible minorité, se compose d'ouvriers, d'hommes de peine, de charretiers, etc.

Si l'on considère la population municipale ou bien la population européenne, cette jolie ville, si jeune, de fondation si récente, occupe le cinquième rang des villes d'Algérie, n'étant primée que par Alger, la capitale, Oran et Constantine, les deux préfectures, et Bône, ville ancienne, d'un grand commerce, port très fréquenté.

C'est là une constatation qui est de nature à caractériser l'importance de Bel-Abbès, et à donner la mesure de la somme de travail, d'énergie et de résolution qu'on y a dépensée.

Sans industrie jusqu'à ce jour, l'activité de la ville et de ses faubourgs est tournée vers l'agriculture et le commerce. Les Espagnols se livrent surtout à la culture où ils excellent; les Français, au petit commerce de la ville et aux transactions plus importantes du trafic des produits variés de la belle vallée de la Mékerra. Les Juifs s'efforcent de vivre sur les uns et sur les autres, et ils réalisent souvent de bons bénéfices.

Bien avisés, et fort aidés par un bon système d'irrigation, les habitants ont eu le bon esprit de ne pas spécialiser trop leurs cultures. Ils ne rivalisent ni avec Sétif pour la production du blé, ni avec Mascara pour celle du vin, ni avec Mostaganem pour celle des fourrages et du gros bétail; ils font de tout; et par suite, moins exposés à souffrir des mécomptes qu'il faut prévoir dans ce pays toujours un peu excessif, ils obtiennent, grâce à leur intelligence et à leur énergie, des résultats excellents, progressent, gagnent en bien-être, s'enrichissent et ne doutent pas de l'avenir qui est réservé à leur ténacité.

Cependant, il y a quelques ombres à signaler dans ce tableau si enchanteur.

La population de Bel-Abbès, moins que toute autre peut-être, n'échappe pas à la fièvre de plaisir qui possède toutes les populations d'Algérie.

Dans toutes les villes, et même dans les villages, tout sert de prétexte pour s'amuser, et les gens de la campagne, pour éloignés qu'ils soient, ne manquent pas d'apporter leur contingent de gaieté aux citadins et aux villageois. L'attention qu'a toujours une municipalité soucieuse de sa réélection c'est de doter sa ville d'une salle des fêtes. La salle des fêtes est réglementaire, obligatoire, indispensable, pour la population des cités algériennes, comme les deux apéritifs journaliers le sont pour les individus.

Bel-Abbès a donc une fort belle salle des fêtes, dans la mairie monumentale qui orne la place principale de la ville, face à l'église, que des architectes diocésains ou des officiers du génie ont bâtie sur un plan qui n'a rien de monumental. Et, dans la salle, les bals sont nombreux, donnés par les corporations et les associations qui, sous les noms les plus divers, font assaut d'entrain pour égayer leurs concitoyens, les dissiper plus qu'il ne conviendrait et les inciter à des dépenses devant lesquelles fort peu reculent, quelque exagérées qu'elles puissent être pour leurs ressources. Bien entendu, ce sont les Français qui résistent le moins à ces entraînements, et qui, au contraire, mettent tout en branle. Les Espagnols, qui y restent plus indifférents dépensent moins et s'enrichissent souvent à leurs dépens; moins que les Juifs pourtant, car partout ceux-ci ont l'art de profiter des faiblesses humaines, quand ils ne les provoquent pas. Ils s'empressent donc de venir en aide à ceux que leur imprévoyance force à demander du secours, et, peu à peu, ils deviennent souvent, trop souvent, propriétaires de maisons ou de terres acquises vil prix.

J'ai déjà parlé du grand nombre d'Espagnols qui sont à Alger et à Oran, et dit qu'on en comptait, relativement, plus encore à Bel-Abbès. Ils y sont, en effet, dans une proportion qu'il faut signaler, puisque leur nombre dépasse de beaucoup celui des Français d'origine. Or, si les Espagnols d'Oran, aussi bien que ceux d'Alger, ne s'élèvent que rarement dans l'échelle sociale, il n'en est pas de même à Bel-Abbès, où un grand nombre d'Espagnols occupent d'excellentes situations qu'ils ont su conquérir par leur travail, leur sobriété, leur économie et leur endurance exceptionnels.

Il n'y a pas à se dissimuler qu'ils n'aient le désir de profiter des forces électorales prépondérantes que le fonctionnement automatique de la loi de naturalisation leur assurera, pour entrer dans les conseils municipaux, et, plus tard, faire davantage.

Ce n'est pas se montrer pessimiste, mais c'est simplement faire acte de prévoyance que de signaler des projets dont la réalisation pourrait nous porter de graves préjudices, car l'exemple que Bel-Abès pourra donner serait suivi autre part. Qu'on ne s'imagine pas qu'en venant travailler chez nous, même s'y enrichir, les Espagnols cessent d'être des Espagnols. Qu'on ne pense pas, non plus, que, lorsqu'ils sont naturalisés, tous cessent d'avoir chez eux le portrait du Roi d'Espagne, qui reste leur Roi, ni d'avoir au cœur le souvenir du pays, qui reste aussi le leur. Que le charme de l'intéressante figure du jeune Roi d'Espagne ne nous empêche pas d'ouvrir les yeux sur certaines démarches de son Gouvernement que les Algériens connaissent, ni sur la politique qu'il suit en ce moment au Maroc. Qu'on se persuade que l'Espagne n'a pas renoncé à jouer un rôle sur la terre d'Afrique, vers laquelle elle se sent attirée, plus que par les souvenirs du passé et autant que par le sentiment de ses intérêts, par une sorte d'affinité qu'elle croit subsister entre des races qui ont si longtemps vécu côte à côte.

Je ne doute pas qu'il n'y ait un jour, en Afrique, une question espagnole, et ce n'est pas en fermant les yeux devant ce qui frappe clairement qu'on se préparera à la bien résoudre.

La conclusion, dira-t-on? Elle est toujours la même. Français insouciants, allez en Algérie.

Toutes les fois que cela m'était possible, j'allais toujours, au cours de mon voyage, visiter les salles d'Honneur des régiments. Je m'étais fait une joie de voir celle du 1er régiment étranger, resté possesseur des souvenirs de la Légion, du temps qu'elle ne comportait qu'un régiment. Mes espérances furent comblées à la vue des souvenirs de tant d'actions mémorables, de tant de gloire accumulée, par les braves inconnus formés en une troupe de héros sous le drapeau de la France. Je fus également fort intéressé, dans la salle d'honneur du 2e spahis, en voyant le tableau qui représente la scène de la reddition d'Abd-el-Kader.

Certes l'auteur, le capitaine Pagano, ne possède pas un talent comparable à celui de nos grands artistes; mais en mettant en scène l'émir qui, seul, monté sur sa petite jument, s'avance calme, digne, simple, le chapelet à la main, au-devant du peloton de spahis qui l'attend impassible, et en face, le sous-lieutenant Boudoya qui, rejetant son burnous en arrière, se lève sur ses étriers et salue le vaincu, d'un grand geste de son sabre, déférent mais fier, respectueux mais formel, qui marque la fin d'une épopée et l'avènement de temps nouveaux, on se sent gagné par une impression que seul un soldat peut communiquer, et que seul, peut-être, un soldat peut ressentir.

XVIII

L'ENSEIGNEMENT EN ALGÉRIE

Septembre 1907.

L'Algérie sera dotée, sous peu, d'une institution qu'elle désirait vivement, et qui lui faisait vraiment défaut : elle va avoir une Université.

Jusqu'à ce jour, l'enseignement supérieur a été donné, en Algérie, dans les quatre écoles, qui sont à Alger, de droit, de médecine, des lettres et des sciences, avec leurs annexes de l'observatoire, du bureau météorologique et de la station de zoologie maritime. Tout étant soumises aux mêmes règles que les écoles de France, elles ne sont pas encore groupées entre elles, et ne disposent pas des recettes qu'elles effectuent. Leurs étudiants doivent passer la mer, pour aller subir, en France, leurs derniers examens; et bien qu'on s'efforce de diriger, chaque jour davantage, l'enseignement de ces écoles vers l'étude de questions qui sont complètement étrangères à ce qu'on doit apprendre dans les facultés de la métropole, mais qui sont d'un intérêt capital en Algérie, le groupement des écoles en une Université, qui pourra conférer tous les diplômes et assurer aux études une direction conforme aux besoins spéciaux d'un pays qui diffère de la France, marquera un grand progrès. On fera ainsi un grand pas dans l'évolution qui, sous certains rapports, déterminera une réaction marquée et pleine de promesses contre les excès de l'assimilation, et témoignera une volonté arrêtée de consacrer davantage ses efforts aux problèmes propres au pays et à la recherche des méthodes les plus convenables à leur solution.

L'Université d'Alger — d'Algérie plutôt — sera une création originale, qui contribuera à activer la marche des progrès de la colonie; car, outre les services qu'elle rendra aux sciences pures, en délivrant les diplômes universitaires des différentes facultés, elle en rendra d'autres, d'une nature particulière, en délivrant des diplômes spéciaux, qui assureront le recrutement d'un personnel dont l'action sera précieuse pour le développement de l'agriculture, de l'industrie et du commerce de l'Algérie.

La valeur des professeurs très distingués des écoles supérieures actuelles, dont plusieurs sont des maîtres incontestés qui font — je puis l'affirmer — des cours d'un grand intérêt ou qui composent des ouvrages d'un haut savoir, et le zèle que déploie la majorité des étudiants permettent d'affirmer que l'Université algérienne remplira la grande tâche qu'on lui assigne. Les locaux dont elle disposera, notamment dans les vastes bâtiments qui s'élèvent le long de la rue Michelet, suffiront longtemps; à moins que le nombre des étudiants en droit qui fournissent, chaque année, un nombre surabondant d'avocats, ne vienne encore à augmenter.

Il faut remarquer, en effet, qu'à Alger, ainsi que dans les villes principales du pays, le nombre des avocats dépasse de beaucoup les besoins d'une population cependant considérable et que les circonstances locales suffiraient à rendre processive; de même, le nombre est grand de sages-femmes, qui sont forcées de chercher pour vivre d'autres ressources que celles qu'une natalité cependant développée ne suffit pas à leur assurer.

L'enseignement secondaire et l'enseignement primaire

sont donnés, comme en France, dans des lycées, des collèges ou des écoles, où toutes les races sont admises. Un certain nombre d'indigènes y reçoivent l'instruction, et plusieurs poursuivent leurs études jusqu'à l'obtention des diplômes supérieurs. Dans l'enseignement secondaire, point d'établissements libres de garçons, pour ainsi dire; et cela se conçoit, car les fonctionnaires qui n'envoient pas leurs enfants faire leurs études en France ne sont pas assez indépendants pour oser les éloigner de l'enseignement officiel, et la plupart des Algériens qui ne sont pas fonctionnaires ne conçoivent pas d'autre enseignement que celui-là.

Pour ce qui est de l'enseignement primaire privé, — car il serait vraiment trop ridicule de continuer à l'appeler libre, — il disparaît, l'autorité ayant grand soin de procéder activement à la fermeture des écoles congréganistes.

Toutefois, on doit rendre cette justice aux instituteurs algériens qu'ils n'ont pas encore ajouté, aux enseignements des doctrines officielles, l'exposé des théories anarchiques et antimilitaristes que leurs collègues de France se font gloire de développer. Et cela se comprend; car, outre qu'ils ont sous les yeux les exemples constants du dévouement, de l'abnégation et du sacrifice, sous toutes ses formes, que continue à donner l'armée d'Afrique, ils voient aussi, les entourant de toutes parts, certains dangers qu'ils seraient incapables de conjurer sans le secours des braves gens qu'on peut insulter impunément en Seine-et-Marne, ou dans le Lot dans les réunions dites amicales, mais dont on apprécie singulièrement, sur la terre d'Afrique, le voisinage réconfortant.

Encore ne faut-il pas répondre que la folie qui possède leurs collègues de France ne les atteindra pas; car je ne puis me défendre des doutes que le souvenir de l'insolence d'un de leurs devanciers me fait concevoir sur la sûreté de leur jugement. C'était en 1871; après trois mois de combats en Kabylie, nous venions d'arriver à Bougie, quand un Aliboron précurseur, dont les oreilles ni le chant n'avaient rien eu de glorieux pendant le siège que la ville avait soutenu, salua le capitaine Cotton, du 1er zouaves, beau et brave combattant du Mexique, de Reichshoffen et de Sedan, de la gracieuse épithète de capitulard!

Mais il me paraît surtout intéressant de faire connaître quelque peu, parce qu'on les ignore généralement, les efforts qui ont été entrepris, pour faire sortir les indigènes de l'état de profonde ignorance où le gouvernement des Turcs et la quasi anarchie qu'il entretenait dans le pays, dont il se contentait de tirer quelques subsides, ont plongé, depuis des siècles, des populations qui, sur bien des points, avaient possédé jadis un savoir comparable à celui des peuples d'Europe. L'œuvre était digne de tenter ceux qui ont assumé la tâche de relever des races auxquelles nous avons promis d'apporter les bienfaits de la civilisation. Elle nous était imposée, au surplus; car nous aurions manqué à notre honneur en ne l'accomplissant pas, puisque, en nous emparant des biens d'Église, nous avons pris l'engagement de subvenir aux dépenses auxquelles ils pourvoyaient, au nombre desquelles se trouvaient celles de l'enseignement, singulièrement réduites du reste.

Bien que des écoles supérieures, des Médersas, destinées à former les candidats aux emplois du culte, de la justice et de l'instruction publique, fonctionnassent depuis longtemps, c'est de 1895 seulement que date l'enseignement supérieur que nous mettons à la disposition des indigènes.

Le programme très complet des cours des trois

Médersas d'Alger, de Constantine et de Tlemcen, comprend l'étude de la langue française, de l'arithmétique et de l'histoire de la civilisation française; des notions d'histoire, de géographie, d'administration, de géométrie, de droit français et de droit algérien; et, pour la partie arabe, la langue, la littérature, la rhétorique, la logique, le droit musulman, la théologie et l'exégèse coranique. Enfin, un cours d'hygiène.

Certes, voilà de quoi occuper les élèves durant les quatre années qu'ils ont à passer à l'école, auxquelles succèdent deux années de cours supérieur à la Médersa d'Alger.

Le succès de ces écoles, qui grandit chaque jour, doit être attribué : d'abord, à l'obligation de posséder le diplôme qu'elles délivrent pour être admis dans les emplois qui dépendent de la justice et du culte, et aux titres que ce diplôme donne, pour l'obtention d'emplois dans d'autres carrières; puis, au talent, au savoir et au zèle des professeurs qui parviennent à réveiller les facultés, souvent très somnolentes, des élèves, boursiers presque tous, qui leur sont confiés. Et cela, il faut le dire, d'autant plus qu'une bonne moitié des professeurs sont des indigènes, élèves de nos lycées ou de nos médersas, dont plusieurs, selon un juge compétent, ne seraient pas déplacés dans une chaire de faculté.

La réorganisation de l'enseignement primaire indigène date de 1892. Il comporte des écoles principales et élémentaires, qui ont à leur tête un directeur français, et des écoles préparatoires, qui sont confiées à des maîtres indigènes, placés sous la surveillance d'instituteurs français.

Le personnel enseignant de ces écoles, le personnel français aussi bien que le personnel indigène, est formé au rôle très spécial qui lui incombe — car tout est spécial dans l'œuvre de l'enseignement aux Arabes, aussi bien ce qu'on leur apprend que la façon de le leur apprendre — à l'école normale d'Alger-Bouzarèa. Aux instituteurs français, dont le cours dure un an, on apprend la pédagogie des écoles indigènes, l'agriculture, le travail manuel, le kabyle ou l'arabe, la médecine usuelle, l'histoire du pays; aux indigènes, on fait un cours sur l'éducation morale, et l'on donne des notions d'administration, de législation, de géographie, de mathématiques usuelles, de commerce, de comptabilité, de dessin, de travail manuel et d'agriculture.

Pas plus! Ils ont, il est vrai, quatre ans pour assimiler toutes les matières qu'il leur faudra enseigner plus tard. Le nombre des écoles primaires indigènes va croissant; on en comptait, en 1905, 577 avec 30,000 enfants, au nombre desquelles il faut signaler 8 écoles de filles et 14 écoles de garçons privées comptant 600 élèves, dirigées par les Pères Blancs et les Sœurs Blanches.

Évidemment, il s'écoulera bien du temps avant que l'on ait la satisfaction de constater des progrès comparables aux efforts qui auront été dépensés. Mais on en constate déjà; et, enfin, n'est-ce rien de faire son devoir, et quel devoir plus grand pouvait-on proposer à notre activité?

On a, du reste, compris ce devoir comme il devait l'être, et les petits indigènes sont entourés, au point de vue religieux, de plus de respect que nos petits Français n'en peuvent attendre actuellement de leurs instituteurs. N'est-il pas recommandé à leurs maîtres de respecter leurs convictions religieuses; de ne jamais se permettre la moindre critique du Coran; de regarder la religion comme une chose inviolable, sacrée comme la conscience? Ne doivent-ils pas se souvenir de l'idée de Dieu, sur laquelle s'appuie la morale, et qu'aimer le bien c'est aimer Dieu? Ne leur rappelle-t-on pas qu'il faut montrer à leurs élèves le lien qui unit la loi morale et l'idée de Dieu?

Heureux petits Abdallahs, heureux petits Messaouds, heureux petits Youssefs! Vous n'entendez donc pas à l'école insulter ce qui vous est cher! Peut-être, sans l'insulter, ni vous violenter, pourrait-on élever vos âmes davantage et les diriger vers un autre idéal? Mais il ne s'agit pas, pour le moment, de vous procurer un bonheur dont vos maîtres, et ceux qui les commandent, ignorent le prix; contentez-vous de bénéficier du traitement privilégié que, bien plus que le respect philosophique des croyances, l'attitude de vos parents à l'égard de tout ce qui touche à leur religion vous assure.

Car c'est là une singularité de la conduite que nous tenons à l'égard des indigènes. Tandis que, sur quelques points, nous manquons parfois de la justice qui leur est due, nous avons toujours eu, jusqu'à l'adoption de la loi de séparation, qui va modifier nos usages équitables, un souci réel de tout ce qui était, de près ou de loin, du domaine religieux, au point de soulever souvent l'indignation de catholiques qui ne comprennent pas toujours ces attentions. Ne serait-on pas en droit de penser que la vue du danger est souvent une bonne conseillère?

Il y a encore d'autres institutions d'enseignement indigènes, telles que des cours complémentaires, des écoles maternelles; mais j'ai hâte, pour terminer, de dire quelques mots de ce qu'il nous a fallu faire, au point de vue de la charité et de l'assistance, pour remplir les devoirs qui nous incombaient, du fait de la confiscation des biens habbous.

Là aussi, les efforts qui ont été accomplis sont consirables; il est vrai que des contributions spéciales levées sur les Arabes, pourvoient aux dépenses qu'ils entraînent.

Après avoir fondé cinq hôpitaux, qui ont été confiés aux Pères Blancs et aux Sœurs Blanches, on s'est mis a créer sur plusieurs points des infirmeries indigènes, à installer des cliniques, à organiser des consultations de doctoresses pour les femmes et des consultations à travers le pays, à poursuivre l'extension du service des vaccinations et celle du service ophtalmologique. Quoique de création récente, en 1906, déjà, les infirmeries ont hospitalisé plus de 12,000 indigènes, dont 9,000 hommes.

On encourage aussi la création de bureaux de bienfaisance musulmans, dont les attributions sont fort étendues, puisque, outre la répartition des secours qu'ils arrêtent, ils ont à surveiller les établissements de bienfaisance indigène, la gestion des biens qui leur sont réservés, le service médical ; qu'ils constituent des bourses aux étudiants pauvres, et s'occupent, enfin, de l'éducation des orphelins.

Au nombre des membres du bureau de bienfaisance indigène doit toujours se trouver un membre du clergé ! La prescription est absolue ! Équitable sollicitude dont nous avons perdu le souvenir, par notre faute ! Elle s'étend sur tout ; elle pense à tout, cette sollicitude ; elle revêt même quelquefois un caractère d'exagération qui fait sourire.

Les Arabes, ayant manifesté des doutes sur le savoir de nos faiseurs d'almanachs et de nos astronomes, en vinrent à penser que le canon qui annonce à la population d'Alger l'ouverture du Ramadan et qui, chaque jour, donne le signal impatiemment attendu de la cessation du jeûne, ne partait pas aux heures canoniques. Prévenu d'un doute qu'il lui parut urgent de faire cesser, sans prendre plus de souci qu'il ne convenait du savoir des astronomes français, le Gouverneur arrêta que l'heure du Ramadan serait désormais fixée par une commission, dont la composition donne une haute idée du respect que ce très haut fonctionnaire porte aux choses saintes coraniques, comme aussi du chagrin qu'il éprouvera, sans doute, à être forcé d'y manquer sous peu.

De par le Gouvernement donc, l'heure du Ramadan est fixée par une commission qui, sous la présidence du mufti, maleki d'Alger, comprend : deux cadis, un hanefi, l'autre maleki ; les professeurs indigènes de la médersa d'Alger ; les imans des deux mosquées ; laquelle, après avoir entendu tous ceux qu'elle juge convenable de convoquer, rédige, par-devant cadi, le procès-verbal solennel de sa décision !

Mais on ne pense pas à tout ; et, si les indécisions qui troublaient les casuistes mahométans sur le Ramadan ont pris fin, il en est d'autres qui subsistent ; et l'autorité n'ayant pas été avisée de ces nouvelles préoccupations, ou ayant pensé qu'elle n'avait plus à intervenir dans le règlement des questions du culte, les Algériens ne se sont-ils pas avisés de demander, cet hiver, par dépêche, à Tunis, de les fixer sur la date exacte de la fête d'Aït-el-Kébir !

Allons, décidément, nos savants n'ont pas, près des religieux musulmans, le crédit qu'ils mériteraient cependant de leur inspirer.

XIX

SITUATION DE L'ARMÉE D'ALGÉRIE

Septembre 1907.

La manie de nos théoriciens de régler toutes choses en Algérie, comme elles sont réglées en France, — l'assimilation, — dont j'ai parlé souvent, a causé beaucoup de mal à la colonie; elle lui en cause encore. L'application dans ce pays, si différent de la France, de la série des lois qui ont réduit, progressivement, le temps de service et diminué, par conséquent, la valeur de l'armée, a porté un grave préjudice à la constitution des troupes d'Algérie. L'application de la loi de deux ans leur portera un dernier coup, et, les mettant dans l'impossibilité de remplir leur tâche, compromettra la sécurité du pays.

C'est ce que je voudrais exposer, la question étant de celles qu'il est bon de faire connaître.

Jadis, les troupes d'Algérie constituaient l'armée d'Afrique. C'était bien, en effet, une armée très complète, et toujours prête à agir, parce qu'elle était formée de vieux soldats, instruits, rompus à la fatigue, habitués à supporter les privations, acclimatés, faits à la guerre. Les plus jeunes servaient sept ans, et l'on trouvait alors que c'était peu.

Les lois d'organisation qui furent votées après la guerre firent, de cette armée, le 19e corps, ce qui réduisait la situation du commandant en chef, à l'égard du Gouverneur civil, et causait ainsi aux législateurs une de ces satisfactions dont ils font le plus de cas. C'était bien, du reste, un simple corps d'armée; car, par la diminution de ses effectifs, causée par la rentrée en France de troupes qu'on avait toujours envoyées servir quelques années en Algérie, mais qu'il avait fallu envoyer dans leurs villes de mobilisation, dans les régions auxquelles elles appartenaient; par l'ensemble des mesures prises, avec enthousiasme, pour proscrire les vieux soldats, puisque la loi portait : « ... Il n'y a dans les troupes françaises ni prime en argent, ni prix quelconque d'engagement... »; enfin, par la réduction progressive du temps de service, l'armée d'Afrique avait cessé d'exister. Peu à peu, chaque jour davantage, il n'y eut plus en Algérie qu'un corps d'armée, plus considérable que les autres, mais faisant simplement suite à la série des dix-huit corps de France; composé, comme eux, exception faite de troupes spéciales, de jeunes soldats et de nombreuses recrues; ne constituant, comme eux, qu'un organe incomplet que l'acte de la mobilisation doit pourvoir de ce qui lui manque, pour qu'il puisse agir.

Quelle était, en effet, en 1904, par exemple, la composition des troupes stationnées en Algérie?

Elles comptaient 55,000 hommes; mais, 9,000 appartenant à des corps non combattants, l'effectif total des combattants n'était que de 46,000 hommes. Sur ce nombre, l'infanterie avait 36,000 hommes, à l'effectif total, ce qui correspondait à 30,000 hommes sous les armes, dont plus de 9,000 avaient moins d'un an de service. La force de toute l'infanterie des trois divisions ne s'est donc pas élevée, pendant la plus grande partie de l'année, à plus de 21,000 hommes. Cela suffisait, assurément, au service des garnisons, et même à l'exécution d'un beau défilé devant le Président de la République, soucieux de se montrer, avant l'expiration de son mandat, à ses populations algériennes, qui savent, plus qu'on ne le pense, apprécier la singularité de certains spectacles et en garder le souvenir. Mais cela n'aurait pas suffi pour constituer, rapidement, quelques-unes de ces grosses colonnes qu'on doit toujours pouvoir former et faire agir, sans dégarnir les postes du Sud, où se trouvent 5,000 fantassins, ni cesser de surveiller ce qui doit être toujours surveillé dans ce pays grand comme la France.

Encore moins aurait-on pu former un de ces corps, bien constitués, bien entraînés, tels que ceux que la France pouvait, autrefois, toujours demander à l'armée d'Afrique de lui fournir, pour une expédition lointaine; ni davantage celui qu'il aurait fallu, depuis longtemps, faire entrer au Maroc, pour rétablir le calme sur notre frontière et appuyer nos légitimes revendications, si l'on n'avait pas pris le parti de s'incliner devant le froncement de sourcil de l'impérial voyageur de Tanger.

C'est assurément parce qu'il savait à quelle impuissance les lois d'organisation, appliquées inconsidérément en Algérie, avaient réduit le 19e corps, malgré l'apparence de force que lui donnait un effectif considérable, que le Ministère de la guerre revendiqua, il y a quelques années, l'honneur de commander les troupes de la Marine. Au nombre des raisons qu'on invoqua alors, pour justifier le passage de ces troupes à la Guerre, il en était une, en effet, qui aurait suffi à déterminer les plus hésitants, puisque ce rattachement devait confier au Ministre de la guerre des troupes recrutées d'une façon spéciale et composées d'hommes faits, qui lui permettraient de disposer, en tout temps, d'une force que la réduction du service, et d'autres mesures aussi, ne permettaient plus aux corps de France, ni même à celui d'Algérie, de fournir, ainsi que la disparition à Madagascar du 200e d'infanterie et du 30e bataillon de chasseurs, sans combat, l'avait si tristement démontré.

On affirmait, en effet, que les troupes de la Marine, puissamment reconstituées en troupes coloniales, formant un corps d'armée de trois divisions, laissées en France pour assurer les relèvements et servir de réserve aux troupes employées au loin, disposeraient, en outre, en tout temps, d'une force constituée de vieux soldats, toujours prêts à marcher. Et cette affirmation faisait comprendre que le Ministre de la guerre ne craignît pas d'ajouter aux devoirs, déjà si difficiles et si lourds de sa charge, ceux qui résulteraient du commandement de troupes considérables, dont tout, absolument tout, depuis le recrutement, l'organisation, jusqu'à l'emploi, les usages et l'esprit, était inconnu de l'administration de la guerre.

Mais, pas plus que beaucoup d'autres créations de nos gouvernants, sans savoir exact ni jugement sûr, sans prévoyance non plus, l'armée coloniale ne remplit le rôle qu'on lui avait assigné. Ce qu'on attendait d'elle, en la réorganisant, elle ne l'a pas donné. Comment aurait-elle pu le donner, du reste, avec les effectifs qu'elle atteignait il y a deux ans, lorsque les douze régiments d'infanterie, stationnés en France, comptaient, au total, moins de 19,000 hommes, dont plus de 7,000 étaient malades, et 3,000 étaient des jeunes soldats de moins d'un an de service; c'est-à-dire alors que les trois divisions suffisaient, à peine, aux relèves des troupes qui sont aux colonies?

Or, si le concours éventuel de vieilles troupes de l'armée coloniale eût été précieux, quand la durée du service était de trois ans, et qu'au moment le plus défavorable de l'année les corps de troupe avaient encore sous les armes deux classes, c'est-à-dire près des deux tiers de leur effectif, composées d'hommes de plus d'un an de service, de quel prix n'aurait-il pas été, maintenant que, de par la loi nouvelle, les corps sont réduits, pendant six mois, à ne pouvoir compter que sur la moitié de leur effectif, et pendant les six autres mois, comptent, à l'effectif combattant, pour moitié, des hommes qui n'ont que quelques mois de service!

Car telle est la situation des troupes de France, et telle est aussi, ce qui est plus grave encore, celle des troupes d'Algérie, autres que les turcos, la légion et les spahis. Quand on l'examine avec quelque attention, on voit où peut conduire l'ignorance des politiciens et des théoriciens; on s'explique l'embarras que la gaieté bruyante de M. Clemenceau cache mal; on mesure aussi l'importance des difficultés que nous éprouverons, quand, envisageant enfin les dangers de la situation où la politique du gouvernement de la République a mis la France, nous nous déciderons à prendre souci de notre honneur et à songer aux devoirs que nous impose le maintien de notre autorité sur la terre d'Afrique.

Les régiments de zouaves ont quatre bataillons en Algérie; les cadres y sont excellents et la réputation de ces régiments y attire encore nombre d'engagements; surtout au 1er, dont la portion principale est à Alger. Cependant, ils sont très différents de ce qu'ils étaient jadis; car, outre qu'ils sont constitués, en somme, par des contingents qui ne servent que deux ans, la plus forte partie de ces contingents est algérienne; c'est-à-dire qu'elle est composée d'étrangers naturalisés, généralement bons; de Français souvent impaludés, et de Juifs, très généralement détestables, soldats incapables de faire un effort, ni de résister à la fatigue, mais attentifs à exploiter tout ce qui les peut exempter d'un service quelconque, et à profiter, en bons Juifs, de tout ce qui peut leur permettre de corrompre les cadres inférieurs. La diminution de valeur de ces régiments s'accuse, malgré les efforts d'un corps d'officiers actifs et dévoués, et d'un corps de sous-officiers remarquables, lorsque ces régiments, autrefois infatigables, ont à faire un effort. Le temps n'est plus — on l'a constaté aux manœuvres et en allant à Oudjda — où jamais un zouave ne restait en route!

Et de quel effectif disposent ces régiments? L'un d'eux, qui est le mieux partagé, puisqu'il compte 700 engagés de trois ans et plus, aura, au total, au départ de la classe, tout compris, y compris les malades et les absents, y compris des engagés non instruits, un peu plus de 1,800 hommes, pour 16 compagnies! Les autres étant moins bien dotés, on en peut conclure que, jusqu'à ce que les recrues de 1906, qui vont rejoindre, soient dressées, les zouaves auront grand'peine à présenter des bataillons de 400 hommes, dont une bonne part sera fournie par ces contingents de la valeur que j'ai dite.

Il est inutile de donner aucun chiffre pour apprécier la situation des troupes de l'artillerie. La lenteur avec laquelle l'autorité, qui apprécie la valeur de cette arme, a procédé à son envoi à Casablanca, par fractions d'unité, suffit à donner l'idée des difficultés qu'on a éprouvées pour mobiliser, même avant le départ de la classe 1904, 7 sections, 14 pièces! Elle permet aussi de se demander comment, quand la classe 1904 sera congédiée, on pourra en expédier d'autres. Rien n'assure pourtant, malgré les grimaces des Chaouias et autres étrillés, que nous puissions toujours nous contenter d'avoir 14 pièces au Maroc. Rien ne dit, même, que nous ne soyons pas forcés d'en montrer quelques autres sur notre territoire.

La situation des régiments de chasseurs d'Afrique est plus fâcheuse encore. Peut-on apprendre sans émoi que, consulté sur la question de savoir ce dont il pourrait disposer pour les manœuvres, le colonel du 3e régiment a répondu qu'après le renvoi de la classe 1904, il ne pourrait donner que 2 pelotons de 24 cavaliers? N'est-on pas singulièrement attristé d'apprendre qu'au 2e, après avoir formé l'escadron qui est, à Oran, prêt à s'embarquer, et un autre dans le sud, à Aïn-Sefra, il n'y a plus, à Tlemcen, que 20 hommes par escadron au pansage, et que, pour soigner les 150 chevaux de chaque escadron, on fait appel aux bons offices des turcos!

Et que d'apparences, dont on se berce en temps ordinaire, qui viennent confondre, quand on passe à la pratique! Le régiment qui, recevant le plus d'engagés, se trouve dans les meilleures conditions, ayant eu dernièrement à mobiliser un escadron, à l'effectiff de 150 cavaliers, dut, pour atteindre ce chiffre, ajouter 60 cavaliers d'autres escadrons aux 148 que comptait l'escadron d'origine; d'où il résulte que cet escadron avait 58 non-valeurs!

Oui, « dira-t-on, » oui, cela est fâcheux, très fâcheux même; mais n'avons-nous pas les zéphyrs, que vous oubliez? mauvais sujets qui se battent bien pourtant. N'avons-nous pas les turcos, n'avons-nous pas les spahis, surtout la légion?

A l'égard des zéphyrs, mauvais sujets qui se battent bien, j'avoue que je préfère les bons sujets qui se battent bien aussi et souvent mieux; mais il faut dire que, par suite de la diminution du temps de service surtout, leur effectif diminue progressivement, à ce point que les trois bataillons qui sont en Algérie, déjà très réduits, vont être réorganisés en conséquence.

Pour ce qui est des turcos, il convient d'observer que ces braves gens, qui se dévouaient à notre service, n'ont pas échappé aux manies malfaisantes de nos réformateurs, défenseurs résolus des intérêts de l'État, et, comme on sait, scrupuleux épilogueurs du budget.

Il y a peu de temps encore, les turcos pouvaient servir vingt-cinq ans. La retraite qui leur était concédée à l'expiration de ce long temps, à laquelle s'ajoutait la dotation des campagnes, en faisait des gens fortunés, qui regagnaient leur pays où ils vivaient bien et pensaient bien aussi. Quand ils étaient médaillés, la rente de cent francs, venant augmenter leur retraite, en faisait des personnages considérables; la médaille en faisait des gens fort considérés. Mais tout cela coûtait trop cher, paraît-il. On s'avisa de considérer qu'il était abusif de compter comme campagne le service dans le Tell; on cessa de le faire, ce qui était raisonnable. On s'avisa ensuite que servir vingt-cinq années excédait les forces des turcos, dont on ne savait pas l'âge exactement quand ils s'engageaient; qu'après vingt ans de service, ils n'étaient plus capables de servir activement, et que, pendant cinq années, on les gardait à l'état de non-valeur. Cela n'était vrai qu'en partie; mais, au lieu de réduire le temps maximum de service à vingt ans, ce qui aurait été sage, on le réduisit à douze, ce qui ne l'est pas; ce qui est inhumain aussi, ce qui est contraire à nos intérêts militaires et même à nos intérêts politiques.

Retraité, en effet, à douze ans de service, sans campagne et sans médaille, le turco recevra une pension qui l'empêchera de mourir de faim, tout juste. Nous n'aurons plus dans le pays ces vieux soldats retraités, bien rentés, preuves vivantes et respectées de la sollicitude que la France assure à ceux qui l'ont servie. A leur place, des gens dépenaillés, qui auront servi douze ans, montreront ce qu'est devenue l'ancienne générosité de la France.

Jusqu'à ce jour, les engagements n'ont pas fléchi, parce que l'effet de la réforme ne se fait pas sentir encore et que l'appât des primes subsiste. Mais cet effet se fera sûrement sentir. La réforme, en tout cas, force à se montrer moins difficile dans l'acceptation des engagements; elle diminuera promptement la valeur des sous-officiers et celle des officiers indigènes.

En somme, si l'on veut que l'effectif des turcos ne s'abaisse pas; si l'on veut que leur valeur ne diminue pas; si l'on veut ne pas y admettre les « Ouled Plaça », ou les mal tournés qu'on se garde d'y recevoir aujourd'hui; si l'on veut sauvegarder, vis-à-vis de la population arabe, la réputation d'équité, de bonté et de justice que nous valent les traitements dont nous honorons ceux qui ont servi la France, la malheureuse réforme de nos gouvernants, si souvent mal inspirés, doit être radicalement modifiée.

Mais, quand elle l'aura été, qu'on n'aille pas s'imaginer, ainsi que l'Empereur l'écrivit, que le nombre de nos turcos pourrait être considérablement accru. C'est un rêve de ceux qui ne connaissent ni le pays ni ces régiments. C'est aussi un rêve de Français que l'obligation du service rend tristement pacifiques et qui, tout indignés qu'ils se montrent des déclarations socialistes, trouveraient fort bon, pourtant, que la défense de l'honneur français fût confiée davantage aux turcos d'Algérie, et à tous les tirailleurs soudanais, haoussas et autres, que leur peu d'intellectualité rend, dit-on, si aptes à la guerre et si insensibles aux accidents qu'elle comporte.

En réalité, on ne pourrait augmenter le nombre de nos turcos, sans rabaisser la valeur des régiments, aujourd'hui encore si beaux, à celle de l'infanterie du bey de Tunis. Et si l'on se propose, actuellement, d'augmenter le nombre des bataillons, il suffit, pour montrer que cette augmentation n'était pas nécessaire, d'observer que les bataillons de turcos envoyés au Maroc, il y a quelques jours, ne comptaient pas 700 hommes à l'effectif.

Reste la légion, dont on ne saurait trop vanter la valeur, qui a de gros effectifs et qui reçoit en ce moment bon nombre d'engagés. Il ne faut pas oublier, cependant, que le recrutement de cette troupe magnifique est aléatoire, car il est variable et peut être diminué par des motifs divers. Tantôt, c'est la répugnance que ces gens, déclassés peut-être, mais après tout honnêtes, éprouvent à servir côte à côte de canailles qu'une circulaire d'un Ministre, à demi fou, ordonne d'envoyer à la légion, qui compromet le recrutement. Tantôt, c'est l'exemple de vieux légionnaires, congédiés sans pension ni secours, qui vont mendier de porte en porte, dans ce pays qu'ils avaient adopté et qui ne les connaît plus, qui arrête les engagements. On sait avec quel soin la presse allemande enregistre et amplifie ces incidents qu'il serait de notre intérêt, tout au moins, d'éviter à tout prix. Tantôt, ce sont les exigences maladroites du recrutement, qui refuse d'engager un homme fait et robuste, parce qu'il tombe sous l'application stricte d'une cause d'exclusion, légitime à l'égard d'un homme de recrue, ridicule à l'égard d'un homme fait.

Et puis, et puis, pense-t-on que le Gouvernement, qui va demander à Berlin le programme de ce qu'il peut songer à faire au Maroc; qui prie le Chancelier de l'empire de lui indiquer dans quelles conditions il peut venger la mort de ses concitoyens assassinés, satisfaire l'honneur national outragé et assurer le maintien de l'ordre dans sa colonie, enverrait promener l'ambassadeur allemand, s'il s'avisait, un jour, de venir faire observer que les engagements de citoyens allemands dans l'armée française déplaisent à l'Empereur allemand?

Qu'adviendrait-il, alors, du recrutement de la légion?

XX

SITUATION DE L'ARMÉE D'ALGÉRIE *(suite)*

Septembre 1907.

C'est donc aux trois régiments de turcos, aux deux régiments de la légion et aux trois régiments de spahis que se réduit ce que l'on peut appeler la force vive des troupes de la colonie, puisque les zouaves, les chasseurs d'Afrique, les artilleurs et les sapeurs du génie, soumis au régime de la loi de deux ans, sont, malgré que les zouaves et les chasseurs reçoivent bon nombre d'engagés, et que les artilleurs et les sapeurs incorporent quelques engagés indigènes, dans la condition où cette loi criminelle a mis les troupes de France.

Les corps non combattants : train, administration, infirmiers, dont l'effectif doit atteindre, en temps habituel, près de 5,000 hommes, sont, pour la même raison, incapables d'assurer, d'une façon permanente, les services importants qui leur incombent, beaucoup plus développés que ceux que leurs camarades accomplissent en France. Les infirmiers d'Algérie n'ayant pu renforcer le petit détachement qu'ils avaient envoyé à Casablanca, on a dû expédier, de France, des infirmiers enlevés aux hôpitaux — qui en manquent, puisque le Ministre, que le renvoi des sœurs a mis dans l'embarras, recrute des infirmiers civils. Or ces infirmiers de France, d'un an de service au plus, débarqueront à Casablanca au moment de la grosse chaleur. Les soins qu'ils seront en état de donner ne seront sans doute pas de longue durée.

Mais à combien peut-on évaluer cette force vive? L'effectif total des turcos et de la légion s'élève à 25,000 hommes environ; chiffre qu'il ne faut pas confondre avec celui des disponibles, qui lui est de beaucoup inférieur. Seuls peuvent se faire une idée du chiffre probable des disponibles ceux qui ont étudié et épluché des situations, surtout des situations de troupes d'Algérie, forcées, malgré la surveillance la plus active et les résistances les plus fortes des officiers, de pourvoir à cent nécessités diverses qui augmentent, dans de grandes proportions, la déperdition habituelle qui résulte des malades, des absents, etc.

Quant aux spahis, on peut évaluer à six escadrons — deux par régiment — ce qu'ils peuvent distraire de l'infinité de services dont ils sont chargés, et qu'ils sont seuls, jusqu'à ce jour, à pouvoir assurer convenablement.

Que cette situation, si peu faite pour maintenir le prestige de notre autorité dans le pays, si redoutable, en regard des incidents toujours probables qui peuvent surgir tout à coup, et même presque humiliante, ainsi que les événements récents l'ont prouvé, ait été acceptée tranquillement par les autorités militaires les plus élevées, même par celles qui sont sur place, c'est-à-dire responsables, c'est ce qu'on a peine à croire.

Et pourtant, il en est que la placide acceptation de la loi de deux ans et la résignation silencieuse à ses conséquences les plus graves ont déterminés, jadis, à proposer de supprimer deux régiments de chasseurs d'Afrique. Cette proposition, que j'ai combattue quand on l'a formulée, ne tendait à rien moins qu'à réduire à douze escadrons actifs la cavalerie française d'Algérie, déjà si inférieure à sa tâche avec vingt escadrons; la cavalerie française d'Afrique, qui a compté jusqu'à quarante et un escadrons de vieux soldats, alors que notre territoire ne s'étendait pas, au sud, au delà de Laghouat ou de Géryville, et que nous n'avions aucune préoccupation sur notre frontière marocaine.

N'est-il pas vrai de dire qu'à certaines époques, il semble que toutes les têtes soient à l'envers? Et le fait est que, sur nombre de points, concernant la répartition, l'instruction et la destination des troupes d'Algérie, on paraît oublier, comme à plaisir, les principes qui devraient être observés.

Le plus coupable, parce qu'il est tout-puissant, car il règle tout et que tout dépend de ses décisions, c'est l'État-major de l'armée, interprète des illusions du Gouvernement, qui persiste à comprendre, dans l'ordre de bataille éventuel des armées, la majeure partie des troupes du 19e corps.

Les troupes sont en Algérie sans doute pour y remplir un rôle spécial; il n'est pas certain que celles qui les remplaceront — si l'on songe à les remplacer quand on les fera rallier l'armée — seront aptes à le remplir. Mais cela ne semble pas de nature à inquiéter l'État-major, ni à l'empêcher de poursuivre l'observation de la formule, aux termes de laquelle tous les corps d'armée doivent, non seulement coopérer à la défense nationale, ce qui est indiscutable, mais y coopérer tous sur la frontière, et sur la même frontière, ce qui ne l'est pas.

Pour qu'on ait plus de chances de voir arriver ces troupes à temps, il convient qu'elles puissent être embarquées sans retard; l'État-major veille donc attentivement à ce qu'elles ne soient pas éloignées de la côte. Et quand le commandement, qui doit, lui, faire face aux nécessités ou aux besoins locaux, s'avise d'en éloigner, quelque peu, qui soient comprises dans les projets de l'État-major, il est vivement rappelé à l'ordre et invité à se souvenir que les troupes dont il a l'illusion de pouvoir disposer, pour assurer l'ordre et maintenir la tranquillité en Algérie, font partie d'un corps d'armée, dont la répartition et l'emploi lui échappent, en fait.

Cette prétention de l'État-major parisien date de loin. Je commandais un escadron de hussards à Biskra, en 1876, quand on s'avisa, à Paris, de remarquer que je ne pourrais pas rejoindre, en cas de mobilisation, le port d'embarquement, Philippeville, aussi vite que les autres escadrons du régiment, qui étaient à Sétif. Ordre fut donc donné de me faire rejoindre d'urgence, ce qui fut fait aussitôt. Or, quelques jours après notre départ, qui avait paru fort inquiéter le commandant supérieur et le bureau arabe de Biskra, l'insurrection d'El-Amri, qui est tout proche, éclata et faillit prendre une importance sérieuse, parce qu'on n'avait pas, sur les lieux, assez de troupes pour la comprimer aussitôt. « Ah ! si les hussards avaient été là ! » disait-on au général Carteret, commandant de la division, accouru à Biskra. « Ah ! si les hussards avaient été là ! » Mais l'État-major, ignorant de ce qui se passait en Algérie, n'avait pas voulu qu'ils y fussent. Il fallut bien pourtant recourir aux hussards ; on manda un escadron de Sétif ; il mit huit jours à venir ; il ne connaissait pas le pays comme le mien ; quand il arriva, il n'y avait plus rien à faire.

On dit même, en ce moment, que, pour se conformer aux ordres de l'État-major, les régiments de zouaves, qui fournissent déjà peu de détachements, cesseront presque d'en fournir et seront concentrés à la portion principale. Ce sera une mesure détestable, qui achèvera de discréditer des troupes que, déjà, on exonère trop des charges honorables et pénibles du service algérien.

Dans les détachements, en effet, débarrassées de toutes les causes de déperdition que les services parasitaires des grandes villes multiplient, et placées sous la surveillance constante de leurs officiers, dont l'activité n'est diminuée par aucune occupation étrangère à leurs fonctions, les troupes peuvent être mieux formées, mieux instruites et plus entraînées, que dans les grandes garnisons. Là, tout semble s'opposer au développement de leurs qualités; aussi bien les exigences des autorités locales, et l'action dissolvante de la population et des plaisirs faciles, que la diminution de la surveillance qui, peu à peu se relâchant, encourage les natures indisciplinées à mal faire et n'empêche pas les natures faibles de les imiter.

Cela mettra le comble au traitement que le commandement réserve, depuis longtemps, à ces troupes; traitement peu favorable à leur formation et qu'on appellerait un traitement de faveur, si la faveur pouvait jamais consister, pour des soldats, à être écartés des lieux où peinent leurs camarades. C'est aux zouaves, en effet, que servent, comme je l'ai dit, les jeunes Algériens objets de la sollicitude attentive de MM. les sénateurs et députés. Or le cœur de ces messieurs est tendre; et comme, en outre de l'affection qu'ils portent à ces jeunes militaires enlevés à leurs familles, détournés de leurs travaux, éloignés de leur commerce, ils ont aussi un désir très vif de conserver le mandat qu'ils tiennent des parents de ces braves enfants, ils ont grand soin de faire le nécessaire pour que les troupes qui leur sont chères ne soient pas expédiées dans des régions insalubres, non plus que dans des régions éloignées; car ce n'est pas tout de songer à la santé, il faut songer aussi aux manifestations périodiques et multipliées des effusions familiales.

Ces régions, insalubres ou éloignées, sont donc devenues le domaine des turcos et des légionnaires, dont la santé préoccupe peu assurément, et dont les parents manifestent aussi fort peu d'exigences; ils y sont avec les zéphyrs.

Cependant cette répartition habile ne s'arrête pas sans difficultés, et il est surtout difficile de modifier celle dont on a pris l'habitude, quand le besoin s'en fait sentir. Si le commandement songe, en effet, à envoyer des turcos dans un pays favorable à leur recrutement, pour peu que ce soit dans une localité où les Juifs sont nombreux, le consistoire, qui n'aime pas le voisinage de ces gaillards un peu vifs, facilement portés à houspiller les gens qui les volent, formule aussitôt des plaintes touchantes. On en tient compte; les turcos sont expédiés autre part; le consistoire est rassuré; l'homme politique dont le consistoire favorise l'élection est content; peut-être bien que le recrutement de la troupe s'en ressentira; mais, bah! on ne peut pas contenter tout le monde!

Au reste, là où on se résout à les envoyer, il n'est pas sûr qu'ils restent, car les débitants — gens toujours puissants — s'aviseront, peut-être, que la faculté d'absorption de ces sectateurs de Mahomet, même peu attentifs, ne procure que de maigres bénéfices à leur commerce. — « Un bataillon de turcos, disent les pionniers de la civilisation, belle affaire! Mais, en un mois, tous les turcos d'un bataillon boivent moins qu'une seule compagnie de la légion, en une semaine! » Tout pénétrés de la vérité de leur prévision, basée sur l'expérience, ils adresseront à qui de droit — et toujours en double, « au sympathique député, défenseur né des intérêts de la colonisation, » une supplique — dont le lyrisme délivrera le commerce local des dangers qui le menaçaient.

On se contenterait de rire, en voyant l'autorité

militaire réduite à se préoccuper d'assurer la fortune des débitants et l'écoulement intensif de l'absinthe, à dissiper les craintes du consistoire, et à garantir la santé des fils d'électeurs, si la sauvegarde de tant d'intérêts pouvait se concilier avec celle des intérêts militaires; mais cette conciliation est impossible, car la formation, l'instruction et l'entraînement des troupes, ainsi que l'emploi qu'on en peut faire, résultent de leur répartition.

Il n'y a pas jusqu'aux manœuvres d'automne qui ne nuisent aussi à la formation des troupes d'Algérie. Quand on réunit, en effet, au prix de marches d'autant plus prolongées qu'elles ne donnent droit à aucune indemnité, des troupes considérables, appelées de fort loin, pour exécuter, en grandes unités, des manœuvres qu'on s'efforce de pratiquer comme celles qui se font en France, on développe l'instruction que les troupes d'Algérie doivent posséder beaucoup moins qu'on ne le faisait au temps où, à tout propos, de petites colonnes sillonnaient le pays. Cela était moins théâtral, moins propre à satisfaire l'État-major et les officiers brevetés qui viennent accomplir leur temps de troupes en Algérie, et dont les vastes pensées, toutes à la grande guerre, ne s'abaissent pas à étudier les choses du pays; mais cela formait vraiment la troupe et les officiers, et cela les préparait à bien remplir le rôle qui leur incombe; très différent, sur beaucoup de points, de celui qu'on leur fait étudier, aujourd'hui, au cours des manœuvres d'automne, avec une exagération dont les conséquences fâcheuses se sont manifestées fréquemment.

Je n'ai pas le désir de critiquer les opérations qui se déroulent devant Casablanca, car je ne sais pas exactement dans quelles conditions toutes ont été menées. Mais ce que je crois pouvoir dire, c'est que l'exécution, telle qu'elle nous a été décrite, ainsi que la répétition des mêmes actions, dont l'emploi doit être évité dans la guerre d'Afrique; la façon même de se garder, dont une lettre du brave commandant Provot fait connaître les fatigues excessives, dénotent une grande diminution du savoir particulier de la conduite de la guerre contre les Arabes ou les Kabyles. Même à distance, un homme du métier, qui fut du pays, peut dire qu'on s'y prenait tout autrement jadis.

La concentration des régiments, aussi bien que l'exécution de grandes manœuvres, peuvent, aussi, être attribuées, en partie, à d'autres causes. L'action des colonels n'y est pas étrangère, car l'on comprend qu'ils sollicitent sans relâche le commandement de leur mettre « leur monde dans la main ».

La constitution en régiments des zouaves et des turcos, autrefois formés en bataillons, fut ordonnée par l'Empereur pour les faire participer aux grandes guerres. Ce ne fut pas un progrès, car on violait ainsi un principe fondamental de toute organisation. Puisque les troupes doivent, pour assurer le service dont elles sont chargées en Algérie, d'une façon permanente, être réparties en bataillons, plus ou moins éloignés les uns des autres; puisque les colonnes que l'on constitue, pour une expédition, sont, par conséquent, formées de bataillons de régiments différents; que d'autres nécessités, telles que celle de ne pas dégarnir tout à fait une région, forcent toujours à agir ainsi, comme le prouve la composition du corps de Casablanca, a-t-il été bon d'abandonner, pour des éventualités éloignées et tout à fait accidentelles, la formation logique par bataillon, qui se prêtait du reste aussi bien à la grande guerre qu'elle se prête à la guerre d'Afrique?

Que sont les colonels, qui ne peuvent commander que de loin, si ce n'est des majors à compétence étendue, qui exercent leur activité dans le domaine de la paperasserie et dans le maquis de l'administration, flanqués de leurs officiers comptables, dont, peu à peu, ils arrivent à préférer les services à ceux que rendent, loin d'eux, les officiers qui, dans le Sud, risquent leur peau?

Et puis, ne sont-ils pas, surtout maintenant que l'avancement est si lent, trop vieux pour conduire des troupes en Afrique? J'ai servi, il y a bien longtemps, sous les ordres d'un colonel, parfaitement à hauteur de ses devoirs et doué d'une admirable santé, qui lui permit de mourir le doyen des brigadiers. Ce fut, cependant, l'un des plus mauvais colonels que les troupes d'Algérie aient connus, parce qu'ayant près de soixante ans, il souffrait du climat, de la variation terrible de la température qui atteignait parfois 30 degrés en une heure, des privations de toutes sortes qu'il supportait difficilement. Non! quand il a près de soixante ans, un colonel n'a plus, dans ce pays, tout ce qu'il faut pouvoir montrer à la troupe qui observe son chef et le juge.

Il me paraîtrait donc fort bon de revenir à l'organisation d'autrefois; à l'organisation que les vieux Africains avaient adoptée; à l'organisation qui avait, du reste, déterminé à constituer en bataillons les chasseurs à pied, que quelques démolisseurs ont, du reste, proposé, jadis, de former en régiments.

De tout ce qui précède, il résulte, ce me semble, une conclusion que les faits actuels mettent bien en évidence : l'organisation des troupes d'Algérie est mauvaise.

On a appliqué aux troupes françaises de la colonie, à toutes celles autres que les turcos, la légion et les spahis, une loi qui n'aurait pas dû les régir, parce que, devant toujours être prêtes à marcher, sans attendre les renforts que donne la mobilisation, ainsi que le font les troupes de France, elles ne peuvent être composées de recrues et de soldats d'un an de service, que leur âge suffit à rendre incapables de supporter, sans subir des pertes très considérables, ce qui constitue les épreuves d'une campagne d'Afrique; de recrues ou de soldats incapables de passer des rivières à gué, sans prendre une fluxion de poitrine; incapables de boire l'eau croupie et pestilentielle des puits d'où l'on retire des cadavres d'animaux, sans contracter la fièvre typhoïde; incapables de coucher sur un sol glacé, sans être atteints de dysenterie; incapables même d'affronter certains dangers dont se jouent les vieilles troupes, parce que la facilité de leur émoi, leur nervosité, les exposent à subir des attaques dont la répétition les force à prendre des précautions qui ne tardent pas à les épuiser.

La seule attaque de nuit que la colonne où je servais en 1871 eut à supporter fut causée par la retraite précipitée d'une grand'garde de chasseurs à pied. Ces bons petits soldats venaient cependant de la Loire, et ils se battaient depuis un mois contre les Kabyles, avec un entrain qui n'excluait pas, du reste, une maladresse constante qui leur causait des pertes qu'un peu plus d'expérience leur aurait évitées. Tandis que, tiraillant sans rien voir, ces petits chasseurs retraitaient vivement, malgré les objurgations véhémentes de leurs officiers; que les balles arrivaient épaisses sur le camp; sans cri, sans tirer un seul coup de fusil, la grand'garde voisine, composée d'une compagnie de vieux zouaves du 2e régiment, en peu d'instants, remit tout en ordre. « Debout! les enfants! » cria le capitaine Wattringue d'une voix de stentor. « Debout! Baïonnette au canon; et montrez-leur que vous êtes des zouaves. » Quelques hans! Quelques jurons! Quelques soupirs! Ce fut tout. Les vieux soldats d'Afrique avaient réparé les fautes que le manque de sang-froid avait fait commettre à de jeunes soldats.

De même, on peut, à la rigueur, lancer, en Europe, de jeunes cavaliers contre des cavaliers qui ne sont pas beaucoup plus anciens; car l'on peut espérer qu'une meilleure façon de les engager compensera leur infériorité. Mais pense-t-on qu'on puisse lancer des cavaliers de quelques mois, à peine maîtres de leurs chevaux surchargés, inhabiles à manier leurs armes, sans expérience, entourés de cadres sans plus d'expérience, contre les cavaliers arabes, robustes, adroits, forts, insaisissables, montés sur des chevaux agiles, non chargés?

Oui, il faut avoir le courage de voir clair dans une question qu'on se plaît à rendre confuse; il faut n'attacher aux effectifs considérables que les situations donnent aux troupes d'Algérie, que la valeur qu'ils ont, qui est très différente de celle qu'ils devraient avoir; il faut poser, enfin, la définition des troupes d'Algérie et voir le rôle qu'on leur doit attribuer.

Si l'on reconnaît qu'elles ont, avant tout, celui de maintenir notre autorité en Algérie et aussi celui de constituer des corps chargés de réprimer vigoureusement, et sans jamais tarder, la tentative de ceux qui la voudraient détruire, — ennemis du dehors aussi bien qu'ennemis du dedans, — il faut, pour qu'elles puissent remplir ce rôle, les constituer de soldats aptes à supporter la guerre d'Afrique, commandés par des officiers la connaissant; en un mot, adapter l'organe à la fonction à laquelle on le destine particulièrement, et ne pas craindre de le voir incapable pour cela de remplir le rôle qui lui incomberait dans une grande guerre. L'exemple des vaillants Africains de l'Alma, de Malakoff, de Magenta et de Reichshoffen doit rassurer à cet égard.

Et il le faut, parce que c'est folie de croire que nous n'aurons jamais plus d'insurrection à réprimer; et folie plus grande de croire aussi que, malgré les déclamations des hervéistes, nous n'aurons, non plus, jamais de guerre à soutenir. Or, ce jour-là, il est sage de n'en pas douter, le pays ne tardera pas à se soulever. Le souvenir de ce qui s'est passé en 1871 suffirait à le prouver, si l'attitude du kaiser dans la question marocaine et l'intérêt que les Allemands, et même les officiers allemands, prennent à voyager en Algérie, ne nous avisaient pas du danger qui nous menacerait en cas de conflit. Il est vrai que, lorsqu'on parle de cette éventualité au chef du Gouvernement, il se met à rire, personne n'étant plus gai ni plus philosophe, comme on sait, que M. Clemenceau.

Il faut ajouter, du reste, qu'il ne songe pas à s'inquiéter de l'attitude que les Arabes, même ceux d'Alger, affectent de prendre depuis qu'ils nous voient tergiverser au Maroc; pas davantage de ce qui se dit dans les cafés maures, et moins encore de ce qui se dit dans les tribus.

Lors d'une guerre générale, enfin, il ne faut pas l'oublier, la composition même des contingents, qui comptent une moitié d'étrangers, puisque la classe de 1905, par exemple, avait 3,600 Français contre 3,200 étrangers ou Juifs naturalisés, sera un sujet d'inquiétudes; car, ce serait faire preuve d'un singulier optimisme que de compter, dans des circonstances difficiles, sur le dévouement absolu de tous ces pseudo-Français.

Quand il en est temps encore, sans tarder davantage, songeons aux leçons du passé; écoutons celles du présent; assurons l'avenir; mettons-nous à l'œuvre. Constituons l'armée d'Algérie.

Cela coûtera quelque argent, quoiqu'on puisse, en réglant mieux le service et en procédant à certaines suppressions, réduire les dépenses actuelles. Mais la France autrefois était assez riche pour payer sa gloire; serait-elle appauvrie au point de ne pas pouvoir payer ce que lui imposent le souci de son honneur, le maintien de son prestige et de son autorité, et celui, enfin, de la sécurité complète du pays, qui est indispensable pour le développement de son action civilisatrice?

XX

D'ALGER A SÉTIF. — L'EST-ALGÉRIEN. — MOKRANI. LE MARÉCHAL BOSQUET

Octobre 1907.

Lorsque je me suis rendu, au mois de mars, d'Alger à Constantine, la voie était en fort mauvais état. Sous l'action de pluies et de neiges absolument exceptionnelles, sur de nombreux points, notamment dans la traversée des gorges de Palestro, dans la vallée de l'Isser, aux pieds des contreforts occidentaux de la Kabylie, la voie qui, depuis Ménerville jusqu'à Bouira, tourne, serpente et gravit la pente, à flanc de coteau et quelquefois à pic, avait été rompue par des glissements de terrain. Au delà de Bouira, une pile du grand pont jeté sur l'Oued Douss avait été enlevée.

Mais l'admiration qu'on éprouvait à voir l'activité, le zèle et l'énergie que dépensait tout le personnel de la Compagnie pour assurer le service, et la petite émotion dont on ne pouvait pas se défendre quand le train, comme suspendu au-dessus d'un abîme, franchissait, lentement, sous l'œil un peu anxieux des agents, un passage de fortune, ne permettaient pas de se plaindre du retard. Un vieil Algérien qui, par deux fois, mit quarante-huit heures à faire, en diligence, le voyage de Constantine à Alger, pouvait-il, du reste, songer à se plaindre de la longueur d'un voyage de treize heures?

Ces glissements de terrain sont, dans certaines régions de l'Algérie, de vrais fléaux. Il arrive, souvent, en effet, que les pluies, pour peu qu'elles soient fortes et prolongées, — et ce pays, sec d'habitude, est aussi celui des pluies sans fin, — transforme la terre en une boue liquide, qui dévale, suivant la pente, entraînant tout ce qui la couvre, arbres ou habitations, et renversant ou submergeant tout ce qui s'oppose à sa marche.

Rien de ce que la science de l'ingénieur emploie avec succès, dans d'autres pays, pour conjurer ces coulées dévastatrices, ne réussit ici, où tous les travaux de consolidation, jusqu'à des assises de béton armé, faites de quatre à cinq mètres de ciment et de rails, ont glissé, entraînant la voie.

En face de semblables dangers qu'il paraît presque impossible de conjurer, dont les conséquences rendent l'exploitation de la ligne coûteuse, difficile et souvent précaire, on est en droit de douter, comme on l'a fait souvent, de la convenance du tracé qui a été adopté dans cette partie du parcours. Peut-être eût-il mieux valu percer un tunnel, qui aurait permis d'éviter de cheminer sur le flanc de ces montagnes mouvantes? Mais le tunnel, qui avait été étudié et qu'on a discuté, aurait été très long; et il aurait coûté beaucoup plus d'argent qu'on ne songeait à en consacrer à l'exécution d'une ligne dont l'importance future n'apparaissait alors à personne.

Au surplus, il appartient, désormais, au Gouvernement de l'Algérie de réparer les fautes commises. N'a-t-il pas promis, pour obtenir du Parlement l'autorisation de traiter avec les Compagnies de chemins de fer algériens, de faire des merveilles? Or, le Gouvernement de la colonie va acheter le réseau de l'Est-Algérien et en confier l'exploitation aux ingénieurs de l'État. Il ne reste plus qu'à voir ces messieurs réaliser les prodiges que le

Gouvernement s'est engagé à accomplir, et sur lesquels bon nombre d'Algériens ont fondé des espérances qu'excuse leur enthousiasme facile à éclater, comme aussi à tomber à plat.

J'ai déjà fait allusion à ce rachat; je veux cependant parler encore de cette opération, à laquelle on n'a fait en France aucune attention, comme si cela ne créait pas un précédent fâcheux, dans des éventualités dont le socialisme d'État nous menace.

S'il est interdit de remonter aux origines, c'est bien à celles des Compagnies algériennes, dont les créateurs ont su obtenir, jadis, les concessions; couvrant, dès les débuts, tout le territoire de la colonie d'un réseau compliqué où les lignes des diverses Compagnies s'enchevêtrent de la façon la plus singulière.

Les inconvénients qui résultèrent de ce désordre, et aussi de la différence des tarifs, résultats de conventions dissemblables, apparurent promptement et soulevèrent des plaintes qui prirent de l'acuité quand le trafic s'accrut. L'opinion s'émut de ces plaintes; elle ne tarda pas à les exagérer; bientôt, elle résuma toutes les réformes qui devaient y mettre fin, dans un programme dont elle s'engagea à poursuivre la réalisation.

Aux termes de ce programme, l'Algérie, pourvue désormais de son autonomie, devait être substituée à l'État français vis-à-vis des Compagnies. Quand cela serait obtenu; quand les Compagnies, abandonnées par l'État avec lequel elles avaient traité, seraient forcées de traiter avec l'Algérie, qu'aucun engagement ne liait ni ne gênait, tout serait promptement modifié!

Quand donc l'État eut, il y a quelques années, cédé ses droits à l'Algérie, on s'efforça d'amener les Compagnies à consentir à l'adoption d'un cahier des charges unique; mais ce fut peine perdue, car des projets qui leur furent présentés, à diverses reprises, on avait toujours écarté, avec soin, tout ce qui était avantageux à chacune d'elles et conservé, ou introduit, tout ce qui pouvait leur être désavantageux. L'amour de l'uniformité ne détermina pas les Compagnies à perdre le sentiment de la responsabilité qu'elles ont à l'égard de leurs actionnaires.

On se rabattit, alors, sur l'unification des tarifs; réforme que le Gouverneur prit à tâche de faire aboutir; réforme plus équitable en apparence qu'en réalité, parce que les Compagnies, de par leurs conventions mêmes, se trouvent dans des situations très différentes. A la suite de longues négociations, cependant, toutes les Compagnies, sauf celle de l'Est-Algérien, acceptèrent les tarifs qui leur furent proposés. Le refus de l'Est indigna l'opinion et décida la perte de la Compagnie.

Ce refus, pourtant, était aussi naturel de sa part que l'acceptation des autres Compagnies avait pu l'être de la leur. En effet, le réseau de l'État, qui exploite, au compte de l'État, une ligne surtout stratégique, est indifférent aux chiffres de ses recettes. Le réseau P.-L.-M., qui exploite la ligne Alger-Oran, l'est également, étant régi par le système des comptes réels; quand il y a insuffisance de recettes, on la comble et les dépenses ne sont pas modifiées. Celui de l'Ouest-Algérien ne devait perdre, à cause du peu de développement de ses voies, que peu d'argent; mais son rail atteint Marnia; vraisemblablement on le poussera plus loin; fallait-il, pour une perte de quelques milliers de francs, renoncer aux perspectives que le trafic franco-marocain lui assurera, si on ne se brouille pas avec le Gouvernement?

Quant au Bône-Guelma, qui perdra beaucoup plus, il a envisagé que ses lignes algériennes ne sont qu'une petite fraction de son réseau, ses lignes tunisiennes étant beaucoup plus importantes que les algériennes; que les idées socialistes font de rapides progrès dans la Régence, et qu'il ne fallait pas s'exposer à provoquer un mécontentement qui la pourrait déposséder de l'exploitation de ses lignes les plus productives.

L'acceptation aurait eu de bien autres conséquences pour l'Est-Algérien, tant à cause du développement de ses lignes qui atteint 900 kilomètres, qu'à cause du régime qui lui est spécial, aux termes duquel les dépenses d'entretien qu'il peut faire sont basées sur les recettes qu'il effectue. Ainsi, par exemple, si 10,000 tonnes, aux tarifs actuels, donnent 10 millions de recettes, il est autorisé à dépenser 7 millions et demi, et il peut distribuer 2 millions et demi. Si le même mouvement ne procure plus que 8 millions et demi, par suite d'abaissement de tarifs, les dépenses ne peuvent plus être que de 7 millions, et il ne reste qu'un million et demi à distribuer.

La Compagnie n'a pas cru pouvoir renoncer aux avantages d'une convention librement concédée, qu'elle a loyalement respectée; elle n'a pas cru pouvoir manquer à la confiance des gens qui lui ont prêté 50 millions, ni, par un entretien insuffisant de son matériel, diminuer la valeur de leur gage. Et comme on lui reprochait, en outre, de ne pas se prêter à l'amélioration de la voie et du matériel, accusation imméritée et contraire à la vérité, le Gouverneur obtint du Conseil d'État, non sans peine, non sans beaucoup de peine, l'autorisation de racheter la ligne.

Voilà donc le Gouvernement algérien à la tête d'un réseau de 1,800 kilomètres; il est à croire qu'il ne s'arrêtera pas dans une voie si favorable aux appétits divers qui ont suscité et déterminé le succès de cette première campagne; que les 1,300 kilomètres, qu'il n'a jusqu'à ce jour qu'indirectement menacés, s'ajouteront aux autres et donneront à l'opération les proportions grandioses qu'on rêve de lui voir prendre. On peut s'en remettre au zèle de tous ceux qui profiteront de l'opération.

Pour ce qui est du présent, 17 millions sont prélevés sur l'emprunt pour l'amélioration de la voie et du matériel de l'Est-Algérien; et l'on va s'engager dans la série sans fin des procès de tout genre qui régleront le compte du Gouvernement avec la Compagnie. Je ne doute pas que, dans quelques années, les contribuables algériens n'aient, sur cette opération, des sentiments différents que ceux que nombre de gens intéressés à la chose ont su leur communiquer aujourd'hui.

Mais, si la rigueur de l'hiver nuisait à la rapidité du voyage, de quelle grandeur elle revêtait tout le paysage!

En vérité, tandis que le train filait dans la vallée de l'Oued-Sahel, et que j'avais la vue, au delà du fleuve roulant à plein bord, de toute la chaîne massive du Djurjura, entièrement couverte d'une neige épaisse, des sommets jusqu'à la plaine; que je voyais défiler, devant moi, tous ces pics pointus et blancs, scintillant au soleil, jusqu'à celui de Lalla-Khadidja qui les domine tous, et jusqu'au col de Tirourda qu'il nous fallut enlever en 1871, je trouvais que le train allait trop vite, qu'on ne perdait pas assez de temps dans les gares, que tout allait trop bien sur cette ligne calomniée. Mais les chemins de fer ne comportent ni admiration prolongée ni réminiscence du passé.

Le passé! Pouvais-je cependant ne pas m'en laisser pénétrer, tout le long du parcours? Pouvais-je, sans être ému, revoir le fouillis inextricable des Bibans, qu'un Prince a traversé le premier, à la française, au pas de course; ces Portes de fer, chaos fantastique, invraisemblable vraiment, effroi des Romains qui s'en étaient détournés et que traversent aujourd'hui, pacifiquement, après quarante années de travail et de persévérance, une voie ferrée et une belle route que jalonne la file des poteaux du télégraphe? En toute tranquillité, de lourdes charrettes la suivent, dont les conducteurs devisent en arrière, confiants dans le zèle honnête de leurs attelages; et plus loin, un cantonnier, la journée finie, les outils sur l'épaule, regagne paisiblement, d'un pas régulier, la maison qu'on voit là-bas, près de quelques arbres.

Puis c'est Bordj-bou-Arreridj, dont le siège fut le premier épisode de la grande insurrection de 71, quand Mokrani, le Bach-Agha de la Medjana, se mit à la tête de la révolte. Comme son père, il nous avait été constamment fidèle; mais se croyant menacé par les intrigues de quelques-uns de ses parents, chefs d'un çoff ennemi; inquiet de toutes les mesures que, chaque jour, un Gouvernement d'occasion prenait au mépris de toute justice; furieux de l'assimilation des juifs; froissé et humilié, pardessus tout, de voir remplacer à Bordj, dans son pays, par un petit commissaire civil qu'il craignait, l'autorité militaire dont il connaissait la droiture et l'équité, il perdit patience, consulta les siens dans un conseil de famille et envoya sa démission.

Tous ceux dont la conduite, folle ou criminelle, déchaîna, malgré les avertissements qu'on leur avait prodigués, le terrible ouragan qui mit la colonie en péril, conçurent alors une indignation furibonde de la défection de Mokrani. Depuis le vieux juif de Tours, artisan principal de la catastrophe, jusqu'aux instituteurs sans emploi, aux avocats sans cause, aux colons sans terre, aux déclassés et aux fruits secs de toutes provenances qui perturbaient le pays, tandis que les troupes qui le protégeaient d'habitude l'avaient quitté, tous prétendirent voir dans l'acte de Mokrani la condamnation éclatante du régime scandaleux que l'autorité militaire avait si longtemps imposé au pays!

Pour moi, je ne pouvais m'empêcher de songer, en wagon, à un passage de la démission du Bach-Agha dont j'avais gardé le souvenir : « Que dois-je faire? Par la vérité de Dieu! je n'y comprends rien : on insulte vos généraux devant lesquels nous étions tous soumis et respectueux comme des serviteurs; on les remplace par des mercantis, par des juifs, et on pense que nous subirons cela? Jamais, pour ma part, je ne le supporterai, et voilà pourquoi je donne ma démission. » Je songeais à la mort du Bach-Agha, tué d'une balle entre les deux yeux, au combat de l'Oued Soufflat, — que la voie croise avant d'atteindre Bouira, — tandis qu'après avoir fait ses dévotions il inspectait le terrain. En tombant la face à terre, comme il murmurait la profession de foi : « La ila illa Allah... » les siens avaient cru d'abord qu'il faisait une nouvelle prière. Je songeais à la tombe de ce chef puissant, abandonnée dans le cimetière de sa ville capitale; à son frère déporté; à sa famille dispersée et détruite. Je songeais, enfin, aux orages qui troublent la raison des vaincus et à ce qui demeure toujours leur devoir; et malgré tout ce que l'insurrection a laissé de ruines et de deuil, de mon wagon, je pardonnais au coupable.

S'il fut coupable, il le fut, lui qui expia sa faute, sûrement moins que ceux qui, ayant inquiété, troublé et excité les esprits, et mis tout en confusion, jetèrent le pays dans un désordre tel que le plus mince incident suffisait pour faire éclater la révolte. Ceux-là furent les vrais coupables. Quand l'incendie qu'ils avaient allumé menaça de les atteindre, ils ne songèrent qu'à critiquer les actes de leurs sauveteurs; puis, quand ils eurent repris leurs esprits, ils exigèrent que des châtiments excessifs fussent appliqués aux vaincus. Des ruines que la guerre laissa derrière elle, plusieurs s'enrichirent;

d'autres surgirent de l'obscurité où leur médiocrité les avait maintenus, grandirent et s'élevèrent.

Mais la vue de paysages bien connus vint me tirer de ma rêverie. On approchait de Sétif, où je fus deux ans. Oui; c'étaient le mur d'enceinte et le clocher modèle du Génie, et le fin minaret de la mosquée; et, plus haut, la masse sombre des murailles byzantines de Solomon, au delà desquelles se trouve la citadelle, où sont tous les établissements militaires. Rien ne me paraissait changé, quand, en débarquant, je me trouvais au contraire dans un quartier neuf, qui s'étend de la gare à la ville et qui n'existait pas de mon temps, puisqu'on ne faisait alors qu'étudier le tracé de la ligne.

Si Sétif n'était pas reliée à Bougie par la route admirable du fameux Chabet-El-Akra et du merveilleux Oued Agrioun qui, à elle seule, vaut le voyage de l'Algérie, les touristes ne s'y arrêteraient pas; et l'on ne saurait guère les en blâmer, car rien n'est fait pour les intéresser. La ville bâtie sur le plan géométrique, le seul que les peuples civilisés semblent pouvoir concevoir, n'a rien de pittoresque.

Ce fut pourtant la capitale de la Mauritanie Sitifienne, terre à blé, qui nourrit, pendant des siècles, une population très considérable, si l'on en juge par les ruines qui couvrent encore la région. Ce fut aussi la capitale de la province occidentale de l'empire éphémère des Byzantins. Puis tout disparut dans le pays, couché à terre, rasé, ruiné par la série des invasions arabes. Quand, plus tard, un calme relatif s'y rétablit, que peu à peu les tribus s'installèrent sur les terres de leur choix, le pays fertile des Abd-En-Nour redevint l'un des plus peuplés et l'un des plus riches de la région, et, lors de la domination turque, le bey de Constantine en tira de bons revenus. Mais, jamais plus, il ne fut question de relever les ruines de l'ancienne capitale, jusqu'au jour où nous nous y installâmes, d'abord bien modestement, en 1842.

Le pays relevait du bey de Constantine; lors donc que nous eûmes détruit la puissance du bey, nous allâmes à Sétif seulement pour empêcher Abd-el Kader de substituer son autorité à l'autorité turque; pour l'empêcher, tout au moins, d'installer dans le pays des chefs à sa dévotion. Plus tard, notre domination s'étendant, Sétif acquit une grande importance; de Sétif, en effet, on surveillait, à bonne portée : à l'ouest, la Kabylie du Djurjura; au nord, celle des Babors, et, au sud, le Hodna et la région de Bouçada. On assurait les communications de Constantine avec la vallée du Sahel, qui conduit à Alger; avec la mer, à Bougie; avec les oasis du sud. Enfin, on protégeait le développement de la colonisation dans un pays d'une fertilité légendaire.

C'est aujourd'hui l'une des villes les plus importantes de l'Algérie; l'une des plus commerçantes; l'une des plus riches; l'une des plus vivantes; dont les habitants laborieux, intelligents et hardis, au courant de tous les progrès, entendent aussi bien l'agriculture, l'élevage et le jardinage que les opérations du grand commerce. Le pays produit la quantité énorme de 2 millions et demi de quintaux de céréales et possède 900,000 têtes de bétail. Dès maintenant, la recette de la gare atteint 900,000 francs et l'exploitation de mines voisines l'augmentera, sous peu, considérablement.

De même qu'Oran évoque le souvenir de Pélissier et Tlemcen celui de Cavaignac, Sétif évoque celui de Bosquet. Ce fut lui, en effet, qui acheva de pacifier le pays, et lui qui, le premier, s'occupa d'y développer la colonisation.

Je suis allé faire un pèlerinage à la petite maison dont ce rude soldat se contentait. C'est là qu'il eut une crise de colère, dont le sujet surprendrait actuellement. Un jour, tandis qu'il déjeunait, un ingénieur, un camarade de promotion de l'École, descendit de cheval devant sa porte, et, tout joyeux, entra dans la salle à manger. — « Mon général, tu vas être content! Je viens installer le télégraphe! — Le télégraphe? quel télégraphe? Crois-tu que le télégraphe aérien, qui marche quelquefois, ne me suffit pas? — Mon général, tu veux plaisanter. C'est le télégraphe électrique que je vais installer. Il va toujours, celui-là. Tu seras, désormais, en communication constante avec la division... — Avec la division? Tu es fou! Tu veux ma mort! La division! Penses-tu donc qu'elle ne m'ennuie pas déjà assez? Va-t'en! Va-t'en! Je ne veux pas de ta communication constante. Tu ne l'établiras pas! Je tiens à ma tête. Je ne veux pas devenir fou, entends-tu? Allons, mets-toi à table. »

Il fallut bien se soumettre. Mais, tout de même, à cette époque, l'autorité n'aurait pas songé à tenir un général au bout de son fil; et un général, devant l'ennemi, ne se serait pas avisé, non plus, de se tenir à l'autre bout. Les progrès de la science n'amènent pas toujours le progrès.

Bosquet? On en parlerait deux heures durant. Je me bornerai à laver sa mémoire d'une calomnie que j'ai le devoir de démentir. Il est dit, dans les mémoires du général Fleury, que si Bosquet manifesta quelque opposition à l'établissement de l'Empire, ce fut à cause du dépit qu'il ressentit à voir le général de Saint-Arnaud appelé par le commandant Fleury à venir procéder au coup d'État, tandis qu'il avait ambitionné ce rôle.

Rien n'est plus inexact que cette allégation que suffiraient à contredire, et le caractère si connu de Bosquet, demeuré très libéral, demi-républicain, et ses lettres, si sincères et si vraies, à sa mère et au général Rivet, son grand ami.

La vérité est tout autre. La voici. Au cours d'une expédition que le général de Saint-Arnaud conduisit, sans grand succès, dans les Babors, en 1851, on fut fort étonné de voir arriver le commandant Fleury, officier de confiance du Prince-Président. On le considéra d'abord comme un surveillant; et, quoiqu'on le sût bon garçon, on le tint un peu à l'écart.

Un jour, cependant, il vint à la tente du général Bosquet, et, ayant amené la conversation sur la situation tendue des partis politiques en France, il développa la thèse de la nécessité d'un coup d'État, et offrit au général, de la part du Prince, de prendre la direction de l'entreprise.

Certes, disait-il, le Président savait qu'il était séparé sur certains points du général Bosquet; mais il connaissait l'ardeur de son patriotisme; il était persuadé qu'on pouvait y faire appel; il comptait sur son dévouement pour l'aider à sauver le pays. Et qui plus que lui était capable de le faire, puisque Lamoricière, Changarnier, Cavaignac, Bedeau avaient sombré dans la politique?

Violent d'habitude, Bosquet savait cependant se contenir. Ce jour-là, il se contint parfaitement et laissa à son tentateur la liberté de tout dire. Mais, quand l'exposé fut fini, il se leva, l'accabla de l'expression fort vive de son indignation et de son mépris, le congédia de la voix et du geste, et, tout ému, alla conter les propositions, dont il rougissait d'avoir été l'objet, au capitaine Lallemand, son aide de camp, et au lieutenant de Dampierre, son officier d'ordonnance. C'est du premier, dont la parole n'a jamais été mise en doute par personne, que je tiens le récit de la tentative avortée de l'Élysée; et je considère comme un devoir de le faire connaître, car la mémoire de ce soldat glorieux, qui fut toujours intègre et resta pauvre, n'est pas de celles qu'on puisse laisser calomnier.

L'envoyé de l'Élysée dut se rabattre sur le général de Saint-Arnaud. Il n'avait ni la valeur, ni la décision, ni la vigueur, ni l'autorité, ni le prestige surtout, que possédait son lieutenant; mais il avait aussi moins de scrupules. Il accepta sans hésitation, suivit Fleury avec quelques autres officiers supérieurs également embauchés, et fit le coup.

Le souvenir de sa belle mort permet de lui pardonner. Je ne parle pas des souvenirs de l'Alma; car, l'Alma, ce n'est pas Saint-Arnaud; c'est Bosquet!

XXII

CONSTANTINE

Octobre 1907.

Le nombre des voyageurs qu'on croise à Constantine est grand. Les uns ne font que traverser la ville, au cours de leur excursion à Biskra ou à Tunis; les autres la visitent sous la conduite de guides, de tout âge et de tout pays, qui happent les nouveaux venus à la sortie de l'hôtel. Ce n'est pas sans peine qu'on parvient à se débarrasser de ces cicérones, dont l'obstination n'a d'égale que l'obséquiosité.

Que de choses à voir, en effet, dans cette ville étrange, peut-être unique! Que de pensées, que d'enseignements, que de réflexions sa vue évoque!

Et, tout d'abord, ce chef-lieu de préfecture, grosse place de commerce, présente un caractère qui lui est particulier. C'est, à la fois, une ville arabe et une ville française. La population, qui atteint 54,000 habitants, compte, en effet, 28,000 Arabes et 8,000 juifs naturalisés, contre 14,000 Français d'origine seulement, et fort peu d'étrangers. Dans les quartiers modernes, on a la sensation qu'on éprouve dans une ville forte de France que les murailles compriment. L'activité, le mouvement, le bruit dès la première heure animent ces rues étroites et un peu sombres; tandis que les boutiquiers ouvrent en jasant leurs magasins ou balayent la chaussée, que les marchands de journaux réveillent de leurs cris les plus endormis, et que, sautillant de porte en porte, les facteurs déposent, à la hâte, dans les boîtes de chaque maison, les lettres, dont ils annoncent la venue d'un coup de sonnette.

Mais, si l'on s'écarte de ces rues et qu'on s'engage dans les ruelles des vieux quartiers; qu'on s'arrête devant les petits marchands indigènes, ou qu'on aille dans les marchés qui se tiennent en dehors des murs; qu'on écoute, qu'on observe ou qu'on s'entretienne avec un habitant, on se rend compte que toute cette population qui vit près de nous, au milieu de nous plutôt, qui participe fréquemment à nos travaux; qui les voit, en tout cas, les apprécie et les juge; qui n'ignore rien de ce qui nous occupe, continue à vivre, cependant, de sa vie propre, et reste comme étrangère, avec une pointe de fierté, à tout ce qui l'entoure sans la pénétrer, sans même, en apparence, jamais l'émouvoir.

Il semble même que ces habitants, que la nature sépare du monde extérieur, soient plus arabes que ceux des autres villes. Les hommes y semblent plus réservés; les femmes, tout de noir habillées, glissent dans les rues, si complètement voilées qu'on aperçoit à peine la prunelle d'un de leurs yeux.

Un matin je vis un grand enterrement. Le fils d'un habitant très considérable de la ville venait de mourir, jeune et plein de santé, enlevé par la fièvre typhoïde. C'était un très grand service; toute la population et nombre d'autorités y assistaient, demeurant, toutefois, pour la plupart, comme il convient aux fervents de l'Acacia, à la porte de l'église. Quand le cortège se mit en route, derrière une succession de porteurs de couronnes et deux ou trois draps mortuaires, tenus très dignement, suivaient quelques rangs qui marchaient en silence. C'était la famille. Plus loin, toute une foule en désordre, qui causait et gesticulait; les derniers fumaient.

Dans la soirée, tandis que j'étais sur la place de la Brèche, j'entendis un grand bruit et vis venir un grand concours d'Arabes. C'était encore un enterrement. Tout d'abord, au lieu de l'affreux corbillard empanaché de vieilles plumes sales et couvert de ferblanterie rouillée, c'était la bière enveloppée de grandes étoffes de soie brochée d'or que portaient, en courant à petits pas, une quinzaine d'Arabes. Ils se relayaieut à tout instant, car tous les assistants doivent, pendant quelques pas au moins, porter le mort en terre; aussi, à tout moment, voyait-on l'un d'eux quitter le cortège et venir en courant remplir son devoir. La foule qui suivait, compacte, en bon ordre, pleine de respect, chantait, sans discontinuer, les versets du Coran. Indifférente à tout ce qui l'entourait, aux omnibus, aux charrettes, aux autos ou aux passants, recueillie, pleine de foi, elle s'en allait, chantant du premier rang jusqu'au dernier.

Ainsi, serrées l'une contre l'autre, dans la même enceinte, deux races vivent sans se confondre, sans se rapprocher même; et, souvent, parce qu'elle renie sa foi, la race du vainqueur n'est pas celle qui commande le plus de respect.

La pioche des démolisseurs a accompli son œuvre à Constantine comme partout ailleurs en Algérie. De même qu'elle a éventré, ou détruit, les quartiers arabes et rasé les palais d'Alger, en pure perte, puisque la ville européenne se développe vers Mustapha, comme il était facile de le concevoir; de même, après avoir bouleversé une bonne partie de Constantine, on s'est aperçu qu'il était impossible d'y établir une ville moderne, quelque peu active et commerçante, et l'on s'est décidé à élever un quartier neuf autour de la vieille ville à demi démolie.

Cependant, pour n'en pas perdre l'habitude, et sous les bons prétextes que savent invoquer les municipalités toujours favorables aux appétits des entrepreneurs et des spéculateurs, on abat, on rase, on comble toujours. Les démolisseurs d'Alger ont réussi à faire fuir une partie de la population maure de la ville, qui a gagné l'Orient; ceux de Constantine, pour peu qu'ils continuent, feront fuir une partie de la population indigène, et la ville n'y gagnera rien.

Il n'est pas rare, du reste, que ce beau travail n'aille à l'encontre du but qu'il prétend atteindre. Ainsi, on avait, à grands frais, nivelé le terrain, devant la muraille abattue, sur le seul point où la ville, entourée de ravins, est reliée à la terre. On y avait fait une belle place, la place de la Brèche, qui devint aussitôt le point le plus animé de la ville. De là, la vue s'étendait sur la haute vallée du Rummel, sur le coteau du Coudiat-Ati, où furent établies nos batteries de brèche et où maintenant s'élève un quartier neuf, plus près, sur les jolis squares de l'esplanade Valée. Mais ce n'était pas une place; car une place, une vraie place, doit être entourée de toutes parts de bâtisses; et plus ces bâtisses sont hautes, plus la place est belle. On se mit donc à l'œuvre; et, pour embellir la place, on construisit d'abord sur l'un des côtés une banque au fronton colossal et un théâtre dont les proportions expliquent la déconfiture constante des gens assez téméraires pour en assumer la direction. On avait ainsi enlevé la vue du Rummel. C'était quelque chose; mais il fallait faire davantage et achever l'embellissement. Pour cela, on éleva — c'est le mot — sur une autre face un hôtel des Postes, énorme caserne aux étages superposés. Le service n'y sera pas facile, si les ascenseurs viennent à manquer; mais la vue est maintenant plus complètement obstruée; et, certes, on se félicitera de ce résultat lors de l'inauguration prochaine de cet affreux édifice.

La ville est bâtie sur un rocher; elle s'élève, en pente, du sud au nord, entourée à l'est et au sud par le ravin à pic, effrayant, au fond duquel le Rummel roule, en cascades successives et bruyantes, ses flots tumultueux; elle est longée, à l'ouest, par un ravin abrupt; au sud, elle est reliée à la terre par un isthme véritable. Elle l'est aussi par le pont moderne d'El Kantara, jeté en travers du Rummel, au-dessus des ruines d'un pont romain. Elle mesure à peine un kilomètre, du sud au nord, et beaucoup moins de l'est à l'ouest.

Tout le monde sait ce que fut Cirta dans l'antiquité; tout le monde sait qu'elle fut réédifiée par les soins de Constantin; que, capitale d'une province byzantine, elle subit ensuite la domination des dynasties musulmanes, qui se succédèrent dans le pays, jusqu'au jour où elle se soumit à l'autorité des Turcs d'Alger, qui peu à peu s'affaiblit et se relâcha, tandis que la force de l'Odjak diminuait. Quand nous eûmes chassé le dey d'Alger, le bey de Constantine, qui était allé loyalement défendre son suzerain, battu par les Français, à Staouéli, regagna ses terres, en toute hâte, sans trop de chagrin du reste, car du coup il était indépendant. Il le demeura jusqu'en 1837 que nous prîmes la ville.

Sur cet espace resserré où tant de races se sont comme superposées, dont l'histoire n'est qu'une longue suite de luttes, de combats et de sièges, et durant la domination des beys, de drames sanglants, faute de place, on n'a construit que quelques petites mosquées, un palais et entretenu une citadelle qui, dès l'origine, fut le réduit de la ville.

C'est le dernier bey, Hadj-Hamed, qui, chassé de Constantine, tint encore la campagne onze ans contre nous, et dont la dépouille repose, à l'ombre de noirs cyprès, dans la jolie mosquée de Sidi-Abd-El-Rahman d'Alger, qui construisit la vaste demeure où la Division est aujourd'hui installée. Elle n'a rien d'un palais. C'est une réunion de maisons contiguës, de cours gracieuses, entourées de jolies galeries. Sur les murs, des artistes italiens ont peint à la façon turque, sans perspective, une série de fresques qui représentent, dit-on, les différents ports de la Méditerranée.

Les officiers du Génie ont, sur bien des points, modifié l'ordonnance et dénaturé le caractère de l'édifice. Mais il faut le leur pardonner. Car s'ils ont été souvent forcés de le faire, pour satisfaire aux exigences de la représentation officielle, ils y ont été contraints, surtout, par les exigences, souvent étonnantes, des occupants. Qui dira jusqu'où peuvent conduire la satisfaction enfantine de vieilles habitudes et la manie du « confort moderne » ?

Les vastes bâtiments militaires de la Casba, casernes, hôpital, etc., sont construits sur l'emplacement où fut, de tout temps, la citadelle. Depuis plus de deux mille ans, des soldats vivent là ; protégeant, loin des leurs, les habitants de la ville ; s'exerçant, l'été sous un soleil de feu, l'hiver sous la bise glacée qui vient des cimes neigeuses du Chettaba. C'est de là que les soldats romains, venus peut-être des bords du Rhin ou de la Dacie, partaient pour la Tripolitaine, pour les confins du désert, ou pour la Tingitane. C'est de là que les soldats grecs, venus de Bulgarie ou de Perse, partaient pour guerroyer dans le pays et maintenir l'autorité de Byzance, jusqu'au jour où ils ne revinrent pas.

C'est à ce passé que je songeais, près du monument élevé à la mémoire des officiers et des soldats français tués pendant les sièges, et aussi à mon frère qui commença là une carrière brisée glorieusement à Malakoff, tandis que le 3e zouaves, musique en tête, rentrait dans la caserne. Lui aussi, le brave régiment, à l'imitation de ses devanciers, c'est de là qu'il est parti maintes fois : pour l'Alma, d'abord; pour Palestro, ensuite; puis pour le Mexique; pour Frœschwiller, enfin, où il disparut presque en entier. Et il vit toujours et poursuit sa carrière! Quel soldat ne se sentirait pas ému sur cette esplanade séculaire!

Non loin, un peu plus bas, et toujours le long du ravin qui sépare de la chaîne du Chettaba, se trouve la préfecture, banale et quelconque, comme il convient; puis la mairie, que M. Loubet a inaugurée entre deux sourires. A l'intérieur, ce n'est qu'ornements, sculptures, moulures et dorures, dont l'excès est augmenté par une profusion de marbres polychromes. Tant de richesses, tant de couleurs éclatantes fatiguent, au point qu'on reste insensible à la beauté des marbres d'Aïn-Smara, qu'on admirerait, si on ne les avait pas prodigués à ce point. Les murs des salles principales sont revêtus de peintures. Les unes, fort honorables, représentent des vues du pays; les autres, des scènes de la vie des citoyens. Celles-là sont bien contemporaines; elles ont dû remplir d'aise les personnages officiels qui, les premiers, les ont contemplées. Elles conviendraient à la décoration d'un hôtel gai, d'une salle de jeu ou d'une maison de plaisir. De quel incarnat doivent se couvrir les joues de la pudique mariée, si, tandis que M. le maire lui débite les articles du Code civil, ses regards viennent à se porter sur la scène anacréontique qui préside, au-dessus de sa tête, à la cérémonie nuptiale!

Dans une petite pièce qu'on décore du nom de musée et qui fait suite à une autre petite pièce, décorée du nom de bibliothèque, on voit des collections de médailles anciennes et d'objets curieux. Mais, en vérité, il faut qu'on ait été fort à court d'argent à Constantine, ou très distrait par d'autres soins, pour faire si peu en l'honneur du passé et si peu pour l'instruction des générations présentes.

Quand on a quitté la mairie et traversé la place de la Brèche, on arrive à l'esplanade Valée; on y a planté deux jolis squares. Dans l'un d'eux, se trouve la statue du maréchal Valée, qui eut l'honneur de prendre la ville, après que le général Damrémont, commandant en chef, fut tué. *Sic vos non vobis.*

Au delà, c'est la halle aux grains. Autrefois, avant que le réseau ferré ne fût développé comme il l'est, les transactions y étaient très importantes. Elles tendent à diminuer maintenant qu'on peut, de l'intérieur, atteindre directement la mer, à Philippeville, à Bône surtout.

En réalité, le commerce de Constantine est menacé par celui de Bône, dont l'importance croît chaque jour. Mais la vieille ville gardera toujours l'intérêt que lui assurent sa position étrange et son passé, et les grands souvenirs qu'il évoque.

XXIII

LES DEUX SIÈGES DE CONSTANTINE

Octobre 1907.

Les deux sièges de Constantine sont au nombre des faits les plus considérables de l'histoire de la conquête. Le premier, celui de 1836, est assurément la page la plus tragique de cette histoire; le second, celui de 1837, qui se termina par la prise de la ville, en serait la plus glorieuse, si l'on pouvait classer, entre eux, les faits glorieux qui se sont succédé au cours de la guerre d'Afrique.

Chaque fois que je suis passé à Constantine, le souvenir de ce qui m'avait été conté, et celui de ce que j'avais lu sur ces épisodes, ne m'a pas quitté, et, toujours, je me suis fait un devoir d'aller étudier, sur le terrain, les dispositions que les armées de siège avaient prises. Aujourd'hui encore, que je parle de Constantine, je ne puis m'empêcher de les rappeler.

L'échec de la campagne de 1836 causa une grande émotion; le succès de celle de 1837 la calma du reste, et bientôt la joie du triomphe fit oublier les causes d'un désastre dont on aurait dû, cependant, garder davantage le souvenir. Quand on étudie quelque peu cette campagne, on est confondu, en effet, de voir avec quelle légèreté cette entreprise, si difficile et si délicate, fut préparée, et avec quelle négligente insouciance elle fut conduite. Certes, des actes de la plus belle bravoure, des actes d'héroïsme même, furent commis chaque jour durant la campagne; cependant, l'on peut dire que, du commencement jusqu'à la fin, à maintes reprises, tout le monde manqua à son devoir; depuis les Ministres sans autorité ni franchise, et le général en chef sans jugement, jusqu'à certains officiers et à un trop grand nombre de soldats sans discipline.

C'est le Gouverneur, le Maréchal Clauzel, qui conçut l'expédition. Réagissant, avec raison, contre le système de l'occupation restreinte que la courte vue du Parlement menaçait de faire prévaloir, le Maréchal soutenait que la possession de Constantine était aussi nécessaire, pour le maintien de notre autorité en Algérie, que celle de Tlemcen, dont il venait de s'emparer. Mais il avait le tort de prétendre, en s'appuyant sur des renseignements dont il n'aurait pas dû se contenter pour justifier son affirmation, que la prise de Constantine ne serait qu'une promenade militaire, grâce aux intrigues que le commandant Yusuf, qu'il avait nommé bey de Bône et dans lequel il avait une confiance aveugle, avait nouées dans le pays et jusque dans la ville. Il eut le tort de prendre ses désirs pour des réalités; il se fit un tableau, ce qui, d'après Napoléon, est le pire des défauts dont un général puisse être affligé; et, jusqu'au moment où l'échec de toutes ses tentatives lui eut, enfin, ouvert les yeux, et l'eut remis en possession de ses qualités d'homme de guerre, il ne cessa pas de rester insensible à tout ce qui aurait dû le détourner de son projet.

Le Maréchal avait fait partager son opinion à M. Thiers, alors Président du conseil. Il en avait obtenu, à peu près, les quelques troupes qu'il avait demandées, quand, M. Thiers ayant été renversé, toute l'orientation de la politique changea avec le ministère Guizot-Molé. On suspendit les envois de troupes et aussi ceux de matériel;

et, tout en envoyant et confiant au maréchal le duc de Nemours pour « montrer à l'armée l'intérêt que le Roi prenait au succès de la campagne », le Ministre de la guerre lui écrivit que, quoiqu'il autorisât l'expédition, le Gouvernement se gardait de l'ordonner et lui en laissait la responsablilité !

Voilà ce que les mœurs, dites parlementaires, peuvent faire d'un militaire; car le Ministre de la guerre, qui tenait un langage que tant d'autres ont imité depuis, était le général Bernard.

Dans ce qui forme, aujourd'hui, le département de Constantine, nous n'avions, alors, que la ville de Bougie et ce qu'on appelait la province de Bône; un petit territoire que, peu à peu, malgré les tentatives du bey Ahmed, nous avions pu étendre jusqu'à Guelma.

C'est de Bône qu'on devait partir; mais les tergiversations ministérielles avaient tellement retardé les mouvements de troupes que leur réunion ne fut effectuée qu'au mois de novembre, c'est-à-dire beaucoup trop tard pour entreprendre une expédition et faire un siège dans l'intérieur d'un pays dépourvu de routes, dénudé, fort élevé, au climat le plus rude.

Les forces atteignaient à peine 7,400 combattants français et 1,300 indigènes; — au lieu des milliers que Yusuf avait promis; — des artilleurs et des sapeurs; 16 canons de campagne ou de montagne; pas un seul de siège; des approvisionnements et un matériel absolument insuffisants qu'on eut, cependant, dès le début, grand'peine à emporter, et qu'il fallut, en cours de route, abandonner en partie, faute de bêtes de trait. Malgré tout ce qu'on put lui dire pour l'engager à différer le départ jusqu'à ce que tout le nécessaire fût assemblé, le Maréchal se mit en route n'ayant derrière lui aucune colonne de ravitaillement, ni aucune troupe pour garder ses communications. Il ne s'agissait que d'une promenade. N'avait-il pas déjà arrêté la répartition des troupes dans Constantine!

Le 21, elles arrivèrent devant la ville, sur les hauteurs du Mansoura, où se trouve aujourd'hui le quartier des chasseurs, sur la rive droite du Rummel, qui coulait furieux, à plein bord. Mais les pluies qui les avaient assaillies, la neige qui les avait glacées, le sol détrempé qui les avait épuisées, les rivières débordées qui avaient retardé leur marche et les avaient séparées d'une partie du convoi, les avaient mises dans un fort triste état.

Il faut avoir fait campagne dans le pays, par les mauvais temps d'hiver, à sept, huit cents ou mille mètres d'altitude, sans feux autres au bivouac que ceux de petits fagots dont on a eu le soin de se munir; sans vivres autres que ceux du sac, parce que le convoi n'a pas pu suivre; tenant de la main sa tente que le vent déchire et abat, ou courant après les chevaux qui s'enfuient affolés, pour comprendre les souffrances que les pauvres troupes, à demi ruinées au moment de combattre, subirent sur le plateau aride du Monsoura. Et il faut avoir vu le panorama de Constantine, dans la mauvaise saison, pour comprendre aussi l'impression que dut causer à ces troupes la vue étonnante, tragique, presque sinistre de ce rocher à pic que surmontait un amas confus de maisons et de murailles crénelées, qu'un ravin profond et un torrent déchaîné entouraient et séparaient, presque complètement, de la campagne nue, désolée, et des montagnes abruptes, tandis que sous un ciel bas, gris et triste, des rafales de neige glacée leur fouettaient le visage.

Dès la première nuit, plusieurs hommes furent gelés. Pour achever de les émouvoir, au réveil, ils apprirent que le convoi de vivres sur lequel on comptait avait été pillé par sa propre escorte, que les Arabes avaient en partie massacrée, complètement ivre; et cent seize têtes de Français ornèrent devant eux la muraille de la ville.

Par une résolution que tout condamne, le Maréchal fit de sa troupe, déjà trop faible et insuffisamment pourvue, deux parts qui, toutes deux, devinrent manifestement incapables de mener à bien leur tâche : et deux parts qui furent séparées par un obstacle qu'on avait, même au prix d'un long détour, la plus grande difficulté à franchir, le Rummel.

Sur la rive gauche, l'attaque fut menée par le général de Rigny, du Condiat Ati, sur la partie de la muraille qui ferme l'isthme; elle disposait des pièces de campagne. Sur la rive droite, l'attaque confiée au général Trézel avait à forcer une porte de la ville, qui faisait face au pont romain jeté sur le précipice, et que l'ennemi tenait sous son feu. Pendant quatre jours, après qu'on eut, à grand'peine, amené l'artillerie sur le Condiat Ati, les attaques se succédèrent sur les deux points. Inefficaces, parce qu'elles manquaient toutes deux de la puissance qu'elles auraient possédée si elles avaient été concentrées sur un seul point, toutes les tentatives qui furent faites, avec la plus extrême vigueur cependant, échouèrent, non sans causer des pertes cruelles, par un concours de circonstances malheureuses; aussi bien du côté du pont, où il fut impossible de briser une porte qui se trouvait derrière celle qu'on avait réussi à abattre, que du côté du Condiat, où l'on avait eu, en outre, à repousser une attaque du bey Ahmed qui tenait la campagne; et le Maréchal dut se résoudre, le 23, à lever le siège et à effectuer la retraite.

On conçoit que si la retraite des troupes qui étaient restées sur le plateau du Mansoura pouvait être effectuée facilement, puisqu'elles étaient protégées par le ravin du Rummel, et parce que, dominant la ville, elles avaient l'avantage du terrain, celles des troupes du Condiat, où se trouvaient, avec le général de Rigny et le duc de Nemours, le colonel Duvivier et le commandant Changarnier, étaient dans une situation autrement difficile. Il leur fallait, en effet, descendre, de nuit, les pentes qui vont au Rummel, puis traverser le torrent avec l'artillerie de campagne et les blessés, avant que les défenseurs de la ville n'eussent pu les apercevoir, et que les cavaliers d'Ahmed ne les eussent devancées au passage du gué. Tout cela était cependant presque achevé, quand l'arrière-garde, attaquée par des forces supérieures et sur le point de succomber, fut dégagée par le commandant Changarnier.

C'est cette contre-attaque, devenue légendaire, exécutée avec autant de décision que de vigueur, à laquelle succéda toute une série d'actions magnifiques, les jours qui suivirent, qui établit la réputation de cet admirable soldat. Ce fut le héros de cette retraite, qui joncha le sol des cadavres de ceux dont les fatigues, les souffrances, les privations et le froid excédèrent les forces; de cette retraite où, à plusieurs reprises, pour le salut commun, on abandonna des blessés, dont les cris déchirants allaient aux oreilles de leurs camarades, tandis que, sous leurs yeux, les Arabes les martyrisaient.

L'opinion et le Gouvernement rendirent le Maréchal Clauzel responsable de cet échec lamentable; il fut relevé de son commandement. C'était le moins qu'on pût faire à l'égard d'un général qui avait dépassé la limite des fautes qui peuvent être excusées. Le courage, le sang-froid, la sérénité même, qu'il n'avait cessé de montrer pendant la retraite, ne suffisaient pas pour l'absoudre, ni même pour faire oublier les écarts de caractère de son commandement inégal et brouillon. Aussi bien dans la préparation de la campagne que dans son exécution, le Maréchal, qui avait longtemps combattu en Espagne, montra bien le danger et le vice des méthodes auxquelles nous dûmes la série des échecs de nos belles armées d'Espagne.

La France ne pouvait, semble-t-il, rester sur ce désastre. Le traité presque infamant de la Tafna, qui constituait, réellement, la puissance d'Abd-el-Kader dans les provinces d'Alger et d'Oran, nous imposait le devoir de le devancer dans celle de Constantine, où son ambition le conduirait sûrement. Mais cependant, au lieu de songer à aller venger l'honneur de nos armes, le Ministère pacifique — ou plutôt pacifiste — s'abaissa, à trois reprises, jusqu'à solliciter le bey Ahmed de condescendre à traiter avec la France. Avant tout, il ne fallait pas combattre! Est-ce donc que nos politiciens soient toujours possédés de la même folie antinationale?

Pour notre honneur, heureusement, Ahmed ne daigna même pas répondre à nos humbles demandes, et l'on dut se résoudre à faire le siège. Le général Damrémont prit le commandement des troupes qui furent constituées plus fortement et furent pourvues d'un matériel et d'un équipage de siège assez complet. Comme l'année précédente, le duc de Nemours tint à venir partager les fatigues et les dangers de ses camarades d'Afrique.

L'armée quitta Bône le 1er octobre, ce qui était trop tard encore; aussi fut-elle, comme sa devancière, assaillie par des pluies continuelles.

Mais, de son côté, Ahmed n'avait pas perdu son temps; plus de soixante-dix canons et des mortiers étaient en batterie dans la ville; les abords avaient été rasés; la garnison portée à deux mille soldats éprouvés; et tandis que la défense était confiée au vigoureux Ben-Aïssa, qui s'en était si bien acquitté l'année précédente, les goums nombreux de Mokrani, de la Medjana, de Ben-Gana du Sud, de Bou-Aokas, du Ferdjioua, tenaient la campagne sous le commandement du bey.

Les efforts de nos troupes, parfaitement conduites, brisèrent cependant toutes les résistances. Notre artillerie, postée au Coudiat et au Mansoura, éteignit le feu de l'ennemi; sous la direction du duc de Nemours, la batterie de brèche, où furent tués les généraux Damrémont et Perrégaux, fut construite; et quand la brèche fut jugée praticable, là même où est la place actuelle, les colonnes d'assaut furent lancées.

C'était le 13 octobre. La première qui courut à la brèche, y planta le drapeau tricolore, puis s'engouffra dans le dédale inconnu des ruelles arabes, dont rien ne peut donner une idée aujourd'hui, fut celle du colonel de Lamoricière. Malgré une résistance acharnée, elle cheminait pourtant, lorsqu'une explosion l'ensevelit presque en entier. Le colonel Combes, à la tête d'une seconde colonne, dégagea Lamoricière; une troisième l'appuya; enfin, l'arrivée des troupes venues du Mansoura, auxquelles on avait, de l'intérieur, été ouvrir la porte du pont, acheva l'œuvre.

Acharnée, la lutte dura trois heures dans la ville.

Tandis que sous un calme apparent, le duc de Nemours suivait, par la pensée, les braves qu'il avait lancés dans la fournaise, le colonel Combes vint à lui : « La ville est prise; le feu ne tardera pas à cesser, et je suis heureux d'être un des premiers à vous l'annoncer. » Puis, reprenant ses forces : « Ceux qui ne sont pas mortellement atteints, Monseigneur, pourront se réjouir d'un pareil succès. » Et, ce disant, le colonel chancela, tomba et mourut quelques minutes après.

Par deux fois, en manœuvres, j'ai salué, à Feurs, la statue de ce héros. Bientôt, on pourra, à Constantine, là où il se montra si magnifique soldat, saluer aussi celle de Lamoricière.

Ce ne sera pas seulement un monument élevé à la mémoire du général; ce sera aussi un témoignage du respect et de la reconnaissance que l'on garde à tous ceux qui léguèrent de si grands exemples et firent tant pour la nouvelle France et pour la gloire du nom français. Et, ces sentiments, la ville de Constantine s'honore de les professer, puisqu'elle a eu la délicate attention de laisser à ses rues les noms de ceux qui s'y illustrèrent et y périrent : « Damrémont, Perrégaux, Sauzai, Combes; » et ceux aussi des régiments qui y versèrent généreusement leur sang : « Rue des Zouaves; rue du 17e de ligne, rue du 2e léger, etc. ! »

XXIV

DE CONSTANTINE A EL-KANTARA. — SOUVENIRS D'UN CAPITAINE DE CAVALERIE. — BATNA. — LES NOMADES.

Octobre 1907.

Pour se rendre de Constantine à Biskra, il faut reprendre la ligne d'Alger jusqu'à El-Guerra. On laisse, à gauche, la ligne qui conduit à Guelma, à Bône, à Tunis et à Tébessa, puis celle qui mène à Khenchela. On va ensuite d'El-Guerra à Biskra, en passant par Batna et El-Kantara.

Le pays qu'on traverse, en quittant El-Guerra, est généralement plat; plusieurs lacs le rendent souvent marécageux; çà et là des montagnes aux flancs abrupts, avec des arrachements et des éboulis, témoins d'anciennes révolutions, s'élèvent isolées au milieu de la plaine qu'elles jalonnent et dont elles rompent la monotonie. Le long de la route que suit la voie ferrée, de distance en distance, des villages, qui ont bon aspect; dans les champs, de grands troupeaux qui paissent; plus loin des douars, aux tentes sombres et basses, dont la fumée bleue, qui monte droit dans l'air, signale l'existence; et quelquefois des amas de décombres, que les prospecteurs de mines laissent au pied des montagnes, indiquent que le pays est habité, qu'il est cultivé, qu'on y travaille, qu'une vie d'une activité certaine, qui ne fera que croître, y circule et s'y développe. Cependant, de tout ce paysage, dont le cadre ne semble pas assez rempli, on ressent une impression d'une singulière mélancolie.

Ce que l'on voit, en effet, est si différent de ce qui fut jadis, avant que les invasions arabes ne fussent venues détruire l'œuvre des générations intelligentes, travailleuses, instruites et civilisées, qui avaient fait de cette contrée un pays riche et prospère, autant que les plus riches et les plus prospères. N'est-ce pas cette plaine immense qui, de Sétif, s'étend jusqu'à Khenchela et Tébessa, et se prolonge jusque dans la Tunisie, qui fut le centre de la provincc de Numidie? N'est-ce pas cette plaine que traversait la grande voie romaine, tout le long de laquelle s'élevaient ces villes et ces monuments dont les ruines couvrent le sol? N'est-ce pas là que sous l'action civilisatrice des Romains, puis sous celle des docteurs de l'Église et des martyrs chrétiens, se sont formées, développées et élevées des populations qui atteignirent le plus haut degré de civilisation de leur temps? Là que sont nés ou ont vécu, en grand nombre, des personnages illustres, dont l'influence s'étendit sur tout l'empire, et d'autres, qui furent plus grands encore et dont le nom ne périra jamais?

Le grand mausolée royal, berbère, revêtu d'ornements gréco-puniques, — le Médracen, — dont on devine du wagon la grande masse sombre, ne montre-t-il pas aussi que, même avant la conquête romaine, un peuple d'une civilisation déjà avancée et des chefs puissants et riches habitaient le pays?

Combien d'années d'efforts et de travaux bien réglés seront-elles nécessaires, pour ramener les choses au point où elles ont été; pour réparer le mal qui a été fait par les conquérants, puis par les tribus rebelles au travail et au progrès, et toujours en luttes intestines, qui, peu à peu, à leur suite, se sont installées dans le pays.

Assurément MM. Étienne, Thomson et Viviani, qui sont d'Algérie tous trois, font déjà figure; ils laisseront une trace de leur passage dans l'histoire de notre pays; ils auront, à leur mort, fait beaucoup de mal, à des degrés divers, et, sans doute, ils auront aussi rendu quelques services à leurs amis; mais leurs noms, cependant, ne figureront pas dans l'histoire.

Plus encore que les efforts et les travaux, ce qu'il faudra pour amener ce grand résultat, ce sera une bonne politique, et la résolution de ne jamais renouveler, pour ne pas compromettre le bénéfice du bien qu'on aura fait, des scènes telles que celles qui eurent lieu, en 1871, près de la station d'Aïn-Yacout, où le train s'arrête. C'est là, je le rappelle, — quoiqu'on se taise d'habitude sur cet épisode, — parce qu'il y a des fautes dont on doit garder le souvenir, pour les regretter toujours et ne plus les commettre; c'est là, qu'un détachement des miliciens de Constantine forma une cour martiale, qui, sous la présidence de son lieutenant-colonel, de sang-froid, condamna à mort, sans aucun motif, trente-deux Arabes, qui furent aussitôt fusillés!

Jamais ce qu'on persiste à appeler chez nous la justice ne s'occupa de rechercher les coupables de ce crime horrible, qui causa une violente indignation, faillit soulever des tribus restées fidèles et entacha d'un souvenir affreux l'histoire de notre domination.

Pour en comprendre la genèse, il faut se reporter au milieu dans lequel il se produisit. La milice de Constantine, pas plus que celle d'Alger, n'avait échappé à la contagion de mauvais sujets qui s'étaient enrôlés pour faire le mal que la possession irrégulière de la force permet de commettre. De même que Paris fut possédé, durant le siège, d'une folie spéciale que le manque d'autorité laissa aboutir à la Commune, en Algérie, également, tout le temps que dura la guerre, un affolement que la faiblesse des pouvoirs locaux et les fautes des dictateurs de Tours accrurent constamment, s'empara de presque tous les esprits.

Dans beaucoup de villes, par exemple, les miliciens menaient grand bruit de leur patriotisme et de leur dévouement : mais ils abandonnaient aux gardes nationaux, venus de France, la tâche qui leur incombait de défendre leurs familles et leurs biens. Ces pauvres mobilisés, dont le pays était envahi et dont les familles étaient en danger, s'acquittaient, honnêtement, de leur mieux, des missions qu'on leur avait confiées. Cependant, ils ne trouvaient pas toujours grâce devant les miliciens, dont l'ardeur, la résolution et les colères allaient croissant, au sein des réunions publiques, et les préparait à procéder, dès qu'ils se décideraient à sortir, à l'un de ces actes que, tout naturellement, commettent les bandes que la révolution déchaîne.

L'aspect du pays change en approchant de Batna. A droite s'élève progressivement une longue chaîne de montagnes boisées, qui limite la région, pittoresque et difficile, du Belesma, théâtre de nombreux combats. La hauteur de la montagne augmente jusqu'en face de Batna, où se dresse, tout couvert de neige, et se terminant en un pic élancé que les nuages balayent et cachent par instants, le majestueux Tamgout, visible au loin, célèbre, comme toute la chaîne, par ses forêts de cèdres.

Belles, hospitalières, bienfaisantes forêts que j'ai saluées d'un souvenir reconnaissant! Pouvais-je oublier l'état piteux dans lequel deux jours et deux nuits de neige et de pluie nous avaient mis, quand, nous rendant à Sétif, nous bivouaquâmes dans une de leurs clairières? Un soleil pâle et timide n'avait pas suffi à nous sécher. On ramassa du bois en tas immenses; on y ajouta, il faut l'avouer, des branches et même aussi des arbres entiers, et bientôt le souvenir des mauvaises heures fut oublié. A l'envi, tous mes bons hussards rivalisèrent; c'était à qui serait le plus propre et le plus brillant; et quand la nuit fut venue, dans la clairière illuminée, autour des feux pétillants que les chevaux eux-mêmes regardaient avec joie, en sommeillant voluptueusement, les chants se prolongèrent jusqu'à l'heure, qui ne fut pas celle du couvre-feu, où je les fis cesser et regagnai ma tente, fier de ma brave troupe.

Eh! oui, j'en étais fier; j'en avais le droit. Trois nuits durant, n'avait-elle pas réussi à mettre en défaut toutes les roueries des voleurs de chevaux, dans les lieux mêmes où un escadron de chasseurs d'Afrique en avait perdu plusieurs? La troisième nuit pourtant, furieux de l'échec de toutes leurs tentatives, les Arabes avaient lâché des juments sur nos chevaux; et l'un de mes gaillards, plus galant que les autres sans doute, avait filé pour leur porter, tout au moins, l'expression des regrets des camarades dont les entraves avaient résisté. Or, tout cheval disparu en Afrique est un cheval volé; et un cheval volé est un cheval perdu. En vingt-quatre heures, passant de main en main, par suite de conventions mutuelles, qui lient toujours toute la population, la bête conduite au loin disparaît. On la garde d'habitude. Parfois, aussi, on cherche à la rendre. Un beau jour, un personnage mystérieux vient confier au propriétaire qu'il sait où se trouve l'animal. C'est la « béchara », la bonne nouvelle. On traite, et, à la suite de démarches tellement passées dans les mœurs que l'autorité a dû renoncer à les proscrire absolument, on rentre, moyennant finance, en possession de son bien.

Mais, moi, je voulais mon cheval et n'entendais pas qu'on volât mon escadron. Au jour donc, je chargeai le sous-lieutenant du peloton auquel il appartenait de l'aller rechercher et de le ramener. Il partit, avec ses vingt-cinq cavaliers, du côté où mon galant avait filé, vers la montagne, au sud du Tamgout; et l'escadron se dirigea sur Batna.

Il sortait de l'école, mon sous-lieutenant; il était mince, de petite taille, élégant, imberbe, vigoureux, intelligent, décidé; il avait bien profité de nos longs mois de travail et d'étude. C'était le plus gentil officier de hussards qu'on pût rêver, et, partout où nous allions, je n'étais pas seul à le penser. Nous nous aimions bien; nous nous aimons toujours. Je l'appelais mon petit dernier. Or, tandis que, dans la soirée, mon escadron rentrait à Batna par la porte du Sud, mon Benjamin entrait par la porte de l'Ouest, avec son cheval que ses braves et bons cavaliers avaient retrouvé, après bien des péripéties, à neuf lieues de là! Le commandant de la subdivision, les officiers du bureau arabe, ceux des spahis n'en revenaient pas! Ce jour-là, nous fûmes amplement récompensés et nous commençâmes à croire que nous connaissions notre affaire.

Et mon petit dernier, qu'est-il devenu, après de si jolis débuts? Père, grand-père, cavalier toujours, il est un des personnages les plus considérables de la Cour des comptes. Nul doute qu'il n'excelle à retrouver une erreur, lui qui retrouvait si bien un cheval volé; mais, nul doute aussi que, même dans les séances les plus solennelles de la Cour, sa pensée, restée jeune, ne chevauche parfois à travers pays, avec l'escadron où il faisait si bonne figure.

Batna date de 1844; le camp, devenu la ville, a été construit lors des premières expéditions que le duc d'Aumale dirigea sur les Zibans. Ce fut sa base d'opération, en même temps qu'un poste d'observation des routes qui vont vers la région du Sud, à travers le massif de l'Aurès. Depuis que la paix règne dans le pays, la garnison a été réduite progressivement; le général qui y commandait il y a quelques mois encore la subdivision, autrefois fort importante, parce qu'elle comprenait des populations remuantes, en a été retiré; un bataillon de zouaves, qui détache une compagnie à la prison de Lambesse, et deux escadrons de spahis ne suffisent pas à donner de l'animation à cette ville que j'ai connue gaie et presque bruyante. « — Voyez-vous, me disait une bonne mercière, pour faire vivre le commerce, faut de la troupe! Croyez-moi, j'ai trente-cinq ans de service : faut de la troupe! — Je suis de votre avis, madame; faut toujours de la troupe! »

On vit, cependant, à Batna; mais, dans un cadre trop étendu pour la population qui n'augmente pas, on y vit d'une vie fort calme que les touristes de Lambèse et de Timgad animent cependant quelque peu, pendant la saison des voyages. Calme, très calme ne veut pas dire triste; car, en Algérie, on n'est jamais triste. En face de l'église, du modèle accoutumé, que les fidèles ne suffisent pas à remplir, se dresse, en effet, un vaste bâtiment qui est à deux fins. En bas, au rez-de-chaussée, c'est le marché; en haut, au premier, c'est la salle des Fêtes qui, tout l'hiver, ne désemplit pas; chaque soir, on y danse, et la nuit est fort avancée, quand les danseurs et les danseuses, bien emmitouflés, regagnent, en frissonnant sous la bise, leurs petites maisons basses et se donnent rendez-vous pour le lendemain.

Assurément, on a l'impression qu'on va vers une contrée étrange, lorsque, ayant perdu peu à peu la vue de la montagne boisée et quitté la vallée qu'on suivait depuis Batna, on descend, en pentes rapides et en courbes prononcées, à travers un pays désolé, tourmenté, raviné en tout sens, sans une habitation, sans un arbre, jusqu'à de lointaines montagnes rocheuses qui le bornent au sud, et reflètent, sur toutes les terres, une couleur grise que la dureté du sol fait reluire. Et voilà, longeant la route, grimpant les petits monticules de terre durcie, ou descendant dans les ravines, pour y trouver quelques herbes, des moutons et des chèvres que pousse, en troupeaux, sans les presser, un berger arabe. Ils viennent du sud. Chassés par la sécheresse, ils montent, à petites journées, vers les pays du Tell où ils trouveront de quoi brouter jusqu'à l'automne. Quand les bêtes auront été tondues, que le prix de la laine vendue aura permis d'acheter quelque grain pour la subsistance des mois d'hiver, avant que la neige ne vienne décimer le troupeau, on redescendra dans le sud, et l'on s'arrêtera près d'une oasis, non loin de l'eau.

Aux troupeaux de moutons succèdent à quelque distance des convois de chameaux. Indolentes mais capricieuses, insouciantes mais volontaires et irritables, ces grandes bêtes, chargées de sacs de dattes, s'en vont lentement, à leur guise, à leur allure, suivant la piste qui leur convient. Leurs beaux yeux, profonds et doux, que de longs cils garantissent du soleil et de la poussière, scrutent sans relâche, et en apparence sans désir, tout ce qu'ils peuvent atteindre, tant leur faim est grande, tant on abuse de leur sobriété. Au milieu de ces animaux, tristes et graves, que dirige du mieux qu'il peut, de la voix et du geste, sans trop les énerver, un seul Arabe, quelques petits à la mamelle, tout frisés, se pressent le long des flancs de leur mère résignée, et d'autres, plus âgés de quelques semaines, plus hardis, s'émancipent et gambadent autour de la troupe silencieuse; pauvres petits qui jouissent du peu de jours d'indépendance et de joie qu'ils connaîtront jamais, au cours de leur existence de travail et de privations.

Loin des bêtes, pour ne pas être gêné par leur voisinage ni retardé par leur marche, vient le long cortège des gens du douar. En tête, quelques cavaliers au burnous noir, le fusil en travers de la selle, coiffés d'un grand chapeau, le haïck relevé sur la bouche, cheminent en silence. En arrière, quelques ânes, chargés et surchargés des ustensiles de cuisine et des vivres de la route, poussés par quelques femmes aux pieds nus. Puis ce sont les mulets et toutes les bêtes du convoi. Les uns portent des dattes, du grain, des effets; les autres, des tapis aux couleurs vives; d'autres, enfin, de lourdes tentes roulées, dont les longs poteaux dépassent de beaucoup leur tête, et s'en vont bien au delà de leur croupe, scandant par leur balancement la cadence de leurs pas. Des hommes, des enfants, aux burnous relevés, aux jambes maigres, demi-nus, marchent à côté et activent l'allure.

Enfin, à une certaine distance encore de tout ce petit monde, comme il convient, arrive, majestueux et lent, le groupe bien escorté des chameaux qui portent les femmes. On les voit, juchées sur d'énormes bâts que forment des couvertures et des tapis éclatants, abritées et à demi cachées par la toile rouge de l'atatich dont la pointe suit le balancement du chameau. Habillées d'étoffes bleues, rouges ou jaunes, que retiennent et que fixent de grandes épingles et qu'entoure une ceinture rouge ou noire, la figure peinte et tatouée disparaissant sous un grand turban et de grosses nattes de laine noire, elles s'en vont devisant, plus résignées qu'insouciantes, heureuses pourtant des égards qui leur sont accordés, dont une théorie de vieilles, qui suivent à pied, leur montre le peu de durée.

Devant, derrière, sur les côtés, vont les chiens fauves ou gris, aux longs museaux, aux grandes oreilles pointues. Ils ne courent pas de tous côtés; ils n'ont ni témérité, ni indiscrétion, ni même aucune curiosité, comme en témoignent les nôtres, tandis qu'ils nous accompagnent et nous égayent de leur mouvement perpétuel et de leur humeur changeante. Ils suivent tristes, la tête basse, comme étrangers à tout ce monde qui ne se soucie pas d'eux. Toussenel, qui vint en Afrique avec le maréchal Bugeaud, a écrit une page charmante sur les chiens de la garnison de Bougie. Mais la tristesse qui caractérise le chien arabe a échappé à son observation.

Comment ne serait-il pas triste, ce pauvre animal que tout le monde ignore et que personne ne s'avise jamais de caresser, bien que sa vigilance assure la sécurité du douar? On le méprise; son nom est le terme de la plus terrible injure : « Chien, fils de chien! » Quand l'homme est aux champs et la femme à la fontaine, qu'il garde la tente, les bêtes et les enfants, alors seulement il goûte quelques bons moments. Lentement, il s'approche de l'enfant, et se roulant à ses pieds, riant de sa grande bouche aux longs crocs, jetant gauchement sa grosse patte sur le petit, gentiment, il le remercie de ses gros yeux roux devenus tout à coup aimants et bons. Il a quelque bonheur.

Mais les montagnes qui fermaient l'horizon se rapprochent; dans la muraille sombre qu'elles forment, une brèche étroite se voit où s'engouffre la rivière, où sur un pont passe la route et par delà laquelle on aperçoit quelque verdure. C'est la bouche du Sahara : Foum-es-Sahara; la brèche que fit Hercule, d'un coup de pied : Calceus Herculis; c'est le pont romain : El-Kantara.

XXV

D'EL-KANTARA A BISKRA. — LE DUC D'AUMALE

Octobre 1907.

La vue d'El-Kantara est étonnante. Comme la voie ferrée, aussi bien que la route, descend depuis Batna et même de plus loin, la longue muraille rocheuse, au pied de laquelle on est arrêté, semble d'une hauteur prodigieuse. En fait, ce chaînon de l'Aurès, qui va s'abaissant vers la région toute plate du Hodna, à l'est, domine à pic, de cinq cents mètres, la route et la gare.

La brèche, aux parois verticales, que l'on traverse, a quarante mètres de large; et aussitôt qu'on l'a franchie, on est subitement dans un autre monde. A la tristesse d'un sol aride et d'une région désolée succède, aussitôt, la pompe théâtrale et grandiose d'une forêt de palmiers, dont on voit en contre-bas, le long de la rivière, les grands bouquets touffus onduler sous le vent et briller au soleil. De sombres qu'elles étaient de l'autre côté, les murailles rocheuses sont alors rutilantes d'un rouge brique éclatant. Brûlées, calcinées par les flammes du Sahara, qui les attaquent sans cesse, elles renvoient la chaleur qui les a pénétrées et reflètent la lumière implacable qui les frappe et les empourpre. Tandis qu'elles garantissent les campagnes du Tell du souffle desséchant du désert, par contre, elles arrêtent les nuages humides qui viennent du nord et qui pourraient porter la vie dans la région des sables; en vérité, elles séparent deux mondes.

La belle oasis de 90,000 palmiers, que la rivière traverse et féconde, commence au défilé même et se prolonge, pendant plus d'une lieue, comprenant trois grands villages et une population de plusieurs milliers d'habitants, qu'on voit vaquer activement à ses occupations; depuis les âniers qui portent des fruits, des légumes ou des dattes à la gare, et les travailleurs de la commune qui règlent l'irrigation des terres, ouvrant ou bouchant les rigoles qui déversent l'eau dans les palmeraies, selon les droits de chaque propriétaire; jusqu'aux femmes, grandes, minces, élancées, vêtues de bleu foncé, aux lourds turbans noirs, qui, sur le bord de l'eau, toutes droites, les cuisses et les jambes nues, et tournant lentement, piétinent sur une pierre, pour le laver, le linge de la maison. Bien différentes des joyeuses commères de chez nous, qui égayent la campagne du bruit de leurs battoirs et de leur babil, ces sombres blanchisseuses hiératiques, impassibles et comme fatales, accomplissent en silence, à la façon d'un rite, leurs fonctions de ménagères.

Peu après, on arrive à Biskra, sans avoir pu, malheureusement, jeter un seul instant un coup d'œil sur la région désertique qu'on gagne ainsi sans s'en douter; sans ressentir surtout cette émotion profonde qu'on éprouvait lorsque l'on suivait la route et que, tout à coup, parvenu au col de Sfa, on voyait, à ses pieds, la plaine aride, immense, toute jaune, sous un ciel bleu, sans ombre, jusqu'aux horizons lointains et nets, tachetée, çà et là, d'oasis sombres. On va, maintenant, de Biskra au col, en excursion, pour y jouir du point de vue; mais on ne satisfait plus ainsi qu'une curiosité de touriste; on ne goûte plus cette impression semblable à celle que la mer produit à ceux qui la voient tout à coup, et pour la première fois, au détour d'un chemin ou du haut d'une colline.

Lorsque, venant de Sétif par le Hodna, c'est-à-dire évitant de passer à El-Kantara, nous arrivâmes au col de Sfa, tous mes hussards furent comme médusés. Pour donner à mes braves gens le temps de goûter le spectacle qui se déroulait à leurs yeux de grands enfants, je leur fis mettre pied à terre. Si gais d'habitude, et toujours prêts à rire d'une des plaisanteries des loustics parisiens qui réjouissaient la bande, ils ne disaient rien; les yeux fixes, muets, la bouche béante, immobiles, ils regardaient et restaient stupéfaits. Enfin, au bout de cinq minutes de cette admiration silencieuse et naïve, dont la vue augmentait encore celle que ressentait leur chef, mes hussards, tout à coup, témoignèrent leur admiration : « Bon Dieu de bon Dieu ! » et me demandèrent aussitôt de leur « expliquer tout cela ». A notre escadron, en effet, nous vivions en une famille confiante et unie, bien avant que des réformateurs, professeurs de mutualité, de solidarité et même d'antimilitarisme, ne soient venus parler du commandement des troupes — qu'ils n'ont jamais exercé — comme les aveugles parlent des couleurs.

Et, prolongeant la halte, je leur montrai la longue série sporadique des oasis des Zibans. Devant eux, à leurs pieds, Biskra, où les Français étaient depuis trente ans et où nous allions vivre en sentinelles avancées; à gauche : Chetma, Sériana, et au loin Obka, où nous irions voir le tombeau d'un fier soldat arabe, un fameux lapin; puis, à droite : Lichania, Tolga et les ruines de Zaatcha, où nos devanciers avaient, au prix de leur sang, récolté tant de gloire, que nous irions visiter aussi, dans une bonne galopade. — « Bon Dieu de bon Dieu! mon capitaine! »

La fanfare des zéphirs qui venaient au-devant de nous mit fin à l'entretien; et, une demi-heure après, mes hussards entraient, propres, brillants et de belle humeur, dans la nouvelle garnison, dans cette capitale singulière de ce pays étrange qui semblait leur promettre tant de merveilles!

C'est au duc d'Aumale que revient l'honneur d'avoir assis notre domination dans ce pays. Dès que le commandement de la division de Constantine lui fut confié, — c'était à la fin de l'année 1843, — il résolut de mettre fin aux entreprises que tramait, d'accord avec Ahmed, l'ancien bey de Constantine, Mohamed-ben-Hadj, khalifa de l'infatigable Abd-el-Kader, dans les Zibans et dans l'Aurès, puis de régler ensuite les importantes questions qui résulteraient de la prise de possession du pays.

Après avoir chassé les agents qu'Abd-el-Kader entretenait dans le pays des Zibans, et avoir assis l'autorité de Ben-Gana qui était venu s'offrir à nous, il resterait, ensuite, à régler les rapports des nomades du Sud avec les populations du Tell, puis à rétablir les relations commerciales que l'état de guerre avait rompues, entre Constantine et les Zibans.

Le prince accomplit la tâche qu'il s'était tracée nettement, avec cette méthode rationnelle et ponctuelle, et aussi avec cette vigueur d'exécution et cette netteté de décision dont il donna la preuve, dans toutes les opérations qu'il eut à conduire. Après avoir fondé le camp de Batna et franchi le défilé d'El-Kantara, à la fin de février 1844, il entra, sans coup férir, à Biskra; puis, ayant constitué le commandement de Ben-Gana et réglé toutes choses dans les oasis, il se mit à la poursuite du khalifa d'Abd-el-Kader. Il importait de l'atteindre, car, réfugié dans les montagnes de l'Aurès, d'où il surveillait ce que nous faisions, Mohammed-ben-Hadj était résolu à détruire l'autorité dont nous avions investi Ben Gana, aussitôt que nous abandonnerions le pays.

Ce fut à Mchounèche, ensemble de villages fortifiés, dans une position formidable qu'on aperçoit de Biskra, dans les premiers contreforts du Djebel-Ahmar-Khadou, que nous attaquâmes les montagnards que le khalifa avait réussi à soulever. L'affaire, très chaude, où le duc de Montpensier fit brillamment ses débuts de soldat et de chef, se termina par une victoire complète et la fuite de Mohammed.

Cependant, la pacification du pays ne fut achevée qu'après trois mois de colonne. Il fallut, revenant sur ses pas, aller punir les tribus qui avaient attaqué le camp de Batna, tandis qu'on avait été guerroyer dans le Sud; puis aller chasser le bey Ahmed du Belesma, d'où il menaçait Batna, la ligne de communication avec Biskra, et même tous les Zibans; enfin courir, en toute hâte, sur Biskra, où une révolte avait éclaté, et y rétablir toutes choses.

Depuis cette belle et laborieuse campagne, les Zibans ont joui d'une tranquillité que le siège mémorable de Zaatcha a seul troublée, jusqu'en 1876, que se produisit le soulèvement, vite comprimé, de l'oasis d'El-Amri.

Le duc d'Aumale aimait à se rappeler ses souvenirs d'Afrique, et toutes les fois qu'il en trouvait l'occasion, quand il était avec des officiers surtout, il ne résistait pas au plaisir de conter quelques-unes de ses campagnes. Causeur merveilleux, qui donnait aux moindres épisodes un relief saisissant, entremêlant, avec un art charmant, des scènes dramatiques et des anecdotes plaisantes, du genre de celles qui ravissent les militaires, simples et bons enfants.

Que de fois ne lui ai-je pas entendu conter les infortunes du colonel Tatareau! Le colonel que j'ai vu souvent, quand j'étais enfant, près de mon père, — il était alors général, — remplissait les fonctions de chef d'état-major, au cours de la campagne dont j'ai rappelé le souvenir. C'était un officier très brave et très vigoureux, qui se signala à plusieurs reprises dans des circontances difficiles, et tout le monde dans la colonne appréciait ses belles qualités.

Mais, aux yeux des Africains, il avait le tort de porter des képis, des cols et des tuniques d'un modèle un peu vieillot; surtout, celui d'être formaliste, minutieux, souvent tatillon et pointilleux, travers inhérents à sa fonction du reste.

Aussi les jeunes officiers ne manquaient-ils aucune occasion de se moquer de leur chef d'état-major, d'aspect un peu archaïque, et trop ponctuel, à leurs yeux, et cherchaient-ils à l'agacer de plaisanteries qu'ils multipliaient, à cause même de la colère, souvent drôle, qu'elles provoquaient.

Tantôt un planton, qui disparaissait aussitôt sans dire d'où il venait, lui apportait une situation émaillée des erreurs les plus bizarres; tantôt le convoi lui remettait, dans une petite caisse, un képi ou un col d'un modèle vraiment africain et l'on épiait les impressions du chef d'état-major. Mais la plaisanterie préférée consistait à écorcher ce non de Tatareau, d'une consonnance singulière.

Chaque semaine, au moins, un sous-officier, un planton, un cavalier, se présentait devant la tente du chef d'état-major, voisine de celle du Prince, qui entendait la scène, habituellement du genre qui suit :

« Mon colonel, c'est bien ici la tente du chef d'état-major? Voici une lettre que je dois lui remettre... C'est bien le colonel Ratareau? — Ratareau? sergent, il n'y pas de colonel Ratareau. Passez votre chemin. Le chef d'état-major, sachez-le, c'est le colonel Tatareau. — Ah! oui, mon colonel, vous avez raison; oui, c'est bien cela. Je me trompais; l'enveloppe porte en effet : « Au « colonel Ta... ta... Rata... Ratata... Ratareau. » Oui, c'est cela! — Taisez-vous, sergent, vous ne savez pas lire. Je vous le répète. Votre enveloppe porte, vous le voyez bien, colonel Tata. Vous le voyez : colonel Tatareau, et pas du tout Rata, ni Ratareau! Tatareau; colonel Tatareau! Vous devriez le savoir depuis longtemps, du reste, le nom du chef d'état-major. N'y revenez plus. »

La comédie se terminait, d'habitude, par l'arrivée du Prince qui, très sérieusement, s'enquérait du contenu de la dépêche et calmait ainsi l'émotion de son chef d'état-major.

Mais, il faut avoir vu le duc d'Aumale conter l'histoire, cligner des yeux, pencher la tête, tirer la pointe de ses moustaches ou replacer, brusquement, sa pipe à la bouche; il faut l'avoir entendu décrire la tenue un peu archaïque du colonel, traduire ses étonnements devant une situation erronée, et exposer sa belle conduite au feu; surtout, répéter de sa voix métallique et stridente : Rata, Rata, Ratata, Tatata, Ratareau et Tatareau! Dieu, qu'il était content! De quel feu s'animait son regard, au souvenir de ces scènes de sa vie de soldat, si brusquement brisée et reprise pour venir présider un conseil de guerre, dans sa patrie diminuée et en deuil, qu'il avait laissée grande et heureuse; devant l'armée humiliée et triste, qu'il avait laissée fière et sans traître!

Aux gens moroses que cette anecdote scandaliserait,

je rappellerai qu'on était alors plus gai, c'est-à-dire plus confiant et aussi plus sérieux qu'on ne l'est de nos jours; que le Duc avait vingt-deux ans, et qu'entre lui et son brave second régnaient une affection et une estime que le temps ne diminua jamais.

XXVI

BISKRA. — LES DANSES

Novembre 1907.

Les Romains occupèrent Biskra, qu'ils appelaient Vescera, et qui était reliée à la province de Numidie par deux routes. L'une franchissait l'Aurès à la brèche d'El-Kantara (Calceus Herculis); l'autre, plus à l'est, au long défilé de Tirhanime, qui débouche dans la plaine, précisément à Mchounèche, où le khalifa d'Abd-el-Kader défia le duc d'Aumale.

Les Turcs de Constantine s'y installèrent aussi; ils maintenaient leur autorité en occupant la tête des eaux qui fécondent l'oasis. C'est en ce point que nous avons, de même, élevé les établissements considérables et fort bien conçus, dont l'ensemble porte le nom de fort Saint-Germain, en mémoire de l'officier supérieur qui périt lors de la révolte de 1849, celle que le général Herbillon réprima à Zaachna. C'est sous la protection du fort, dont elle est séparée par un parc ombragé et tout embaumé, que, peu à peu, s'est développée la ville, qui s'étend aujourd'hui, au sud, jusque sur la route de Touggourt.

Ah! ce n'est plus la petite ville de garnison éloignée d'il y a trente ans! On n'y arrivait alors que difficilement, dans la carriole qui apportait le courrier, deux fois par semaine, quand une crue de la rivière ne l'arrêtait pas. Maintenant, pendant la saison, plusieurs fois par jour, des omnibus immenses, à grands renforts de fouets et de grelots, amènent, bruyamment, des centaines de voyageurs. On vivait en famille, à la popote ou au cercle, et le soir on allait se coucher dans sa petite maison de terre, toute basse, que gardait une sentinelle arabe. Maintenant, des hôtels flamboyants, avec chasseurs, portiers, maîtres d'hôtel, valets de chambre et la sauce internationale où désormais baignent, dans les cinq parties du monde, tous les plats de la même cuisine, animent la ville d'une vie agitée.

Dans le milieu calme et réglé qui nous entourait, on avait le temps de travailler et de réfléchir. Maintenant, pendant six mois de l'année, c'est le tintamarre des calèches de villes d'eau qui vont et viennent et vous couvrent de poussière, dont les cochers vous importunent de leurs offres, quand ils ne menacent pas de vous écraser; la corne de deux tramways, et à tout propos des excursions, des fêtes ou des courses. Et le soir, au casino : petits chevaux, concerts, opérettes, soirées dansantes où se rendent de beaux messieurs en smoking fleuri et de belles dames en toilette, que rien ne lasse, tant qu'il n'ont pas accompli le cycle complet des distractions qui constituent, sans varier jamais, le programme obligatoire de la journée des gens élégants.

Cela est peut-être mieux ainsi; mais, vraiment, que la manie moderne de vivre partout de cette vie toujours enfiévrée, et toujours la même, enlève à tous les pays ce qui constituait leur originalité et leur charme! Qu'elle est même pénible à voir! Pour moi, je l'avoue, c'est à grand'peine que, m'écartant de mon mieux de la farandole des touristes, j'ai pu jouir du spectacle merveilleux de ce beau pays.

Au milieu de cette agitation, parfois déplaisante, on éprouve un sentiment profond d'admiration et de respect qui la fait vite oublier, en contemplant, à l'extrémité de la ville, la belle statue du Cardinal Lavigerie. Le grand apôtre se plaisait à habiter Biskra. Il lui semblait que là, plus près d'eux, aussi près d'eux qu'il pouvait être, il protégeait mieux les missionnaires qu'il avait lancés dans les profondeurs de l'Afrique. Dans un geste magnifique, la face tournée vers le désert, il élève la croix — *spes unica* — qu'il montre, qu'il brandit, plutôt, dans la direction des peuplades que son cœur ardent avait résolu de sauver, et que ses fils intrépides ont juré de ne pas abandonner.

Quelques pas plus loin, au bord de la route, s'élèvent les gracieux bâtiments de l'hôpital des Sœurs Blanches. Ainsi, le dernier établissement que les Français ont construit dans la direction du sud est un établissement de charité; de telle sorte que ce que les Saharis ou les nomades, en arrivant, demi-épuisés, à l'oasis si désirée, voient, tout d'abord, prêtes à les recueillir, prêtes à les réconforter, à les soigner, sans les connaître ni rien leur demander, ce sont des Sœurs Blanches du cardinal. Ils les trouveront toujours, ces saintes filles, qui ajoutent à la force de notre autorité l'action douce et pénétrante de leur charité chrétienne et française, jusqu'au jour, peut-être prochain, où ils apprendront, eux qui les respectent tant, que la France, oubliant de qui vient toute puissance et tout droit de commander, a chassé de cet asile de la souffrance les anges qui étaient si doux aux malheureux.

Pourquoi faut-il que le bruit, vraiment infernal, qui s'élève d'un quartier voisin, ne tarde pas à vous arracher à ces réflexions et à vous rappeler sous quelle forme, et avec le consentement sinon l'encouragement de l'autorité, tout acquise à ce que l'on appelle sentencieusement les intérêts du Commerce, — avec un C très majuscule, — la ville de Biskra prétend se montrer aux voyageurs; à quels spectacles elle les convie, et quel genre de célébrité, enfin, elle ambitionne?

De même que tous les ports de mer ont un quartier réservé aux ébats des marins, Biskra a toujours possédé un quartier où les voyageurs et les commerçants venus du lointain pays du Sud allaient oublier les périls de la route; et l'accueil qu'ils y trouvaient toujours, de la part des filles des Ouled-Naïls, en passe de constituer leur dot, avait valu à Biskra un renom tout particulier. Mais enfin, il y a trente ans, quoique l'idée ne nous fût pas venue d'emmener jamais nos femmes ou nos sœurs dans le quartier des Ouled, il faut dire pourtant que, le jour, rien ne les y aurait choquées, et qu'il aurait fallu que la nuit fût fort avancée, pour que le caractère immodeste des danses pût les troubler.

Aujourd'hui, tandis que le plus hardi de nos dragons deviendrait de la couleur de sa culotte en traversant, même de jour, ce quartier devenu célèbre, véritable sentine de Sodome et de Gomorrhe, des Anglaises effilées, de tout âge, à la face impassible; de vertueuses misses, aux yeux en apparence indifférents et ininstruits; d'élégantes Françaises, curieuses d'art, habituées des beuglants parisiens, s'y promènent tout le jour, et s'y retrouvent le soir, à moins que, désireuses de pénétrer plus avant dans le mystère dont l'horreur semble les fort intéresser, elles se rendent, sans honte aucune, à un spectacle plus intime, plus caractéristique et sans doute plus complet aussi, que leur mari ou leur père a préparé pour elles, avec l'aide de l'un de ces personnages qu'un euphémisme discret décore du nom de guide.

Voilà ce que nous avons fait à Biskra. Ce qu'on y voit, en effet, maintenant; ce qu'on s'empresse d'y aller voir, ce n'est pas le spectacle de la démoralisation arabe, car, immuable comme tout ce qui est arabe, elle ne se serait jamais modifiée si elle n'avait pas dû se conformer à la loi du commerce. Elle a compris le genre de spectacle qu'il fallait offrir aux bandes de voyageurs et touristes, que la danse du ventre, des mauresques de Belleville, a tant passionnés à l'Exposition. A des gens d'un goût aussi spécial, que de vilaines contorsions transportent d'admiration, la vieille danse des Ouled-Naïls ne pouvait suffire. On la dénatura donc, en exagérant chaque jour davantage ce qu'elle avait de lascif, et l'on est arrivé à exposer une série très monotone d'agitations érotiques, et, jusque dans la rue, des scènes révoltantes, qui enchantent ce public de gens civilisés, qui partout ne se plaît que dans l'outrance, fût-elle dans le grotesque, la laideur ou la saleté!

Il arrive, du reste, tout préparé à Biskra, ce public. Ne s'est-il pas empressé, dès qu'il a débarqué à Alger, de se confier aux bons soins d'un pseudo-guide, et d'aller, aussitôt, dans la haute ville, assister à ce qu'on lui dit être des danses arabes? A moins que, curieux plutôt de voir la fougue espagnole dans tout son excès, il n'aille voir quelques Andalouses de Bab-el-Oued s'agiter au son des castagnettes et se griser, si elles se croient assez payées, au point de danser, finalement, à l'ombre de leurs jarretières? Toutes ces soirées, inconnues de la plupart des Algériens, constituent, pour beaucoup de nos concitoyens et d'étrangers, la préface obligatoire et l'un des chapitres les plus intéressants du voyage en Algérie.

Faut-il s'en étonner? L'an dernier, l'un de mes amis, vieux fonctionnaire algérien, causant avec un personnage, quelque peu maraboutique, de l'Aurès, lui exprimait son étonnement de voir que les montagnards de l'Aurès recherchaient en mariage les femmes qui avaient réussi, à la façon des Ouled-Naïls, à se constituer une dot, en faisant commerce de leur corps à travers les tribus. — « Cela vous étonne et vous scandalise? Je ne vous comprends pas. Mais ces femmes qui s'en vont dansant, il me semble que vous les appréciez beaucoup. En tout cas, vous les estimez plus que nous ne les estimons, nous; car, si nous allons les voir parfois, ce n'est pas comme vous, qui allez les voir avec votre famille. Quand un personnage de chez vous vient chez nous, que doit-on lui montrer de suite? Une danse. Et, quand le Président de la République a convoqué les principaux de nos chefs au Kreider, — si loin que plusieurs n'ont pas encore payé ce qu'ils ont emprunté, pour faire bonne figure durant ce long voyage, — que lui a-t-on montré, à lui, le Président de la République française, quand la revue a été finie? Une danse; une grande danse d'Ouled! Chez nous, on ne ferait pas ainsi. On s'en garderait. Ajoutez que, chez nous, quand ils assistent à une fête de ce genre, les gens un peu riches ne manquent pas d'aller placer, sur le front de la danseuse, une ou deux pièces d'or de cent francs. On s'est étonné que la société de M. le Président, et le Président lui-même, aient ignoré cet usage. Autrefois, je m'en souviens, vos chefs ne manquaient pas cependant de s'y conformer. »

Mais, au cours de mon séjour, je pus jouir, cependant, de la plus ravissante vision orientale qui se puisse concevoir. Comme nous rentrions à la ville, venant des villages de l'oasis, nous entendîmes un grand bruit de musique arabe, et vîmes une grande foule, toute bariolée, qui suivait bruyamment. C'était une noce; celle du fils du premier agent de police indigène, qui menait depuis deux jours, avec l'autorisation du maire, le plus joyeux tapage à travers la ville. Le cortège gagna une sorte de petite esplanade, au bord de la rivière, et s'assit en bon ordre sur les côtés. Ah! quel joli spectacle, et combien supérieur à celui du beau tableau de Delacroix! A la droite, entourés d'enfants de toutes couleurs, — parce que, dans tous les pays, les enfants aiment la musique, la musique de guerre surtout, qui a enivré leurs ancêtres, et qui les entraînera, peut-être aussi, à leur dernière heure, — à la droite, la bande compacte des musiciens : tambours de divers modèles et clarinettes de bois — tebouls, derboukas et raïtas. Près d'eux, les femmes des familles; puis les amis; puis les invitées et les curieuses.

Sans voiles, vêtues, de leur mieux, de longues robes aux couleurs éclatantes, elles prenaient place ; mettant devant elles leurs petites fillettes serrées dans leurs petites robes rouges, les cheveux teints au henné, mal contenus dans un foulard de soie rouge, leurs petits pieds et leurs petites mains rougis aussi au henné; et tandis que ces bonnes mamans s'installaient, ayant garde de gêner leurs voisines, les unes rappelaient leurs petits gars qui s'étaient émancipés, et d'autres donnaient le sein à leur nourrisson.

Cependant la musique avait repris. Ce n'était plus une marche; c'était une sorte d'introduction qu'elle jouait; une sorte d'ouverture, n'en déplaise aux gens qui se pâment, chez nous, à entendre de la musique qu'ils ne comprennent pas, et qui pensent qu'il n'y a pas de musique arabe. Cela ne dura pas longtemps, du reste, car subitement, des coups de fusil retentirent qui électrisèrent l'assistance. Les « yous yous » prolongés et stridents des femmes faisaient vibrer l'air; et les musiciens, comme entraînés, s'efforçaient de couvrir le bruit des cris de joie des femmes. Pourtant les coups de feu redoublaient, et les « yous yous », toujours plus joyeux et plus aigus, leur faisaient écho. Tout ce monde, tout en restant assis, paraissait, cependant, en délire. Il avait suffi de quelques coups de fusil pour déchaîner cette joie folle; et, en ce jour de fête, les cris des femmes répondaient à cette mousquetade de l'hyménée, comme j'avais entendu, jadis, les femmes de Djemma-Saharidj encourager leurs hommes de leurs « yous yous » féroces, au milieu du feu, tandis que nous tentions de donner l'assaut à leur ville!

Mais voilà que, profitant d'un moment de calme, une femme sort de l'assemblée, et lentement s'avance sur le terrain aplani et dur que les assistants entourent. Elle est grande, de teint brun, aux yeux intelligents, au sourire gracieux; elle est vêtue d'une grande robe bleue, la tête enveloppée d'un voile noir; elle est charmante sans être belle; c'est une amie de la famille que tout le monde salue affectueusement. Aussitôt la musique, qui l'a vue se lever, commence un air de danse. Il est lent d'abord, pour bien accompagner la danseuse, qui passe et repasse devant la société qu'elle salue, à son tour, de son sourire aimable et discret, sans que rien cependant ne bouge dans son visage; sans que rien change non plus son attitude, tandis que son corps mince et gracieux, que la longue robe enveloppe, glisse sans mouvement apparent sur le sol.

You! You! Pif! Paf! Poum! Un Poum formidable! Ce sont les agents, amis du marié, venus pour veiller à ce qu'on ne tire que prudemment, que les coups de feu ont grisés, et qui, ayant pris un tromblon d'un ancêtre, l'ont chargé jusqu'à la gueule et tiré au travers des jambes des curieux! Avant d'être agent, que diable! on est

Arabe et l'on sait faire parler la poudre! Pouf! Pif!... La danseuse repart.

Cette fois, elle a pris ma canne qu'elle est venue me demander, car elle a été sensible à nos compliments et a reconnu des amateurs qu'elle se propose de charmer. La voilà qui va à la guerre; prudemment d'abord, car elle cherche l'ennemi qu'elle n'a pas vu et dont elle ne veut pas être vue. La musique la comprend et l'accompagne avec discrétion, jusqu'au moment où la danseuse a vu l'ennemi. Alors, tandis qu'elle le défie du sabre, qu'elle va à l'attaque, se dérobe, semble fuir, revient, recule encore, le frappe une première fois, fait retraite, et l'abat enfin d'un grand coup, les tebouls redoublent, précipitent leurs coups saccadés, entraînants comme la charge, et les joueurs de raïtas gonflent leurs joues, grosses et rouges comme les grenades les plus grosses et les plus rouges des jardins de l'oasis. Alors les fusils et le tromblon de l'agent font voler les pierres sur les curieux. Les femmes sont transportées. You! You! Pif! Paf!

Puis c'est un berger qu'elle représente, qui garde et défend son troupeau. C'est un amoureux, qui conte sa peine, supplie et se fait écouter; ensuite un chasseur qui surprend le gibier, lance la matraque, ramasse la bête; et tout le temps la musique, faite de tambours et de flûtes, accompagne fidèlement les scènes.

C'est enfin la danse noble; la danse ancienne; la danse antique; celle qu'on danse depuis des siècles; qu'on a toujours dansée; qu'on a dansée devant les patriarches, devant le roi David, devant l'arche. La danse aux larges mouvements des bras qui, discrètement, ramènent le voile sur le visage ou l'écartent, coquettement; aux ondulations lentes et douces; aux sourires moqueurs, perfides ou engageants; à la marche fière et noble; aux dérobades subites et gracieuses; aux retours aimables, confiants ou généreux!

Quelle vision d'Orient, de l'Orient immuable, se déroulait devant nous, au bord de cette rivière desséchée, près des hautes palmeraies, devant toute cette assistance, vêtue comme les peuples de la Bible l'étaient, toute vibrante aux sons de la musique qui avait entraîné les conquérants venus d'Arabie, grisée par le bruit de la mousqueterie qui salue tous les actes de sa vie nationale ou privée! Et, comme fond de tableau, la longue masse rocheuse de l'Ahmar-Khadou que le soleil couchant colorait de teintes roses et violettes, qui se fondaient dans le bleu doux et apaisé du ciel où déjà brillait une étoile.

CHAPITRE XXVII

ORGANISATION DES TERRITOIRES DU SUD
LE GÉNÉRAL DESVAUX. — L'OUED RIHR.

Novembre 1907.

Si l'on danse dans un quartier de Biskra, dans d'autres quartiers, on se livre au commerce; et déjà l'importance des affaires qui s'y traitent dépasse les espérances qu'on avait conçues avant l'établissement de la voie ferrée. Mais, pour donner une idée du commerce qui s'y fait actuellement et surtout du commerce qui s'y fera, comme Biskra est à la limite méridionale du département de Constantine, je crois nécessaire de dire quelques mots de l'organisation, peu connue en France, parce qu'elle est récente, des pays situés au delà des trois départements qui sont en relations constantes avec Biskra.

Comme les nôtres, les départements algériens ont un préfet et des sous-préfets, lesquels administrent des arrondissements; mais, des communes dont se composent les arrondissements, seules les communes dites de plein exercice, où l'élément européen a acquis une réelle importance, sont semblables aux nôtres. Les autres sont appelées communes mixtes. Ce sont des territoires, souvent très étendus, comprenant parfois plus de soixante mille habitants, où l'élément indigène domine; ils sont administrés, ou, pour parler plus exactement, commandés par des fonctionnaires, nommés administrateurs, qu'une législation spéciale revêt de pouvoirs très étendus. Il y a quelques années encore, les trois départements se prolongeaient, en trois tranches verticales, aussi loin que la colonie s'étendait dans le Sud, malgré la difficulté de distinguer les limites départementales dans la région désertique et malgré la différence, et quelquefois la divergence d'intérêts des populations, dont les unes sont sédentaires ou ksouriennes, les autres nomades.

Tandis que la région du Sud soumise à notre autorité s'étendait; que l'importance de ce qu'on pourrait appeler le facteur saharien augmentait; que la pénétration prenait le caractère d'une œuvre « impériale », perdant celui d'une œuvre algérienne, la colonie, émancipée financièrement, devenue maîtresse de régler son budget spécial, était contrainte à vivre sur ses propres ressources. Or, appliquer les ressources de la colonie aux besoins de l'expansion française portait préjudice à l'Algérie; et, d'autre part, abandonner au budget algérien les maigres ressources du Sud, et laisser à l'État la charge de toutes les dépenses qui y sont faites, parce qu'elles ont un caractère national, n'était pas plus équitable.

On résolut donc de séparer administrativement des régions que tant de choses séparaient; la région du Sud de celle des hauts plateaux et du Tell. A ce pays pauvre et peuplé, une organisation spéciale s'imposait; il était nécessaire, en effet, d'y affecter un personnel d'administrateurs très mobile, très actif et peu coûteux, que des officiers, bien préparés et bien entraînés, fournissaient, tout naturellement et étaient seuls à pouvoir fournir.

Le projet d'organisation des territoires du Sud rencontra, cependant, une assez vive opposition de la part des conseils généraux. Les territoires qu'on projetait d'organiser comprenaient, en effet, une partie des hauts plateaux où vivent des tribus assez riches, dont les impôts allaient grossir les budgets départementaux; aussi, quoique les conseils généraux se souciassent fort peu, d'habitude, des besoins de contribuables qui ne votaient pas, ils trouvèrent très mauvais d'être dépouillés de revenus d'autant plus appréciables qu'aucune dépense ne leur correspondait. L'excédent de recettes qu'on proposait d'enlever ainsi aux départements s'élevaient à 800,000 francs. Après avoir fait une longue résistance, ils consentirent, cependant, à l'abandon de ces revenus, sur la promesse qui leur fut faite que les limites de l'Algérie départementale seraient progressivement poussées vers le Sud, à mesure que la mise en valeur des pays des hauts plateaux, dont on les dépossédait, le permettrait.

L'ensemble des territoires du Sud se compose : du territoire de Touggourt, qui commence à Biskra même et s'étend le long de la frontière tunisienne; de celui de Gardaïa, dans la province d'Alger, qui comprend Djelfa, Laghouat et le Mzab; de celui d'Aïn-Sefra, dans la province d'Oran, qui comprend l'importante région de la frontière marocaine, si bien organisée par le général Lyautey, initiateur de la plus grande partie des œuvres entreprises dans le Sud; enfin, au sud de ces trois régions, et les protégeant contre les incursions des pillards du désert, du territoire des oasis, qui comprend le bas Touat, le Tidikelt, Ouargla, Goléa, le Hoggar et le pays de Azdjer, qui confine à celui des Touaregs, dont le chef-lieu est Adrar, à 1,600 kilomètres de la côte.

Ces territoires se divisent en cercles et comprennent aussi des « communes indigènes », dont il est inutile de donner la définition; leurs quatre commandants correspondent avec le Gouverneur, pour toutes les questions financières et administratives. Le Gouverneur établit le budget spécial de l'ensemble des territoires alimentés par les contributions arabes, par la quote-part des droits d'octroi de mer et des douanes, et, enfin, par la subvention que donne la France pour le payement des troupes et des maghsens.

Et c'est ainsi que, continuant l'œuvre que leurs devanciers accomplirent en Algérie, quand tout était à créer, nos officiers poursuivent, actuellement, loin de la patrie, si distraite qu'elle ignore parfois leur existence, une œuvre admirable et féconde.

Le sujet me paraît si intéressant qu'au risque de fatiguer, je ne me résous pas à l'abandonner.

Je dirai donc que le budget des territoires est de 3 millions et demi, et que celui des dépenses militaires que la métropole consacre, malgré le fougueux M. Messimy, à l'occupation de ce vaste pays de 450,000 habitants qui s'étend du Maroc à Tunis et à la Tripolitaine et jusqu'aux pays des Touaregs, atteint à peine 5 millions et demi. Avec les faibles ressources de ce petit budget, nos officiers, secondés par des fonctionnaires civils, dont le dévouement égale le leur, réalisent des prodiges.

C'est par l'assistance médicale qu'ils ont résolu de gagner, tout d'abord, la confiance et l'affection des populations. A l'hôpital des Pères Blancs de Gardaïa, dont l'influence gagnera peu à peu les gens si susceptibles et si fermés du Mzab, on a ajouté une quinzaine d'infirmeries fixes, dont le nombre augmente chaque année, et aussi des infirmeries mobiles qui vont à travers le pays. On a créé des bureaux de bienfaisance, multiplié les vaccinations, lutté et appris à lutter contre les épidémies qui ravagent souvent ces pauvres populations.

A ces peuplades que les écarts prodigieux de la production des pays algériens menacent parfois de si grandes misères, on a appris à se constituer des sociétés de prévoyance, de secours et de prêts mutuels. On a ouvert des écoles, pour les instruire quelque peu. On s'occupe de développer l'élevage, d'étendre les cultures, surtout celle des palmiers dont le nombre atteint aujourd'hui cinq millions.

On active le mouvement commercial en assurant l'ordre, la tranquillité et la sûreté dans le pays, dont une partie était autrefois livrée au pillage. On protège les caravanes, notamment celles qui se rendent, chaque année, dans les régions lointaines de l'extrême-sud. Déjà, le mouvement commercial approche de 65 millions. On régularise, enfin, la perception des impôts et le payement des corvées. Surtout, on s'efforce de donner à ces populations déshéritées ce dont elles manquent tant, l'eau; l'eau qui transforme aussitôt l'existence et amène la richesse, le bonheur et la joie, là où régnaient la misère, le malheur et la désolation. Sous ce rapport, les résultats qu'on obtient chaque année, notamment dans la région de l'Oued Rihr, qui s'étend de Biskra à Tougourt, sont merveilleux. Mais, pour être juste, il faut ajouter qu'ils ne font que continuer l'œuvre qui avait été commencée, il y a longtemps déjà, par un officier dont tout militaire ne prononce le nom qu'avec respect, le général Desvaux.

Il avait vingt ans et ne songeait pas à embrasser la carrière militaire, quand la révolution de Juillet excita chez lui une passion guerrière qu'il ignorait sans doute et que son ardeur dans la lutte lui valut d'être nommé sous-lieutenant de cavalerie, par récompense nationale.

Pendant quarante années, de 1831 à 1871 qu'il quitta le service, entré dans l'armée sous des auspices qui semblaient présager peu de disposition au respect de l'autorité et de la règle, cet ancien héros de Juillet, dans tous les grades qu'il obtint, dans tous les emplois qu'il remplit, au cours d'une carrière qui compta vingt-quatre années d'Afrique, ne cessa jamais de servir avec une exactitude, une conscience, un zèle, une droiture, une équité et une fermeté qui lui assurèrent, dès le premier jour, une considération toute particulière.

Quand, après avoir commandé la division de chasseurs d'Afrique à Solferino, puis la province de Constantine; quand, après avoir été sous-Gouverneur, lorsque Pélissier était Gouverneur, il eut été compris dans la capitulation de Metz, avec sa division de cavalerie de la garde, écœuré des faiblesses qu'il avait vues, et convaincu de la stérilité dont les politiciens frapperaient les efforts des militaires, naïfs et confiants dans leurs discours sonores, il se retira. « Desvaux ! Desvaux seul peut nous remonter, » — disait-on cependant. « Il faut qu'il soit ministre ! » Les prières instantes de ses amis, même celles du Maréchal de Mac-Mahon, ne firent jamais fléchir la ferme résolution du général. Il savait qu'on ne lui permettrait pas de faire ce qu'il jugeait indispensable de faire; et, ayant quitté l'armée pour s'éloigner de certains officiers, dont il lui paraissait intolérable d'être le camarade, il demeura ferme et triste dans sa retraite.

Un jour, le Maréchal, me croisant à cheval au Bois, me dit d'une voix émue : « Desvaux est mort! Desvaux est mort! » La tristesse, l'accent, la figure du vieux soldat en disaient plus long que le plus beau discours. Je lui sus gré de m'avoir associé à sa douleur; de s'être rappelé que, depuis longtemps, moi aussi, j'étais au nombre de ceux qui avaient le respect de ce grand serviteur de la règle.

Jusqu'à ce que le général Desvaux fût parvenu au commandement de la subdivision de Batna, les habitants du Sahara employaient, pour se procurer un peu d'eau, des procédés aussi primitifs qu'insuffisants. Sur le point choisi, on creusait, à la main, un rudiment de puits qu'on coffrait ensuite avec du bois de palmier. Cela fait, avec une corde, on descendait un travailleur qui approfondissait le puits, au grand péril d'être submergé par l'irruption subite de l'eau ou écrasé par l'éboulement des terres.

Le plus souvent, l'eau, en jaillissant, entraînait des sables qui arrêtaient l'écoulement; alors, on faisait appel à des plongeurs. Nu, les oreilles bouchées, s'étant chauffé, ayant dit sa prière et fait ses ablutions, le plongeur se laissait glisser le long d'une corde jusqu'au fond du puits, et, après deux ou trois minutes de plongée, revenait à la surface avec un petit panier de sable. Un autre plongeur lui succédait. Mais les efforts de ces pauvres gens étaient insuffisants; peu à peu, la profession pénible de plongeur était abandonnée; l'eau se faisait chaque jour plus rare; le désert gagnait; la région de l'Oued Rhir se dépeuplait.

Le général Desvaux avait conservé le souvenir de la désolation qui l'avait attristé au cours de l'expédition qu'il avait conduite, en 1854, jusqu'à Touggourt dont il prit possession; il résolut donc de ramener la vie dans le pays qu'il avait conquis. Il semblait à cet homme juste que c'était le devoir du vainqueur. Il obtint donc de substituer aux procédés primitifs, et presque abandonnés, des indigènes, les moyens d'action puissants de notre industrie. Par son ordre, on se mit au travail, et dès 1856, après vingt-deux jours d'un travail que les indigènes contemplaient avec quelque ironie, l'ingénieur Juss, qui devait continuer longtemps son œuvre bienfaisante, fit jaillir, dans l'oasis de Tamerna, aux yeux des populations, aussitôt ivres de joie, une rivière de 4,000 litres à la minute.

Un résultat aussi merveilleux détermina, plus tard, le Gouvernement à entreprendre des travaux semblables sur d'autres points. Presque tous furent couronnés de succès; mais c'est cependant dans la région de l'Oued Rihr, où l'on rencontre à une faible profondeur une nappe artésienne considérable, qu'on a obtenu les plus beaux résultats. Un puits, celui d'Aïn-Tarfount, donne à lui seul 12,000 litres à la minute, ce qui représente le débit le plus important obtenu jusqu'à ce jour, dans le monde entier, par les ateliers de forages artésiens.

De fait, toute la région des quarante-trois oasis qui s'égrènent, sur 53 lieues, de Biskra à Touggourt, est en voie de transformation. On y comptait 339,000 palmiers quand on entreprit les premiers forages; en 1895, on en comptait 870,000; l'an dernier, on en comptait 940,000. Dans la même période de temps, la population a quadruplé; elle est aujourd'hui de 30,000 habitants. Déjà cette prospérité a déterminé des Européens à consacrer de gros capitaux à la création d'oasis, et décidé le Gouvernement à prolonger jusqu'à Touggourt le rail qui s'arrête aujourd'hui à Biskra. Alors l'activité commerciale de Biskra, capitale des Zibans, sera sans doute singulièrement accrue.

Dès maintenant, les recettes de la gare de Biskra atteignent 310,000 francs; l'exportation des dattes s'élève à 10,000 tonnes en petite vitesse, à 1,000 tonnes en grande vitesse et à 15,000 petits colis; tandis qu'on reçoit 20,000 tonnes de céréales et de marchandises diverses, destinées aux oasis. Assurément, ce mouvement qui s'accentue chaque année porte préjudice à l'antique industrie des transports à dos de chameau; mais il en sera là comme chez nous, où les chemins de fer, loin de diminuer l'importance du roulage, l'ont accrue.

Aussi la population européenne de Biskra augmente-t-elle, et des maisons très confortables s'élèvent-elles autour de l'hôtel de ville, fort gracieux, qu'on y a édifié il y a quelque temps.

Il me semble que j'en ai dit assez, pour donner une idée de l'œuvre que nos officiers accomplissent dans les territoires du Sud. Il y a quelques années, un jeune officier, qu'un singulier hasard avait gratifié d'un avancement prodigieux, commettait des fautes graves dans le service qu'on avait eu l'imprudence de lui confier. Pour toute punition, on l'envoyait en Tunisie. « On voulait sa mort », clamait-il; tandis qu'on l'éloignait, simplement, et très paternellement, des plaisirs qui lui étaient chers et qu'on le rapprochait de camarades dont la saine influence pourrait réformer son esprit peu militaire.

Promptement enlevé au beau pays tunisien où il croyait ses jours menacés, il figure aujourd'hui sur la première page de l'annuaire de l'armée française; il passe des revues, inaugure, monte à la tribune, surveille la discipline; apprécie les services, les dévouements et les courages; punit et récompense, entre deux séances de musique; tandis que les modestes officiers qu'il a entrevus à peine continuent à servir, bien au delà du pays qui l'a tant effrayé, dans les conditions les plus dures et souvent au péril de leur vie, sans songer jamais à obtenir un avancement qui paraît réservé, surtout, aux explorateurs des corridors ministériels et aux planteurs de l'acacia.

Rivalisant, entre eux, de zèle, d'ingéniosité, de dévouement, de savoir, d'activité et de courage; montrant à l'envi, aux populations qu'ils s'efforcent d'enrichir, d'instruire et d'élever, les vertus que les bons officiers français ont toujours possédées, ils méritent, eux qui n'ont pas failli et que la justice de leurs pairs n'a pas frappés, qu'on leur adresse, au milieu des travaux qu'ils poursuivent, sans défaillance, pour la gloire du nom français, l'apostrophe que le courage de nos cavaliers arracha à l'ennemi, un jour de bataille : « Ah! les braves gens! »

XXVIII

BISKRA. — L'OASIS. — SIDI-OKBA. — LA KAHÉNA. SOUVENIRS D'UN CAPITAINE DE CAVALERIE

Novembre 1907.

Lorsque, se promenant dans l'oasis, on vient à s'approcher d'un village, on est aussitôt assailli par une bande d'enfants que la générosité ou la lassitude des voyageurs a tranformés en mendiants d'une ténacité inlassable.

Les petites filles restent derrière et sur les côtés, trottinant de leurs petits pieds; tendant à l'étranger leurs petits bras aux anneaux de corne et de cuivre, et leurs petites mains, aux ongles rouges, avec un sourire sur les lèvres, qui laissent voir leurs jolies dents blanches, avec leurs grands yeux de gazelles lutines. Elles suivent, répétant, sans s'arrêter ni se lasser, sur le même ton, qui peu à peu devient suppliant : « Soldi! Soldi! Soldi! » Comment résister à la prière de ces gentils petits êtres que la fatigue et la pauvreté flétriront avant l'âge et qui, de toute leur vie peut-être, connaîtront si peu de bonheur?

Les garçons, eux, vous devancent d'habitude, afin de mieux montrer leur agilité; les uns sautent, gambadent, font la roue ou marchent sur les mains, tandis que d'autres, plus hardis, vous crient sans arrêt : « Jetonsodanlo! Jetonsodanlo! » vous invitant ainsi à jeter un sou dans l'eau du ruisseau profond et rapide qui longe la route. Ne faut-il pas reconnaître l'adresse de ces fougueux acrobates et de ces plongeurs endiablés, ne serait-ce que pour recouvrer la liberté et le calme que le payement de ce droit modique de circulation assure aussitôt au voyageur?

Alors, pénétrant dans le dédale des ruelles enchevêtrées du village, on peut jouir du spectacle singulier de ce lieu habité, qui semble pourtant désert, et que l'éloignement de la marmaille qui, seule, y menait quelque bruit, laisse dans un silence profond. Le soleil est haut et projette peu d'ombre; les plans différents se confondent dans une même lumière; le sol de la route, les murailles des maisons faites de terre comme les murs de clôture des jardins, sont de la même couleur rouge brique, sur laquelle tranche parfois le badigeon blanchi d'une fontaine ou d'une mosquée. Le ciel est bleu; bleu foncé, bleu profond; bleu riche et majestueux, comme le bleu de la Méditerranée, dans ses grands jours de fête; et des gros bouquets des palmiers tombe, verticalement et comme lourdement, sur le sol des jardins, une ombre qui le rend tout noir.

Tandis qu'on chemine sous l'impression de ce tableau qui étonne, un grincement se fait entendre. C'est une porte qu'on ferme et qui gémit, en tournant sur ses gonds de bois, éteignant presque le bruit de quelques voix étouffées et le grognement sourd d'un chien qu'on calme dans l'intérieur de la maison; tandis qu'un chat, qui surgit tout à coup, s'enfuit, effrayé, saute, grimpe et disparaît. Tout le monde se tait ou fuit.

Est-ce donc un village enchanté? Non, car voici que l'eau du ruisseau d'irrigation qu'on suit, contenue par une petite digue de bois de palmier qu'elle franchit avec la jolie musique d'une gentille petite cascade, se déverse, en partie, dans la direction d'une maison basse où résonne le bruit sourd des meules arabes. C'est un moulin. Sur le pas de sa porte, qui est en contre-bas, le « feran », au long tablier de cuir, fort important, très pénétré de la haute dignité de sa profession, attend patiemment qu'un client qui est là, en travers de la route, ait achevé de déterminer, à coups de bâton, un tout petit âne, que sa charge écrase, à descendre dans l'antre obscur du moulin. Mais la pauvre petite bête, que le saut dans l'inconnu semble fort effrayer, a quelque répit, car son maître cesse de la battre, et, se tournant vers nous, salue militairement, en portant sa main à sa calotte graisseuse : « Bondjour! Ça va bien? » C'est un ancien turco, qui a vu ma rosette, et qui tient à me montrer le petit morceau de soie jaune qui fut jadis un ruban de médaille, et à me conter ses campagnes. Nos efforts réunis parviennent, enfin, à vaincre la résistance du bourriquot sans que le « feran » ait bougé, du reste.

Plus loin, c'est un aveugle qui tâte le mur avec son bâton, et, palmodiant de sa voix déchirante quelques saintes invocations, gagne la mosquée où il restera jusqu'à la nuit, accroupi contre le mur, la main tendue, les yeux ouverts et morts levés vers le ciel, la tête nue au soleil, dévoré de mouches, immobile, répétant avec cet accent qui rend si tristement la douleur de ceux qui sont dans la nuit : « Eh! vous, enfant de Dieu! Eh! vous, croyants fidèles! Vous, les fils de Dieu! Par notre Seigneur Abd-el-Kader, ayez pitié de moi! Dieu vous le rendra!... »

Et c'est tout ce qu'on rencontre parfois, quoiqu'on sente, vous entourant de toutes parts, des êtres très vivants, qui vous fuient et vous épient; dont l'existence qui se dérobe a vos regards vous agace, bientôt, comme une énigme que l'on veut résoudre; vous poursuit et vous obsède, comme un sphynx dont on veut pénétrer le secret; et, peu à peu, quand on parvient à soulever le voile qui cache cette vie si discrète, on est gagné par le charme de ce pays étrange.

Et lorsque, à la fin de la journée, venant de la région dénudée, on rentre, et qu'on se dirige vers l'oasis sombre, comme on se dirige en mer vers une île; que le soleil baisse, enflammant le ciel de lueurs rouges qui se reflètent sur le sol; que l'ombre, qui seule vous tenait compagnie dans cette solitude, grandit, s'allonge et vous quitte; que dans le désert, silencieux toujours, le silence semble se faire plus profond encore; que l'oasis, enfin, disparaît dans la brume, lorsque tout à coup, une dernière lueur de feu ayant disparu, la nuit tombe sur cette terre, où plus rien n'apparaît, où plus rien ne guide, avant que les étoiles ne brillent au ciel; alors, de quelle impression, si profonde qu'on s'en souvient toujours, ne se sent-on pas pénétré, dans cette solitude obscure et silencieuse?

Et lorsque la lune projette sa lumière argentée sur les grandes palmeraies des jardins, créant des sous-bois fantastiques où les ombres noires des arbres, et, parfois celles des gardiens, tranchent nettement sur le sol qui, brille : que le fouillis des maisons basses et discrètes, où çà et là filtre le rayon d'une lampe, se complique encore par les oppositions de lumière et d'ombre, et que, guidé par le bruit de la chanson nasillarde qu'on entend au loin, on voit autour du chanteur, qui s'accompagne de son petit violon, les assistants qui l'écoutent, allongés sur des nattes, impassibles, immobiles, humer une tasse de thé et rêver en silence de choses qu'on ignorera toujours, on se sent loin, bien loin de la France, si près pourtant, et transporté dans un pays bien différent du nôtre, au milieu d'une population que les siècles n'ont pas modifiée, qui assurément sait déjà profiter des bienfaits de notre civilisation, qui en profitera davantage encore, mais qui, de longtemps cependant, n'y trouvera aucun motif de changer sa vie.

L'excursion que les étrangers ne manquent jamais de faire est celle de Sidi-Okba. L'oasis, fort belle et fort grande, ne contient qu'un village; elle est à cinq lieues, à l'est, au delà de la rivière, qu'il faut franchir à gué. C'est surtout le tombeau de Sidi-Okba qu'on y va voir; le tombeau de « ce fameux lapin » dont j'avais parlé à mes hussards, que je conduisis dans le temps, comme je leur avais promis, faire leurs dévotions de soldats à ce guerrier.

Quand les Arabes eurent soumis la Syrie, puis la Perse, selon l'ordre que Mahomet avait donné à sa mort, ils s'en prirent à l'Égypte, dont ils chassèrent facilement les Grecs, et de là, peu à peu, pénétrèrent dans le Soudan, l'Afrique centrale, Tombouctou et le pays du Niger, qui, dès ce moment, leur fournirent abondamment des esclaves. Toute la région montagneuse, et bien peuplée alors, qui comprenait la Tunisie, l'Algérie et le Maroc actuels, se soumit plus difficilement à leur domination. Il ne fallut pas moins de quatre campagnes, quatre invasions plutôt, qui dévastèrent le pays, comme des raz de marée qui renversent et détruisent tout sur leur passage, pour faire passer le Maghreb de l'Empire byzantin, qui se défendit mollement, à l'Empire arabe, et pour vaincre, aussi, les résistances des Berbères, plus redoutables que celles des Grecs.

La première invasion ne dépassa pas la Tunisie; vingt ans après, la seconde fut dirigée par Okba, fondateur de Kairouan, que les Arabes avaient élevé pour remplacer Carthage à demi détruite. Brave, sévère, dur, inflexible, Okba porta la terreur dans tout le pays qu'il traversa, jusqu'à l'Atlantique. On dit que, lançant son cheval dans la mer Atlantique, il s'écria : « Grand Dieu! si je n'étais pas arrêté par cette mer, j'irais jusqu'aux royaumes inconnus de l'Occident; je prêcherais, sur ma route, l'unité de ton saint nom, et je passerais au fil de l'épée les nations rebelles qui adorent un autre Dieu que toi! »

Mais, la confiance qu'avait ce grand soldat dans la crainte qu'il inspirait devait le perdre. Tandis, en effet, qu'au retour d'une expédition, il rejoignait Kairouan, fatigué, sans doute, de marcher avec ses troupes qui cheminaient lentement, il commit la faute — combien de fois renouvelée depuis! — de s'en éloigner pour marcher plus librement et plus commodément, et s'en fut avec une escorte de trois cents fidèles. Ceux qu'il croyait avoir domptés pour toujours l'épiaient. Subitement attaqués par une nuée de Berbères, sans songer un instant à fuir, tous ces cavaliers fidèles, à l'exemple d'Okba, récitèrent leurs prières, tirèrent leur sabre et se jetèrent résolument sur la masse ennemie où ils trouvèrent la mort.

La disparition de leur terrible chef démoralisa les Arabes, qui firent aussitôt retraite sans combat et abandonnèrent, peu après, Kairouan aux Berbères.

Cette surprise était la première manifestation d'un sentiment national qu'une femme de l'Aurès sut exalter et diriger. Devineresse d'une singulière perspicacité, elle avait acquis une puissance surnaturelle très grande, dans ce pays où, de nos jours encore, les femmes jouissent d'une autorité singulière. Brave jusqu'à l'héroïsme, ennemie résolue des Arabes, animée d'un patriotisme ardent, elle fut promptement acclamée par toute la population. Si les Berbères, en effet, avaient vu, sans regret aucun, les Arabes chasser du pays les Byzantins qu'ils détestaient, — car jamais les Grecs ne surent gagner l'affection des peuples de leur empire, — ils entendaient être libres.

Kahéna, devenue reine de l'Aurès, enflamma son peuple, repoussa les Arabes bien au delà de Kairouan, et, jalouse de conquérir l'indépendance des siens, purgea le pays des derniers Grecs qui y étaient demeurés. Aussi, lorsque Hassan, à la tête de la troisième invasion, résolut de rétablir la domination musulmane dans le Maghreb, eut-il grand'peine à s'avancer dans le pays dont l'énergie de la Kahéna avait fait un désert, et plus de peine encore à atteindre son ennemie insaisissable. Il parvint, cependant, à la contraindre à accepter une bataille, dont l'issue n'était pas douteuse. Désabusée du beau rêve qu'elle avait conçu, vaincue et tuée les armes à la main, la reine de l'Aurès abandonna aux Arabes la possession du pays qu'une dernière invasion ne fit que compléter.

Des savants ont élevé quelques doutes sur l'exactitude de l'histoire de l'héroïne berbère. Au nom de ce savoir, qui tend souvent à ne plus laisser croire à rien, ils ont prétendu que la Kahéna n'était, comme son nom l'indiquait assez, qu'une femme de ces colonies juives installées depuis longtemps en Afrique; qu'il ne fallait donc pas voir, dans cette juive, qui fut peut-être devineresse, une femme de l'Aurès, passionnée pour l'indépendance de son pays; encore moins, sans doute, une reine de l'Aurès.

Pour moi, je m'en tiens aux traditions et aux récits qui, sur cet épisode, n'ont pas varié depuis douze cents ans. Au surplus, juive, devineresse ou reine, la Kahéna a personnifié un grand mouvement national; elle a chassé de son pays les ennemis du dedans, et repoussé les ennemis du dehors. Si elle a succombé à la tâche que son grand cœur avait juré d'accomplir, elle n'en est que plus intéressante. Elle a droit au souvenir, au respect, et même à l'envie de ceux qui, battus et cruellement affaiblis par les ennemis du dehors, songent trop peu à sauver leur pays que les ennemis du dedans pillent, torturent, déshonorent et détruisent. Salut donc, brave Kahéna; brave femme des belles montagnes de l'Aurès, dernière citadelle de la nationalité berbère!

Tombée dans la défense de la plus noble des causes, le souvenir de la grande patriote n'est cependant consacré par aucun monument, et sa mission même est mise en doute; tandis que sans cesse, depuis des siècles, des troupes de pèlerins mahométans, et, depuis quelques années, des milliers de chrétiens, vont visiter le tombeau de ce grand soldat, qui fut pourtant un conquérant farouche et un apôtre cruel; qui ravagea un pays immense, et, au fil de l'épée, renversant la croix, y implanta la religion déprimante du grand imposteur de la Mecque.

Tout le temps que je passai, cette année, à Biskra, je songeai aux compagnons d'autrefois, aux belles promenades, aux longues causeries, aux bonnes soirées, aux gaietés bruyantes, si chères aux grands enfants que sont les militaires, lorsque, sans se soucier d'être de mélancoliques intellectuels, sans joie et sans estomac, ils se contentent d'être des gens d'action, de bonne humeur et de bonne santé. Devant l'hôpital, il me semblait voir notre bon docteur Weber, qui hachait de la paille en parlant, au point d'être absolument incompréhensible, bien qu'il prétendît avoir été pris pour un « Barizien » à son dernier voyage en France. Devant la popote, je pensais au capitaine Teillard des spahis, si gai, si aimable et si vif; au jeune sous-intendant Thonmazou, si enjoué, si fin, si spirituel, si instruit déjà, que sa valeur exceptionnelle a porté à la tête de son arme.

Près de la caserne d'infanterie, je revoyais l'adjudant-major du bataillon, le capitaine Oudry. Comme il était chargé de la surveillance des locaux disciplinaires des Zéphyrs, où tout était un peu spécial et adapté à la nature des sujets qu'on y enfermait, je lui confiais quelquefois deux ou trois pratiques de mon escadron, dont il convenait de calmer le mauvais esprit. Les traitements du camarade étaient toujours d'une efficacité absolue. Et, en face de la manutention, n'avais-je pas le droit de saluer la mémoire de cet officier d'administration charitable, qui ne craignait pas d'octroyer à mes hussards des rations de vin ou d'eau-de-vie, toutes les fois que les évolutions de mon escadron avaient causé quelque joie à son cœur d'ancien cavalier? O mystères de la comptabilité! O vanités des vérifications!

Et, devant le Cercle, comment aurais-je pu échapper aux souvenirs de ces longues beuveries, au cours desquelles le commandant du bataillon lui-même, grand et fort, haut en couleur, montait sur une chaise pour y entonner d'une voix éclatante, le verre en main, le refrain d'une interminable chanson :

Et pourquoi-couac,
Et pourquoi-couac,
Boirions-nous de l'eau?
Sommes-nous des grenouilles?

Ah! non! saperlipopette! nous n'en étions pas, des grenouilles!

Et lorsque je quittai, pour la dernière fois, cette ancienne garnison de ma jeunesse, je pensai, non loin du col de Sfa, avec une douce émotion, à la scène des adieux, quand, précédés par la fanfare qui nous avait accueillis à notre arrivée, nous nous en allions accompagnés de tous nos amis. Les officiers s'embrassèrent; les sous-officiers s'embrassèrent; les soldats aussi; puis on se quitta. Tandis que nos trompettes sonnaient la marche des cavaliers légers : « Roule ta bosse; tout est payé! » que nos chevaux tournaient la tête et hennissaient pour saluer une dernière fois les camarades dont ils s'éloignaient, et que nous cheminions, en silence, sur la route de Batna, les amis que nous abandonnions descendaient lentement la côte, le bruit de la fanfare diminuait. Bientôt on ne l'entendit plus; et pourtant, trente ans après, elle résonne encore à mon oreille, cette fanfare, émue et attristée un moment, mais bientôt gaie et entraînante comme d'habitude :

V'là le bataillon d'Afrique!
V'là les Zéphirs en avant!

XXIX

LAMBÈSE ET TIMGAD

Octobre 1907.

Je ne parlerai pas longuement de la visite que j'ai faite aux ruines de Lambèse et à celles de Timgad, car je ne suis rien moins qu'archéologue, et, dans l'art de déchiffrer les inscriptions, suis resté au point où m'a laissé la seule leçon que j'ai reçue, un jour que j'eus le bonheur, il y a longtemps, de rencontrer l'aimable et regretté professeur Masqueray, sur les ruines d'Aïn Zana, au pied de l'arc de triomphe de Diane. Si même je me risque à parler de mon excursion, ce n'est que pour conter quelques-unes des réflexions philosophiques que j'ai eu l'occasion de faire, pendant les deux journées que j'y ai consacrées.

Tandis que je contemplais la vaste étendue des ruines de Lambèse, si malencontreusement diminuée par la grande construction de l'établissement pénitentiaire qu'on aurait dû avoir le bon goût d'élever un peu plus loin, ma pensée alla de suite au savant modeste qui, le premier peut-être, s'avisa de fouiller ce terrain où, depuis, tant de savants distingués ont accompli tant de travaux et fait tant de découvertes.

Officier d'artillerie démissionnaire, mon oncle reprit du service dans la légion étrangère où il était capitaine, quand il fut envoyé à Batna avec sa troupe, et peu après détaché à Lambèse. Fort instruit; plus archéologue que militaire; oubliant parfois quelque peu sa compagnie près d'une pierre dont il s'efforçait de déchiffrer l'inscription, il eut bientôt fait de collectionner un nombre considérable d'estompages, soigneusement copiés et accompagnés de notes. Quand son colonel, étant venu inspecter son détachement, vit ce travail, il l'engagea vivement à l'envoyer à l'Académie. Mais cette proposition souriait peu à mon oncle, plus modeste encore qu'original. Le colonel dut lui faire violence. « Allons, mon cher Pigalle! n'exagérons rien. Confiez-moi votre travail. Je pars pour Paris. Je me charge de le remettre à l'Académie. » Le colonel tint parole. Il remit le travail à l'Académie... et fut nommé membre correspondant; ce qui laissa, du reste, mon oncle tout à fait indifférent et ne l'empêcha pas de continuer ses recherches, dont plusieurs subsistent, dans les provinces de Constantine et d'Alger, au prix de dépenses qui obérèrent fortement ses finances, jusqu'au jour où, complètement ruiné, il disparut à Biskra, emporté par le choléra.

Sic vos non vobis... J'avais le devoir de saluer la mémoire de ce bon pionnier de la première heure. Si son travail a été mince, en regard des travaux qui ont été faits depuis et de ceux qui se font encore, il les a pourtant tous précédés; et son brave cœur, loin d'être aigri de voir un autre tirer parti de son labeur, s'était réjoui à la pensée qu'il avait été donné de faire décerner une distinction très honorable au chef de son cher régiment.

Un militaire qui entreprend de visiter les ruines de Lambèse ne manque pas, surtout s'il a le bonheur, que j'ai eu, d'être aimablement guidé par un connaisseur, de constater bientôt combien les conclusions auxquelles les savants s'arrêtent sont modifiées souvent; et combien, souvent aussi ce que nos organisateurs modernes pensent inventer, pour le plus grand bien de l'armée, est vieux.

On sait que Lambèse fut le siège de la troisième légion romaine — Augusta — qui assurait à l'Empire, avec l'appui de très nombreux auxiliaires, dont elle n'était vraiment que la réserve, la possession de l'Afrique. Elle avait été d'abord à Tébessa; puis à Khenchela; puis dans un petit camp provisoire, à peu de distance, avant d'être établie, au deuxième siècle, dans les conditions presque identiques à celles qu'on retrouve dans toutes les ruines des camps légionnaires, au lieu où sont les ruines actuelles, sur la route de Tanger à Carthage; aux pieds de l'Aurès, pour en surveiller les populations; non loin, enfin, du poste avancé du Calceus Herculis, qui tenait la route principale du Sud.

Les fouilles qui ont été faites dans ces derniers temps ont déblayé une grande partie du camp. Deux grandes voies, aux dalles posées obliquement pour éviter les cahots aux chars, relient les quatre portes monumentales qui donnaient accès dans l'intérieur. A l'intersection de ces voies s'élève un vaste édifice, percé de larges baies, orné de colonnes. On l'appelle le *Prætorium*. C'est là, pense-t-on, que devaient se tenir les réunions officielles. Et tout le monde, sur la foi des savants, admirait la belle ordonnance de cet édifice qu'on croyait avoir été isolé, lorsque de nouveaux travaux vinrent établir que, loin d'avoir été isolé, le *Prætorium* avait fait partie d'un ensemble architectural qui précédait une large cour et une sorte de terrasse entourées de portiques, et une série de salles dont de petits écriteaux font connaître la destination qu'on est convenu de leur assigner actuellement.

Ah! nos novateurs les plus avisés n'ont rien inventé. Le casernement de la légion Augusta présentait, en effet, il y a dix-huit cents ans, outre des latrines pourvues d'une chasse à l'égout que nos casernes les plus neuves ne possèdent pas, des accessoires qui ne figurent pas dans nos plus récents projets, même dans ceux qu'a présentés M. Chéron, si instruit, comme on sait, de tous les intérêts militaires. Les réfectoires, les salles de jeu, même les maisons du soldat, qu'on s'efforce de mettre à la disposition de nos jeunes troupiers, n'auraient pas suffi aux exigences des vieux légionnaires. Salle de réunion des sous-officiers; salle de réunion des comptables; salle de réunion des secrétaires d'état-major — déjà; — salle de réunion des cavaliers, des musiciens, des trompettes et salle des joueurs de cor... Encore n'a-t-on débrouillé la destination que du quart des pièces déblayées, dans ce que nous appellerions le casernement commun, et n'a-t-on pas encore étudié, de près, les casernements des manipules, ce que nous appellerions les casernements de compagnie, si ce n'est pour y constater, déjà, que les chambres de petite contenance ne recevaient que sept à huit personnes. C'est ce qu'on demande depuis cinquante ans en France.

Les ruines des thermes, qui s'élèvent au milieu du camp, disent aussi, avec une singulière éloquence, que les légionnaires ne se seraient pas contentés, non plus, des ablutions que nos soldats peuvent pratiquer avec le mince filet d'eau qui s'échappe, goutte à goutte, des robinets des lavabos réglementaires, et pas davantage du jet de la douche tiède, qui arrose sommairement, deux fois par mois, nos bons troupiers.

Partout, on trouve des inscriptions ou des statuettes qui indiquent que les occupants possédaient une dévotion qui ne serait pas tolérée aujourd'hui. Que diraient nos gouvernants de cette sorte de chapelle centrale où l'on déposait les enseignes — alors toujours respectées — sous la protection des dieux, et, au-dessous, comme dans l'endroit le plus sûr, car les enseignes étaient gardées jour et nuit par un poste d'honneur, les économies des soldats!

Dans cette armée qui étendit le pouvoir de Rome jusqu'aux limites du monde connu; où tout était soumis à la même autorité centrale; où tout était réglé par des prescriptions invariables; dont les aigles, pendant des siècles, volèrent de victoire en victoire, portant partout des germes féconds d'une grande civilisation, un esprit militaire ardent, rehaussé par un grand sentiment religieux, régnait à tous les échelons. Chaque légion, chaque cohorte, chaque manipule, et dans toutes les unités, chaque spécialité, se plaçaient sous la protection d'une divinité, qu'elles invoquaient, tandis que, pour la grandeur du peuple romain, elles allaient combattre en Dacie, en Perse, en Afrique, en Germanie ou en Bretagne. Et n'était-ce pas aux convictions qui les animaient que ces vaillants durent, tout autant qu'à la puissante organisation de leur armée, les triomphes de l'œuvre immense dont ils furent les artisans anonymes?

Combien, sur ce point, notre armée de soldats chrétiens, qui ne peuvent plus fréquenter que des réunions antireligieuses, et souvent même antimilitaires, et qui n'ont plus de prêtres pour les assister au feu, lors du sacrifice qu'ils font de leur vie, n'est-elle pas inférieure à cette armée de soldats païens!

Des études assez récentes ont aussi modifié la croyance où l'on était que le soldat romain était astreint au célibat, pendant toute la durée de son service. Il est maintenant reconnu qu'à partir du règne de Septime Sévère, on ne se contenta plus de tolérer les unions irrégulières que les légionnaires contractaient dans les pays où ils résidaient, mais que des autorisations de mariage furent fréquemment accordées, qui modifièrent sûrement la vie des légions, car la diminution de contenance des casernements qui en résulta prouve que bon nombre de légionnaires demeuraient en ville. L'histoire montre, du reste, que l'armée ne gagna rien à ne plus observer la règle qui la faisait vivre de la même vie, à l'écart des citoyens, contrairement à ce que nos destructeurs pourraient prétendre.

Certaines des inscriptions que les veuves ont fait graver sur la tombe de leurs vaillants maris donnent une idée des services des légionnaires. Un militaire ne peut les lire qu'avec respect.

Voici la pierre d'un centurion qui, d'abord simple légionnaire, puis ensuite officier, successivement dans cinq légions différentes, dispersées dans l'empire, est passé centurion dans la IIIe Augusta, à Lambèse. Il y a connu une indigène, « Bodicca », l'a épousée, puis emmenée dans une autre légion — car le service n'était, alors, ni sédentaire, ni régional. — Retraité après quarante ans de services, il se retira à Lambèse où il mourut à soixante-dix ans. Centurion, c'est-à-dire capitaine après quarante-cinq ans de services ! Apparemment, la limite d'âge ne sévissait pas dans cette armée.

Les pierres montrent aussi que ces grognards savaient aimer. Voici l'inscription de Juliosa. Elle était née à Lambèse où son mari l'avait épousée. Elle l'avait suivi en Dacie, où elle mourut à vingt-sept ans. Retiré du service, son mari ramena son corps à Lambèse, *per maria et terras*, et lui éleva une tombe.

On voit sur l'une des faces du *Prætorium* une plaque de marbre, dont l'inscription est en partie détruite. On y lit que : « le Maréchal de Mac-Mahon étant Gouverneur, à la date du... L... visita les ruines de Lambèse... » C'est évidemment la visite de l'Empereur Napoléon III, dont les habitants ont voulu effacer le souvenir. Comme je contais au très aimable conservateur de Timgad l'étonnement que m'avait causé la vue de cette grosse bêtise de nos colons : « Oh! mon général, la bêtise est de tous les temps! Quand vous retournerez à Lambèse, regardez bien le même *Prætorium*; vous verrez que nos colons n'ont fait qu'imiter un exemple très ancien. Vous vous rappelez, sans doute, qu'Alexandre Sévère et sa mère furent assassinés à Mayence, par ordre de Maximin, véritable brute, qui régna trois ans, jusqu'au jour où la garnison d'El-Djem proclama empereur Antonius Gordianus, qui associa son fils à son autorité et qui fut acclamé par le sénat. Or, le premier acte de ce Gordien fut de destituer le légat de la IIIe légion, resté fidèle à Maximin, qui l'avait nommé. Aux deux Gordiens qui furent tués succéda plus tard un rejeton qui fut l'empereur Gordien III. Celui-là acheva l'œuvre de ses prédécesseurs; il licencia l'Augusta et fit marteler le nom de la légion sur l'inscription qui était gravée sur la frise du *Prætorium*. Les choses restèrent ainsi, pendant treize années; après quoi la légion fut reconstituée et son nom fut rétabli, à peu près, sur la frise, d'où sa fidélité à ses serments l'avait fait enlever. Vous le voyez, c'est un peu toujours la même chose. »

Cela peut être; mais que devaient penser ces pauvres diables, presque tous expédiés en Suisse, tandis qu'ils peinaient sur le sol glacé de l'horrible pays des Grisons, pour expier le crime d'avoir fait ce que l'honneur leur avait commandé?

Comme je n'ai le dessein de parler que des leçons de philosophie que j'ai recueillies à Lambèse, je ne dirai rien des ruines de la ville ni de celles des monuments qui entourent l'enceinte du camp.

Je ne dirai rien non plus de Timgad, qui est sept lieues plus loin, à l'est, sur la route de Khenchela, près du défilé de Foum-el-Sountina, qui traverse l'Aurès, et aboutit au sud à la vallée dont Mchounèche garde l'issue. Je n'en dirai rien, si ce n'est que, guidé par M. Barry, le conservateur actif de ces ruines, ma visite n'a été, pendant vingt-quatre heures, qu'un éblouissement.

Elle eut une courte existence, cette ville admirable de Tamugadi, dont les monuments étonnent par leur nombre, par leur importance — le forum est plus grand que celui de Rome — et par leur richesse. Bâtie sous Trajan, elle fut riche et prospère jusqu'au quatrième siècle; mais, à partir du règne de Constantin, elle fut troublée et quelquefois ravagée par les guerres religieuses qui affaiblirent tout le pays et préparèrent les succès des Vandales. En 536, les Maures l'incendièrent, pour empêcher les Grecs, vainqueurs des Vandales, de s'y établir; à la fin du septième siècle, lors de la troisième invasion arabe, Thamugadi disparut. Peu à peu, le sable la recouvrit d'une couche qui s'augmenta pendant des siècles, jusqu'en 1880 que les Français commencèrent à exhumer ce grand témoin éloquent de la civilisation romaine.

L'Aurès, qui ferme l'horizon, au sud, projette ses premiers coteaux à peu de distance; ils s'élèvent par grands gradins successifs jusqu'au mont Chélia, le géant de l'Algérie, qui les domine tous et semble les menacer du poids de sa masse énorme. J'aurais désiré en faire l'ascension et jouir de la vue admirable qu'on y découvre; mais la montagne était couverte d'une couche de neige qui atteignait sept mètres en certains endroits; tous les chemins étaient impraticables. Je dus me borner à contempler, de Timgad, la belle montagne de neige immaculée qui brillait au soleil, se détachant sur le ciel bleu, et tranchant sur la sombre forêt, qui s'étend à ses pieds, des cèdres séculaires, gigantesques, magnifiques, si réputés. Même morts, ces beaux arbres résistent à la putréfaction. Pline raconte que les poutres du temple d'Apollon, à Utique, qui étaient faites de cèdres de Numidie, duraient depuis douze cents ans. Cousins des cèdres du Liban du temple de Salomon, descendants directs de ceux de Numidie, aussi fiers, aussi majestueux, aussi incorruptibles qu'ils le furent, les beaux cèdres de l'Aurès sont pourtant délaissés. Leurs fûts, qui s'élèvent droits et fournis en massifs épais, ne tentent aucun acquéreur. Est-ce donc que maintenant on n'aime rien qui dure; rien, surtout, qui résiste à la corruption?

XXX

LA KABYLIE — 1854-1857

Novembre 1907.

J'ai voulu aller en Kabylie avant de rentrer en France. J'avais un vif désir de revoir le pays où j'avais fait une première excursion à quinze ans, en 1856; où j'avais, à deux reprises, passé mes vacances, et où, en 1871, j'avais combattu pendant trois mois.

La Kabylie du Djurjura, qu'il ne faut pas confondre avec la Kabylie des Babors, qui est au nord de Sétif, dans la province de Constantine, est presque tout entière dans la province d'Alger. Elle est bornée au nord par la mer, au sud et à l'est par la chaîne du Djurjura, à l'ouest par la rivière de l'Isser. Le Sébaon, qui coule au fond d'une vallée large de deux ou trois lieues, où se trouve Tizi-Ouzou, sépare la Kabylie proprement dite de la Kabylie côtière, moins tourmentée et moins abrupte, dont Dellys est le centre le plus important.

C'est dans cette région difficile et pauvre, dans ce pays au climat le plus rude, que vit une population intéressante entre toutes, énergique, laborieuse, intelligente et brave. Malgré tout ce qui semblerait devoir arrêter son développement, tout ce qui rend même son existence étonnante et comme imcompréhensible, elle croît chaque jour et augmente, au point qu'elle atteint une densité qui égale ou dépasse la densité des populations des contrées les plus riches de l'Europe. Ayant vécu dans une indépendance presque complète, que leur courage et que l'âpreté de leurs montagnes leur ont constamment assurée, les Kabyles descendent des Numides, sujets de Massinissa et de Jugurtha. Ils n'ont jamais eu rien de commun ni avec les Romains, ni avec les Vandales, ni avec les Grecs, ni, sauf exception, avec les Arabes, dont les croisements ont constitué la race de l'Algérie.

Ils parlent une langue très particulière qui n'est pas d'origine sémitique et qui ne s'écrit pas; ils ignorent souvent l'arabe; et musulmans, d'habitude peu orthodoxes, parce qu'ils ne comprennent guère le Coran, ils sont régis par des coutumes différentes de celles qui constituent le droit musulman. C'est ainsi qu'ils sont monogames, et qu'ils laissent à leur femme, qui n'est pas voilée, une certaine liberté, achetée du reste par le labeur écrasant qui est infligé à la pauvre créature, toujours chargée des besognes les plus rudes du ménage.

Chaque village est administré par une assemblée de notables qu'on appelle la Djemma, et qui nomme son chef : l'amin. L'alliance que contractent les villages de la même région forme des tribus, dont l'union passagère, conclue dans un but surtout défensif, constitue ce que nous appelons une confédération. Notre occupation seule a mis fin aux discordes qui ont, de tout temps, déchiré ce pays républicain constamment divisé, en tout et sur tout, en deux partis — deux çofs — perpétuellement ennemis. Si ennemis que, rivalisant d'habitude de courage, ils le furent pourtant parfois plus de leurs concitoyens que de ceux qui menaçaient leur indépendance.

Jamais, en somme, le système du *self-government* n'a été mis en pratique d'une manière plus complète ni plus radicale qu'il ne l'a été dans ce singulier pays. Ce fut l'idéal du gouvernement libre et peu coûteux; le peuple y faisant tout et suffisant à tout. Mais, en réalité, il n'échappa jamais, aussi, à aucun des dangers de la démocratie.

Après que la Kabylie occidentale et la région de Dellys eurent été conquises, une première expédition fut dirigée contre les montagnards de la grande Kabylie. C'était en 1854. Commandée par le général Randon, qui y perdit, selon une chanson méchante, le bâton de Maréchal qu'il mérita, plus tard, si bien de recevoir, hâtivement conçue, exécutée sans plan bien arrêté, elle causa de grosses pertes et n'obtint que des résultats insignifiants, malgré la valeur des divisions que commandaient le général Camou, splendide soldat, type accompli de bravoure, d'expérience et de bonté, et le général de Mac-Mahon, qui peu après rejoignit l'armée de Crimée d'où il devait revenir pour contribuer à la conquête définitive du pays. On escalada le massif montagneux; on eut même l'idée de grimper sur l'un des sommets les plus élevés du pays. Mais l'altitude ne suffit pas à la guerre; on y fut presque assiégé. On regagna la plaine, nanti de quelques contributions; ce fut tout. Et force fut d'en rester là.

La guerre de Crimée, en effet, exigeait l'effort de trop de troupes pour qu'il fût possible de songer à entreprendre alors aucune expédition importante en Algérie; on se contenta donc de surveiller le pays kabyle : de Dra-El-Mizan à l'ouest, de Tizi-Ouzou au nord, où se trouvaient deux forts turcs. Mais, surveiller ne suffisait pas aux deux officiers qui s'y trouvaient, et ils s'occupèrent aussitôt d'étudier et de reconnaître le pays, où l'on ne tarderait pas à aller combattre, et surtout de chercher à y pratiquer des intelligences; tous deux réussirent dans leur tâche, mais ils employèrent pour y parvenir des méthodes très différentes.

A Dra-El-Mizan, le capitaine Beauprête agit par la manière forte. Arrivé aux zouaves complètement illettré, Beauprête avait déployé une énergie qui lui avait valu l'épaulette; nommé officier, il était passé presque aussitôt dans les Bureaux arabes où il n'avait pas tardé à se faire remarquer par son courage, sa décision, sa témérité et sa connaissance de la langue arabe, à laquelle il n'avait pas tardé à joindre celle de la kabyle. Dès qu'il fut à Dra-El-Mizan, il ne craignit pas de fréquenter les marchés kabyles, pour recueillir lui-même les renseignements qu'il jugeait bon de posséder. Quand, par suite d'un mouvement d'oubli, il était reconnu, qu'on s'écartait de lui, que son nom était chuchoté de bouche en bouche, et que les regards devenaient de plus en plus menaçants, tout à coup, se redressant fièrement, écartant la gandoura qui cachait sa croix, il disait d'une voix calme : « Oui, voilà Beauprête ! » et s'éloignait lentement de ces populations stupéfaites de tant d'audace. Son nom seul glaçait d'effroi, du reste, car c'était un voisin terrible; un justicier implacable, qui faisait enlever de nos marchés les Kabyles qui les venaient fréquenter, pour peu qu'ils eussent manifesté des sentiments hostiles à notre égard ou fait quelque propagande. Par des procédés qu'on ne découvrait pas, bien qu'on les devinât, ceux qui se rendaient coupables de quelque larcin chez les tribus soumises, ou qui avaient tenu de mauvais propos même en pays kabyle, étaient amenés devant le capitaine, et, le plus souvent, ils ne revoyaient plus leurs villages. Rapidement, il était devenu dans le pays un personnage légendaire, dont on contait, tout bas, les sévères justices, à la veillée ou dans les cafés, dans les longs récits où les Kabyles, généralement bavards, se plaisent tant; un être dont on ne prononçait le nom qu'avec crainte. Son action fut grande.

En 1864, commandant du cercle de Tiaret, toujours confiant dans son courage indomptable et dans la crainte que la rigueur de sa répression répandait d'habitude, il se porta avec un très faible détachement au-devant du bach-agha des Ouled-Sidi-Cheick, qui venait de se révolter. Mais Si-Hamza et les siens n'étaient pas de ceux qui reculent ou qui peuvent être intimidés; le colonel Beauprête, à demi trahi du reste, tout au moins abandonné par une partie de son monde, périt à Aïn-Bou-Beker avec tous ceux qui ne réussirent pas à s'enfuir.

Au nord, à Tizi-Ouzou, le commandant Péchot usait de la méthode douce. Ancien officier du génie, passé aux Turcos lors de leur formation, détaché dès ses débuts dans les Affaires arabes, le commandant Péchot était l'un des officiers les plus distingués de ce service auquel on n'a pas toujours rendu justice.

D'une intelligence très vive et très fine, d'un grand bon sens, de petite taille, un peu gros, le sang facilement à la tête, parlant vite et fort adroitement, d'une voix douce et jeune, calme et patient d'habitude et tout à coup vif, emporté, et quelquefois colère, le commandant était juste, bon et droit. Allant doucement en besogne, il réussit à rallier à notre cause les populations de la haute vallée du Sébaou et à faire régner, dans tout son commandement, un calme qui, plus que toute autre chose, montrait ce qu'on gagnait à notre domination. Bref, quand les divisions du maréchal Randon montèrent à l'assaut des montagnes de Kabylie, en 1857, elles étaient appuyées, à leur gauche, d'un contingent de ces Kabyles que le commandant Péchot avait su gagner, Des Français mirent fin à la carrière de ce bon serviteur de la France; dans les premiers jours du siège de la Commune, le général Péchot fut tué au pont de Neuilly.

J'ai cru que, parlant de la Kabylie, j'avais le devoir

d'évoquer le souvenir de ces deux officiers, qui contribuèrent tant à la conquête de cette région difficile. Quoi qu'ils aient pu faire du reste, ils ne réussirent pas toujours à empêcher les montagnards de venir molester quelques tribus du bas pays qui nous étaient soumises. L'une de leurs incursions força le Maréchal Randon à aller châtier les coupables, à l'automne de 1856, avec la division Renault — Renault l'arrière-garde, que les Parisiens ont connu et qui fut tué pendant le siège — et la division Yusuf.

Le but que l'on visait était limité; la saison ne permettait pas de prolonger les opérations; les effectifs dont on disposait ne le permettaient pas non plus. L'expédition dura donc peu; mais, en licenciant les troupes, le Maréchal leur donna rendez-vous, ainsi qu'aux Kabyles, pour l'année suivante.

C'est à cette expédition que mon père m'emmena. Ah! quelle joie! Nous rejoignîmes la division Yusuf, le jour où elle venait d'enlever la Zaouia de Mohamed-ben-Abd-el-Rhaman, surnommé bou Kobrine, c'est-à-dire l'homme à deux têtes, parce que le corps de ce saint personnage repose, au dire des indigènes, en cet endroit de la Kabylie, et aussi au joli cimetière du Hamma, près d'Alger, tout frais, tout ombragé, où tous les vendredis les femmes et les enfants se rendent dès le jour en longues théories, chargés de victuailles, pour y passer une bonne journée de liberté et de causeries jusqu'à la nuit.

A l'attaque de la position, un jeune officier d'État-major, blond, imberbe, un enfant presque, emporté par le courage résolu dont il donna, par la suite, si souvent l'exemple, s'était laissé aller à devancer son colonel. Or, son colonel était Colineau, Colineau de la tour Malakoff, qu'il était téméraire de précéder en pareille circonstance devant sa troupe. Mais le geste avait été si joli et si jeune, que, loin d'être blâmé, il valut la croix au lieutenant Chanoine. Je crois même que, dans son enthousiasme, le général Yusuf le décora sur le terrain!

Encore sous l'impression du succès de la vigoureuse affaire du matin, le général nous accueillit de la plus charmante façon, du plus loin qu'il nous vit. J'étais pour lui, du reste, une *vieille* connaissance, car c'était par moi que mon père lui faisait parvenir, à l'insu de Mme Yusuf, des petits pots de tabac à priser, à la rose, qu'il recevait de Constantinople. Profitant, le plus souvent, d'un dimanche, j'allais par la diligence à Blida où résidait le général; je guettais sa sortie de l'église, et tandis qu'après la messe militaire — Dieu, que c'est loin! — il regagait son hôtel, suivi d'un état-major brillant, je m'avançais du mieux possible, et, tout en saluant, en petit bonhomme de quatorze ans, Mme Yusuf, je montrais au général, qui avait déjà remarqué la rotondité de ma poche, l'extrémité du petit pot de grès. — « Oui, oui, l'intendant est bien bon! Et toi, tou es oun bon petit enfant. Tou viendras dîner ce soir... »

Quand il me vit, ce jour-là, m'avançant, campé sur mon cheval gris dont la crinière et la queue traînaient à terre, le fusil à la grenadière, déjà hâlé par plusieurs jours de route : « Ah! lou brave enfant! lou brave enfant! » s'écria-t-il gaiement. Mais je ne trouvais rien à répondre à son bon salut; j'admirais. Devant moi, je voyais, superbe cavalier, le général, magnifique dans sa tenue élégante, l'œil brillant, calme et imposant, simple et fier à la fois; et, tout autour, des officiers que je connaissais, mais qui ne me semblaient plus les mêmes qu'à la ville; graves aussi dans leur tenue de guerre, sérieux, attentifs, imposants. Tous me regardaient. En un instant, tout mon petit être tressaillit. Je me sentis aussitôt transporté dans un monde tout différent de ceux que je connaissais; je sentis que c'était celui où les miens vivaient depuis des siècles; celui où, si souvent, ils avaient succombé; je sentis que ce devait être le mien aussi, que déjà ce l'était; que de tout temps il avait été dit que j'y vivrais ma vie entière! La vocation me pénétrait de toutes parts et me prenait tout entier, tandis que mon père contemplait, avec une joie qu'il ne pouvait cacher, le succès de son entreprise. Certes, en m'emmenant si jeune avec lui, en pleine expédition, il avait voulu consacrer à l'armée le dernier de ses fils. Ne fallait-il pas se hâter de remplacer celui qui était tombé à Malakoff?

Sans chercher à faire le portrait, assez connu du reste, du général Yusuf, je me bornerai à dire qu'à mon sens, la vérité à son égard est entre ce qu'en ont dit ceux qui l'ont trop loué et ceux qui l'ont trop attaqué. D'une origine restée fabuleuse et parvenu très rapidement à des grades élevés, sans posséder tout ce qu'on exige d'habitude pour les obtenir, il fut toujours discuté et souvent n'obtint pas la justice que ses grandes qualités auraient dû lui faire toujours reconnaître. En somme, s'il ne méritait pas les louanges excessives que ses admirateurs lui ont décernées sans mesure, il méritait, moins encore, les accusations dont ses détracteurs l'accablèrent souvent.

Je ne devais pas tarder à retourner en Kabylie. Dès que, l'année suivante, le pays fut soumis par le Maréchal Randon, à la suite de la grande expédition à laquelle prirent part quatre divisions, sous les ordres des généraux Mac-Mahon, Renault, Yusuf et Maissiat, j'allai rejoindre mon frère qui faisait partie des troupes chargées de la construction du fort l'Empereur et de l'achèvement de la route qui y conduit. J'y passai toutes mes vacances cette année-là. Je fis de même l'année d'après.

Les travaux étaient dirigés par le commandant Guillemaut, qui fut plus tard membre de l'Assemblée et souvent rapporteur de lois importantes. Actif, causeur aimable, ardent dans la discussion, facilement emporté et d'une nature franchement originale, le commandant ne se privait pas de plaisanter souvent sur la valeur des travaux qu'il était forcé de conduire. Sur ce sujet, il était intarissable et merveilleux d'esprit. C'était souvent à grand'peine que ses officiers l'empêchaient d'aller clouer à l'entrée du fort un écriteau, où il avait écrit en grosses lettres : « Défense de rester dans ce fort, sous peine de mort. » On riait aux éclats; puis les officiers allaient à leurs chantiers et moi à la promenade ou à la chasse aux corbeaux, sur le plateau voisin d'Aboudide.

Cependant, qu'auraient dit ces officiers, si dévoués à leur tâche, s'ils avaient pu pressentir que la facétie du plaisant ingénieur était une prophétie; qu'aurait dit le collégien en vacances, qui regardait s'élever la forteresse pierre par pierre, s'il avait pu lire dans l'avenir et se voir venant débloquer, après six semaines de combat, la garnison épuisée de ce fort si mal établi?

XXXI

LA KABYLIE EN 1871 — D'ALGER A TIZI-OUZOU

Novembre 1907.

Il ne faudrait pas attribuer à Mokrani l'insurrection formidable qui éclata dans la Kabylie, car le bach-agha de la Medjana n'exerçait aucune influence sur les populutions démocratiques de la région montagneuse; il n'y entretenait même, à vrai dire, de relations qu'avec le bach-agha Ben-Ali-Cherif, marabout de Chellata, autre grand seigneur qui nous était fort attaché. Mais à peu de distance de Chellata, sur la rive droite de l'Oued Sahel, qui coule au pied du Djurdjura, s'élevait la zaouia de Seddoucq où, depuis de longues années, vivait en cénobite le vieux Cheick-el-Hadded (le forgeron), chef suprême de la grande confrérie religieuse des Rhamania, qui, par les tendances égalitaires de son ordre, aussi bien que par l'humble origine de sa naissance, et par un sentiment très vif de rivalité religieuse, était l'ennemi acharné de l'homme riche, élégant, puissant, de grande famille, marabout aussi, qu'était Ben-Ali-Cherif.

Mokrani, pour le succès de sa cause, n'hésita pas à se rapprocher du cheick plébéien; il sut gagner sa confiance; il sut le convaincre des dangers que la nouvelle évolution politique d'un gouvernement, inféodé aux juifs, présentait pour les indigènes désormais menacés jusque dans la possession de leurs biens; il sut surtout enflammer l'ardeur de Si-Aziz, le fils préféré du vieil Hadded, qui décida son père à proclamer la guerre sainte.

Or, si la loi religieuse n'était pas toujours scrupuleusement observée en Kabylie, le pays n'en était pas moins alors soumis à l'action des kouans (frères) de confréries assez puissamment organisées pour soulever, en peu de jours, la population entière. Cheick-Hadded ayant nommé ses deux fils ses khalifas et leur ayant remis un drapeau que Mohammed lui avait donné dans la nuit, les feux furent aussitôt allumés de distance en distance, sur les points désignés, qui servirent de signal de Sed-doucq jusque près d'Alger. Ainsi avertis, les moquadems de l'ordre (délégués cantonaux) mirent de suite en mouvement les rokkabs (envoyés), près des khouans qui rallièrent, sans tarder, les étendards sacrés des tombeaux vénérés et entraînèrent avec eux toute la masse de la population.

Ainsi, sur l'ordre donné par un vieillard qui d'habitude ne sortait pas de sa cellule, dont les fidèles ne voyaient guère que la main qu'il tendait, par une petite ouverture, pour recevoir l'aumône, avant de prononcer ses oracles, ses jugements ou de simples conseils, en quelques heures, 600,000 Kabyles, fournissant 120,000 combattants, furent soulevés; tandis que toute l'influence du puissant bach-agha de la Medjana, de Mokrani, le grand seigneur de noble origine, n'avait réussi à soulever que 100,000 Arabes, soit 25,000 combattants au plus. Que cet exemple ne soit pas oublié par ceux qui doivent appliquer les décisions des fous qui méconnaissent l'importance de la question religieuse dans le gouvernement des indigènes. Qu'ils se persuadent que cette mobilisation, si sommaire et si efficace, des forces indigènes, est encore possible, sinon déjà préparée, malgré les affirmations de politiciens capables de proposer d'appliquer la loi de recrutement aux Arabes !

Aussitôt que le général Lallemand comprit que le mouvement insurrectionnel, auquel il ne pouvait presque rien opposer, menaçait de gagner le pays kabyle, il résolut de renforcer les garnisons très insuffisantes, comme nombre et comme valeur, des places de la subdivision de Dellys. Ce ne fut pas chose facile, car, pour arriver à constituer les détachements qu'il importait de diriger sur les points en péril, il fallut s'affranchir, singulièrement, de tous les usages habituels.

Quelque pressantes que fussent, en effet, les demandes de secours qu'on adressait aux différentes autorités de la division d'Alger, on n'en recevait jamais que des déclarations de complète impuissance. Il semblait que la considération de petits intérêts locaux, que rien ne menaçait, les empêchait d'envisager l'imminence des dangers qui menaçaient l'existence même de la colonie. Cependant, comme on ne pouvait pas admettre que des milliers de rationnaires ne puisent pas fournir quelques centaines de combattants, on fixa le contingent que chaque garnison reçut l'ordre de mettre en route, sur-le-champ. On y comprit des convalescents, des malingres, des blessés même, dont on transporta les sacs; des détachements du train, des ouvriers d'artillerie, des ouvriers du train ! Je vois encore la figure désolée du colonel directeur d'artillerie venant me dire à quelles graves conséquences allait conduire l'abandon des réparations des coffres à munitions du modèle 1842 modifié ! Nous tînmes bon. Tous ces détachements, dont l'étrangeté montrait le dénuement dans lequel nous étions, partirent; et ils arrivèrent tous, si à temps, que celui qui était destiné à Fort-National ne put pas gagner la place en entier et qu'une partie, arrêtée par les Kabyles, dut rester dans la plaine et rejoignit Tizi-Ouzou, dont elle accrut heureusement la garnison.

J'ai déjà raconté l'achèvement si providentiel du tunnel d'Adelia qui, quelques jours après les événements dont je parle, permit de sauver la ville d'Alger. Ayant connu les difficultés qu'on éprouva à sauver les places qu'on savait être dans un péril si prochain, j'ai toujours considéré aussi comme providentiel d'avoir réussi, dans la situation où nous étions, à prendre à temps les mesures qui permirent à quatre places de résister vigoureusement aux attaques furieuses des Kabyles. Car, si une seule de ces places avait été prise, toute l'Algérie se serait soulevée!

Revoir, après trente ans, un pays qu'on a parcouru en tout sens est toujours un grand plaisir; mais revoir un pays où, à chaque pas, l'on a combattu pour une noble cause, dans des circonstances souvent très graves, sous les ordres et dans l'intimité du meilleur des chefs, en est un plus grand encore. Je l'ai éprouvé. Je l'ai vécu plutôt : me laissant aller aux souvenirs que tout évoquait en moi, au cours de ce pèlerinage ému, aux lieux où tant de braves gens avaient combattu, où tant de mes compagnons étaient tombés, pleins de santé, d'espoir et d'avenir!

Quand on a dépassé le riche pays de Rouiba et de la Régaia, dont l'obsession poursuit sans cesse le voyageur algérien — car, là-bas, les annonces du *Rouiba mousseux* tiennent, à la ville et à la campagne, la place que l'horripilant *Chocolat Menier* occupe en France, — on franchit, à l'Alma, la petite rivière du Boudouaou, qui descend du massif du Bou-Zegsa, dont le profil tourmenté, tantôt bleu, tantôt gris, tantôt rose ou violet, suivant le temps ou l'heure, se voit constamment d'Alger.

C'est à l'Alma que furent contenus les révoltés; c'est

là que se rassemblèrent les troupes que le général Lallemand emmena dans la plus belle campagne qui ait été faite en Algérie; dans cette série logique et bien ordonnée d'engagements dont il s'était tracé, à Alger, le plan raisonné qu'il suivit imperturbablement, pendant trois mois. Et le mérite de cette constance qui résista aux critiques d'un Amiral Gouverneur civil, dont l'âge n'avait ni calmé la fougue, ni diminué l'orgueil, fut aussi grand que celui des combinaisons qui amenèrent les Kabyles à se soumettre à une colonne de quelques milliers de combattants.

C'est à l'Alma que nous reçûmes la visite de deux conseillers municipaux d'Alger, dont l'un, tout jovial, tout rond, tout aimable, fort honnête en vérité, du nom de Lormond, il me semble, était, de son métier, peintre en bâtiment. — « Attention! me dit tout bas le général. Attention! MM. Saint-Just! » Ces deux personnages onctueux étaient bien, en effet, des façons de commissaires aux armées envoyés par la municipalité d'Alger, pour voir si l'autorité militaire n'avait pas abusé des forces de la milice, particulièrement de celles du bataillon, un peu bruyant, des Éclaireurs algériens, dont l'ardeur belliqueuse n'avait pas bien résisté aux fatigues de deux marches; dépêchés surtout pour s'assurer de ce qu'était, au fond, cette insurrection. Car, si ces messieurs d'Alger savaient que les télégraphes avaient été coupés, que les places étaient bloquées, que des fermes et des villages avaient été incendiés, que des colons avaient été massacrés, qu'on s'était battu, il ne savaient pas si tout cela n'était pas l'œuvre des militaires de connivence avec les Kabyles; car les traîneurs de sabre sont capables de tout pour se rendre nécessaires et prolonger leur intolérable suprématie!

MM. les conseillers acceptèrent avec bonne grâce les

égards qui leur furent prodigués, et, à plusieurs reprises, eurent la bonté de témoigner leur satisfaction. Tout leur parut bien réglé, et le contentement qu'ils avaient éprouvé, au cours de leur petite inspection, leur donna une excellente contenance à table. Manifestement, le verre en main, ils n'avaient aucune inquiétude en buvant à nos succès. Mais à quoi se fier en ce monde? Ne voilà-t-il pas que, tandis qu'ils dégustaient le café et l'eau-de-vie de l'administration, une fusillade furieuse éclata aux avant-postes! Les Kabyles en grandes bandes nous attaquaient vivement. « Ah! messieurs, vous allez assister précisément à un de ces combats où vos vœux nous accompagnent. Mon aide de camp va vous accompagner. » Mais lorsque, ayant été prendre mon sabre, je revins, nos commissaires, subitement convaincus qu'il était inutile de prolonger davantage leur enquête, avaient disparu!

De l'Alma jusqu'à Tizi-Ouzou, le pays charmant a un aspect de richesse dont la vue réjouit. Les champs sont cultivés; les villages sont nombreux, bien bâtis; les routes sont bordées d'arbres, et des voitures et des charrettes s'y croisent. Sur deux lignes différentes, les trains circulent, bondés. Le système d'irrigation est bien entretenu; de grands troupeaux paissent dans la campagne; de beaux ponts de pierre ou de fer sont jetés sur tous les cours d'eau. Même les montagnes élevées qui ferment l'horizon au sud, parsemées de villages kabyles, aux maisons blanches et aux toits rouges, paraissent riches et achèvent de donner au paysage un réel caractère de bien-être et de propreté. Le Corso, Bellefontaine et Ménerville dans la région boisée; Blad-Guitoune, Isserville, Bordj-Menaïel dans la belle vallée de l'Isser, qui sort des gorges pittoresques de Palestro; Haussonviller, le Camp-du-Maréchal, peuplés d'Alsaciens-Lorrains, dans la vallée riante du Sébaou, aux eaux claires, que les montagnes de Flissas rejettent vers le nord, et qui, longé par le chemin de fer de Dellys, gagne la mer, décrivant une belle courbe que domine le beau panorama de la Kabylie côtière; tout cela forme une suite, presque ininterrompue, de centres de colonisation, dont les fumées montent tranquillement vers le ciel, dont les clochers se détachent sur l'horizon, et qui remplit d'admiration et de joie ceux qui ont connu des temps si différents.

Alors, sur la terre dénudée et couverte de palmiers nains, courait, incertaine et changeante, une piste aux ornières profondes qui servait de route; dans la plaine, marécageuse ou desséchée et sans arbres, quelques maigres troupeaux cherchaient à paître, qu'un petit berger gardait en jouant de la flûte, et qu'en sautillant quelques ibis accompagnaient; çà et là, de petits champs de bechna dont les propriétaires en guenilles éloignaient les oiseaux pillards en manœuvrant tout un système de ferblanteries bruyantes. Les rivières mal contenues débordaient à la moindre crue; quand elles n'étaient pas trop grosses, on les passait à gué, regardant, avec admiration, le pont de bois que les pontonniers construisaient au travers du grand lit de l'Isser; alors que tirant, par groupe de quinze à vingt, sur les câbles de la sonnette, et les lâchant avec ensemble, par séries de quarante-huit coups de la lourde masse de fer, ils enfonçaient les grands pilots ferrés, chantant en cadence sur un signe du sous-officier :

En voilà une!... (Pan!)
La jolie une!... (Pan!)
Et là une s'en va, — Hardi là... (Pan!)
S'en va — s'en aller! (Pan!)

On contemple là, sortie des difficultés, des tristesses et des sacrifices du début, l'œuvre vraiment belle de la

France; celle des soldats d'abord, qui ont conquis et pacifié le pays : celle des colons et de l'administration ensuite, qu'un sang généreusement répandu avait préparée, et qui chaque jour se complète et s'achève.

Le Guide Joanne de l'Algérie est remarquablement bien fait, quoiqu'il ne fasse pas assez mention des incidents de la conquête, dont il conviendrait de garder plus de mémoire. Très exact d'habitude, il commet cependant une erreur en disant que le nom de *Camp-du-Maréchal* rappelle l'installation des troupes du Maréchal Randon lors de l'expédition de 1857. Ce n'est pas l'installation des troupes du Maréchal Randon que ce nom rappelle, car c'est bien au delà, c'est à Sick ou Meddour, au pied des montagnes des Beni-Raten, alors insoumis, que les troupes furent réunies en 1857, et non en ce lieu, qui est au pied des montagnes des Flissas-oum-el-Lil (Flissas de terre) par opposition avec les Flissas-oum-el-Bahr (de la mer) qui sont près de Dellys, soumis depuis 1844 par le Maréchal Bugeaud. C'est donc de Bugeaud que ce lieu évoque le souvenir; et il l'évoque très justement, car ce fut de ce point que partirent les troupes qui escaladèrent les montagnes des Flissas.

Avant d'aller réduire ces tribus par la force, le Maréchal les avait sommées de se soumettre; mais les Kabyles, qui aiment à se battre, aiment aussi la plaisanterie, et ils lui répondirent d'une façon qui ne laissa pas de lui être désagréable, parce qu'elle le piquait aux points où il était sensible.

Le Maréchal était, en effet, assez mauvais cavalier et montait d'habitude de gros chevaux français à courte queue, qui paraissaient alors des animaux fantastiques; car, outre leur taille qui étonnait, l'agitation de ce tronçon de queue, qui ne parvenait pas à chasser les mouches, en faisait des animaux ridicules aux yeux des

Arabes. Il était aussi de notoriété, dans le pays, que le Gouverneur n'aimait pas beaucoup qu'on vînt au-devant de lui en faisant la fantasia, et que le bruit de la « taraka » déplaisait au cavalier inhabile, ainsi qu'au courte-queue.

« Assez! Il y en a assez comme ça! » criait-il à Roches, son fidèle interprète, qui se faisait toujours le malin plaisir de ne pas calmer aussitôt la fougue respectueuse mais tumultueuse des arrivants. « Il y a assez de coups de fusil comme cela! Qu'est-ce qu'ils disent? »

Les Flissas répondirent donc au Maréchal qu'ils étaient disposés à se soumettre; que, depuis longtemps, ils y songeaient; mais qu'ils étaient forcés de différer encore, à cause de l'impossibilité dans laquelle il étaient de trouver, dans le pays, un cheval de Gada sans queue... « Tu es vieux, ajoutaient-ils. Prends garde, car nos montagnes sont sans doute trop hautes pour toi! » Or, le Maréchal avait des prétentions à la jeunesse éternelle qui prêtaient quelquefois à rire. « Si je suis vieux » — leur fit-il dire — « j'ai des jeunes gens qui me porteront au faîte de vos fameuses montagnes. » Le courte-queue l'y porta, du reste, peu après.

Le train s'arrête dans une gare ombragée, et l'on gagne Tizi-Ouzou par une belle allée, sous une voûte de verdure. Quelle transformation! Quelle leçon de choses! Là où, en 1856, du temps du commandant Péchot, il n'y avait que quelques baraques faites de planches de caisses à biscuit, qui abritaient quelques pauvres diables au passé douteux; là où, en 1871, autour du Bordj, se trouvaient quelques petites maisons de colons plus hardis que riches, et les masures d'un village arabe, voici, maintenant, une petite sous-préfecture proprette, animée, bien vivante; des magasins, des auberges; des gens qui vont, qui viennent et qui trafiquent; des omnibus qui arrivent de la gare; des calèches et des diligences qui partent pour Fort-National, Azeffoun, Bougie!

Encore quelques années, et, rivalisant avec Alger, Tizi-Ouzou aura peut-être ses maisons à sept étages, avec loggias, avec tour et clocher conchinchinois et tout le *confort moderne*; des hôtels avec chasseurs, valets de pied et interprète galonné, où, aux accents ininterrompus de la musique agaçante d'horribles tziganes, on sera très chèrement empoisonné, d'une cuisine qui fera regretter, aux vieillards d'alors, les menus simples, substantiels et peu coûteux du petit hôtel Lagarde. Et, certes, la correction insolente de tous ces plats fonctionnaires ne fera oublier, ni l'entrain du garçon unique qui se multiplie, ni le sourire aimable de Mme Lagarde, ni l'accueil affable de M. Lagarde. Mais ne faut-il pas se soumettre à la loi du progrès, évoluer, comme l'on dit?

XXXII

LA KABYLIE EN 1871. — TIZI-OUZOU ET FORT-NATIONAL

Décembre 1907.

En 1871, aussitôt qu'il eut organisé ses forces, sans attendre de les avoir complétées, le général Lallemand se porta au secours de Tizi-Ouzou qu'on savait étroitement bloqué et dont on était sans aucune nouvelle. Comme le général connaissait parfaitement les lieux, puisqu'il avait commandé le cercle de Tizi-Ouzou, il savait que, la fontaine qui alimente la ville étant en dehors du Bordj, les assiégés devaient être réduits à l'eau de la citerne que le Génie y avait disposée à l'intérieur. Mais la citerne n'était pas toujours étanche; souvent elle était en réparation; souvent aussi, malgré les ordres donnés, on négligeait de la maintenir au plein; de telle sorte que notre chef était en proie à une inquiétude qu'il n'avouait pas, mais dont son entourage voyait cependant la marque sur son beau visage, d'habitude toujours si parfaitement calme.

Le général donna, en cette circonstance, une preuve de son sang-froid imperturblable et de sa haute valeur militaire. D'autres que lui auraient, sans doute, marché tout droit sur Tizi-Ouzou, pour aller conjurer, au plus vite, un danger qui semblait si menaçant, sans se demander si les troupes, à peine rassemblées, seraient capables de poursuivre leur marche au travers de bandes dont on ignorait absolument la force, et sans constituer, par la soumission de quelques tribus, une base à ses opérations. Leur pointe audacieuse aurait, de plus, découvert la Mitidja, qu'on n'avait pas réussi encore à doter de postes de protection suffisants.

Le général agit autrement. Quelle que fût son impatience, il consacra trois jours à la pacification des tribus qui couvraient la Mitidja, et à la constitution d'une base solide dans la région pacifiée du Boudouaou; et ce ne fut qu'après avoir achevé les deux tâches qu'il s'était, tout d'abord, assignées, qu'il marcha sur Tizi-Ouzou.

En trois marches, du reste, le Bordj fut débloqué, et la petite garnison et la population, qui s'étaient vaillamment défendues, furent sauvées, au moment où elles allaient manquer d'eau. Battus à deux reprises différentes, les jours précédents, les Kabyles, qui nous avaient laissé délivrer tranquillement tous ces braves gens, attaquèrent furieusement nos troupes, au moment où elles allaient installer leurs camps. Malgré la fatigue d'une marche que la chaleur et la lourdeur d'un gros convoi qu'ils avaient dû escorter avaient rendue pénible, nos troupiers recouvrèrent aussitôt une nouvelle ardeur, et tous les corps de la brigade qui eut à combattre, tandis que l'autre brigade achevait d'accompager le convoi, s'engagèrent avec une intrépidité qui, un moment, les entraîna trop loin.

A la nuit, les troupes, harassées par dix-sept heures de marche ou de combat, campèrent là même où est la ville. Ce fut une belle journée, dont l'effet fut considérable et dont le souvenir est gravé dans la mémoire de tous ceux qui y ont pris part.

Formée d'un assemblage disparate de troupes de toutes provenances subitement réunies, souvent à peine constituées, la colonne comprenait en effet des soldats dont les uns, qui avaient assisté aux grandes batailles, revenaient de captivité; dont les autres arrivaient de la Loire, de l'Est ou du Nord, ou, totalement ininstruits, des dépôts de l'intérieur. D'autres enfin provenaient du fameux 88e licencié, après sa défection de Montmartre, et versé au 80e qu'on nous avait aussitôt expédié avec des cadres improvisés. Si, d'une façon générale, tous ces hommes étaient fatigués, ils étaient surtout tous sous le coup des souvenirs douloureux des épreuves qu'ils avaient souffertes. Les anciens, habitués, jadis, à toujours vaincre, avaient rendu leurs armes, leurs drapeaux, et supporté, pendant sept mois, les injures de sales landwhériens qui souvent les avaient maltraités brutalement; dans les camps malsains où on les avait entassés, des épidémies les avaient décimés. Les jeunes, alors qu'ils étaient à peine armés, avaient reculé sans cesse devant l'ennemi; marchant, mal chaussés, et couchant, mal abrités, dans la neige, de la guerre ils ne connaissaient que la défaite et toutes ses douleurs. Ceux, enfin, qui venaient de Montmartre, avaient au cœur le trouble, et dans l'esprit le doute, qui les avaient détournés de leur devoir, et, dans tout, l'attitude de gens qui se sentent méprisés.

Et voilà que progressivement, entraînés par quelques journées de marche, réconfortés par le succès de quelques combats heureux, tous avaient recouvré leur bonne humeur de bon petit soldat français et donné leur confiance aux chefs qui les conduisaient si bien. Ils avaient vite compris qu'ils allaient délivrer des camarades en grand danger; qu'il leur fallait hâter la marche et briser toutes les résistances; et tout à coup, sous un soleil éclatant, par une magnifique journée, dans une belle vallée tout entourée de hautes montagnes boisées, dans un paysage tout riant, le but assigné à leurs efforts, le Fort assiégé qu'il fallait débloquer, leur avait apparu, et à peine l'avaient-ils atteint que l'ennemi avait commis l'imprudence de les défier. Le combat acheva de dissiper tous les souvenirs des jours de tristesse et remplit tous les cœurs de ce sentiment profond qui rend les troupes invincibles, quand elles sont pénétrées de la grandeur de leur mission et convaincues de la valeur des chefs qu'elles savent toujours apprécier, sans jamais se tromper. Ce soir-là, nous le sentîmes tous, la colonne de Kabylie était constituée; son chef pouvait tout lui demander; elle savait aussi qu'elle avait le devoir de se donner à lui tout entière.

Cette colonne eut, du reste, le singulier privilège de porter bonheur à beaucoup de ses officiers. L'artillerie était commandée par le chef d'escadron Brugère; aux Zouaves, servait le capitaine d'état-major Hagron; aux Chasseurs à pied, le lieutenant de Lacroix; tous trois devaient exercer le commandement suprême. Aux Zouaves encore, servaient le lieutenant Dessirier, qui fut du Conseil supérieur; le lieutenant Grasset, qui fut Gouverneur de Lyon, et le lieutenant d'État-major de Torcy, qui commande le 3e corps. Près du général, enfin, celui qui écrit ces lignes et qui, ne croyant pas aux hasards qui se renouvellent, se prend à penser que le haut enseignement que nous puisâmes, pendant trois mois de campagne, sous les ordres d'un maître accompli, ne nuisit certes pas au succès de nos carrières.

De Tizi-Ouzou à Fort-National qu'on voit distinctement se profiler, comme une ligne blanche, sur la crête de la montagne bleue, il y a sept lieues seulement; mais à peine a-t-on dépassé Sick ou Meddour, où le maréchal Randon concentra ses troupes en 1857, que l'on gravit, sans cesser de monter, pendant près de cinq lieues, la route qui est, avec raison, l'une des attractions du voyage d'Algérie.

A mesure que l'on s'élève, en même temps que la vue s'étend progressivement sur le bas pays, qu'on voit les rivières s'en aller à travers la plaine, comme de minces filets d'argent; les villages qui paraissent tout petits; les routes qu'on devine à peine; que, peu à peu, Tizi-Ouzou s'estompe dans le lointain, tandis que le soleil qui s'abaisse verse sa lumière d'or vibrante sur toute la campagne qu'on vient de quitter, l'attention se porte sur les spectacles nouveaux qui la sollicitent. Au travers des oliviers séculaires, des figuiers énormes et des frênes souvent gigantesques, et de petits champs que des murs de pierres sèches soutiennent et retiennent sur les pentes escarpées, des villages surgissent de toutes parts, comme par enchantement, d'où l'on entend, comme en France, le bruit clair et gai de la forge. L'altitude ayant jadis augmenté la sécurité, l'importance des villages croît avec leur élévation. Sur toutes les crêtes étroites où ils s'allongent, se touchant presque parfois, leurs maisons blanches, couvertes de tuiles rouges, s'amoncellent et se surmontent l'une l'autre. Sur une petite place de terre battue, près des habitations, ou sur la route, près d'un café, quelques Kabyles devisent. Rapidement, des femmes dévalent vers une fontaine, tandis que d'autres en reviennent lentement, poussant un âne chargé d'outres d'eau qui ruissellent. Les plus fortes tiennent sur l'épaule une jarre de forme antique; leur robe mouillée se plaque sur leur corps mince et svelte. Avec cette physionomie étrange que leur donnent leur tatouage, leurs grandes boucles d'oreilles et les grandes épingles de leur vêtement, brunes aux yeux noirs ou blondes aux yeux bleus, elles s'en vont à leur rude labeur sans détourner la tête. Cependant, elles hâtent le pas, à la vue du colporteur qui gravit la côte, disparaissant sous la charge de la pacotille qu'il apporte d'Alger, et qui, par un sentier étroit, gagne le village où il excitera la curiosité et les désirs des femmes et trafiquera avec les hommes, désireux de vendre quelques peaux de chèvres, quelques jarres d'huile ou quelque peu de figues sèches. Partout des travailleurs actifs. Les uns réparent les dégâts que les dernières fontes de neige ont causés; ils relèvent un mur de soutènement, ou patiemment, avec conscience, avec obstination, rapportent la terre éboulée, par petits paniers d'abord, puis à la pelle, puis à la main, sur des champs minuscules que leur hardiesse et leur ténacité ont comme suspendus au-dessus de l'abîme. C'est la troupe joyeuse, enfin, comme en tout pays, des enfants qui sortent de l'école, la planchette de la leçon suspendue à leur col effilé; ils sautent, comme des petits chats, autour du long attelage qui, lentement, monte son lourd fardeau. Les mulets aux gros colliers baissent la tête, tendent le rein, piquent le sol de la pince de leurs sabots élevés; tandis qu'un bon gros négro jovial stimule leur zèle, d'un fouet indulgent et de bonnes paroles françaises qu'il lance avec dignité : « Allons, Msamis! Bon courage! »

Cependant, après une suite de lacets qui font dérouler devant les yeux des panoramas étendus qu'on ne se lasse pas d'admirer, tout à coup, à un tournant de la route, on voit se dresser, surgissant si près qu'on pourrait presque la toucher, semble-t-il, la chaîne du Djurjura, masse énorme de neige, qui domine à pic de douze cents mètres tout le pays; muraille sans issue, qui semble l'isoler et l'enfermer implacablement de ce côté, plutôt que le défendre, et qu'on regarde sans cesse. Puis, on s'approche du Fort, dont on voit alors distinctement les murailles et quelques bâtiments qui disparaissent, une dernière fois, pour faire place à une échappée grandiose, sur tout l'amoncellement de vallons, de ravins et de précipices qu'on a si facilement parcouru, et l'on entre dans la forteresse.

Assurément, la route de Fort-National est, avec celle du Chabet, le plus beau travail que l'armée française ait, à l'imitation de l'armée romaine, accompli en Algérie. Encore l'accomplit-elle dans des conditions qui en rehaussent singulièrement la valeur. C'est en trois semaines que le Maréchal Randon, maître du Souck-El-Arba des Beni-Raten, où il avait décidé d'élever le Fort pour bien marquer la prise de possession du pays, l'ayant fait tracer par le service du génie, fit ouvrir la route par les troupes des divisions Mac-Mahon, Yusuf et Renault. Or le tracé, étudié alors à la hâte, sous la direction du général de Chabaud-Latour, fut si habilement calculé que, depuis cinquante ans, il n'a jamais été rectifié, si ce n'est dernièrement, dans un point où la route nouvelle a, du reste, précisément glissé l'hiver dernier.

Autrefois, je m'en souviens, de place en place, des inscriptions rappelaient la part que les régiments avaient prise à ce travail considérable. On s'arrêtait et on se plaisait à lire les noms de ces vaillantes troupes, aussi habiles à manier, pour la gloire de la patrie, la pioche que le fusil; de ces bons fantassins qui se reposaient de leurs marches et oubliaient le poids du sac, alourdi de huit jours de vivres et de cent vingt cartouches, en attaquant la roche et en poussant de lourdes brouettes de terre. L'élargissement progressif de la route, les travaux d'entretien, le temps enfin, qui efface tout, ont enlevé ces bornes glorieuses; maintenant, aucun de ceux qui gravissent cette longue côte et qui admirent les travaux de cette belle route ne se doute du tour de force que notre armée accomplit là; aucun même ne s'en douterait plus jamais, si le Gouverneur n'avait pas eu la bonté de me promettre de faire élever dans l'un de ces points, où la vue panoramique enchante et suspend quelque temps la marche, un petit monument très simple qui rappellera la science des ingénieurs et le dévouement des soldats de l'armée française. Mais, vraiment, la pensée qu'a eue un vieil Africain de passage, d'autres, que leurs fonctions semblaient désigner davantage, auraient pu l'avoir depuis longtemps.

L'aspect de Fort-National a peu varié depuis 1871. A l'extérieur, deux blockaus ont été construits, pour occuper des points dominants d'où les Kabyles infligèrent, pendant le siège, des pertes cruelles à la garnison; à l'intérieur, la partie haute a été transformée en une sorte de réduit, et en plusieurs endroits, nombre de bâtiments militaires, devenus sans emploi, par suite de la réduction de la garnison, ont fait place à des maisons particulières. Mais c'est toujours bien la petite ville militaire dont l'arrivée du courrier, que le clairon signale, est toute la distraction.

Cependant, tandis que sous le regard d'un gendarme déférent devant mon âge et sous les yeux de deux jeunes officiers que ma tournure peu civile sans doute intrigue, je décline les offres d'un aubergiste obligeant et m'occupe de continuer ma route, ma pensée se reporte au jour, au beau jour où, à la suite d'une longue série d'opérations qui ramenèrent dans le devoir plus de la moitié des tribus soulevées par Cheick-Hadded, nous arrivâmes après un long combat, commencé au pied des montagnes, jusqu'à une demi-heure du Fort où le lieutenant-colonel Maréchal, commandant du cercle, vint nous rejoindre, à la tête d'un détachement de sa garnison, sorti pour seconder notre attaque. Le général Lallemand mit pied à terre, et, sans prononcer une parole, serra longuement le colonel dans ses bras.

Il semblait, du reste, que tous deux fussent liés par

un pacte singulier, puisque, sept ans avant, en 1864, le colonel Lallemand avait dégagé le capitaine Maréchal, bloqué dans Ammi-Moussa. Puis on se serra les mains, plus émus qu'on ne voulait le paraître; on se félicita; on se dit sa joie, et, en ce moment, je ressentis une des impressions les plus profondes et les plus douces de ma vie.

Ainsi, toutes les combinaisons du plan de notre général avaient réussi, et, sans subir de grosses pertes, bien secondé, il avait pu réussir, malgré les difficultés du pays, à arracher une place importante, que des milliers et des milliers de Kabyles entouraient, au sort affreux qui la menaçait. Et je le voyais, sa tâche, sa lourde tâche accomplie, qui souriait, mais toujours calme, toujours modeste, s'effaçait déjà pour s'occuper des troupes. Devant nous, Maréchal, grand, mince, élégant, bien pris, d'allure charmante et distinguée, souriait aussi, et, modeste aussi, s'effaçait derrière ses officiers qu'il avait animés de son fier courage, pénétrés de son inaltérable confiance, dont il nous louait la conduite. Plus loin, près de la ville, la garnison, l'héroïque garnison, sous les armes, se rangeait, s'apprêtait à nous recevoir, après un siège de soixante-trois jours; et derrière nous, continuant de gravir la route, ou, à notre gauche, descendant des hauteurs par lesquelles ils avaient poussé leur attaque, étaient les bataillons qui, reformés à l'appel du clairon, gagnaient la ville, faisant résonner de toutes parts, avec la fierté du devoir accompli, leurs marches retentissantes, que scandait leur allure décidée et que les échos répétaient au loin, comme un chant de triomphe et de délivrance, dans la montagne désormais pacifiée.

XXXIII

LE SIÈGE DE FORT-NATIONAL EN 1871

Décembre 1907.

La population et les troupes qui composaient la garnison de Fort-National soutinrent, en 1871, avec calme, confiance et courage, un siège de plus de deux mois, qui est assurément l'une des pages les plus glorieuses des annales algériennes, et dont il me paraît convenable de dire quelques mots. Qui s'est, en effet, préoccupé des événements des campagnes d'Algérie de 1871, tandis qu'on était tout, en France, au drame de la Commune ou aux délibérations de l'Assemblée nationale? De ceux qui en surent quelque chose alors, qui en a gardé quelques souvenirs?

Dès le 16 avril, très peu de jours après que la guerre sainte eut été proclamée, le capitaine du bureau arabe du cercle qui était en tournée dans le pays, abandonné par les Kabyles qu'il avait convoqués, fut attaqué par les insurgés, et ne regagna le Fort qu'à grand'peine avec la petite troupe qui lui servait d'escorte. Le lendemain, toute la Kabylie était soulevée, et le siège commençait. Fort heureusement, une partie du détachement envoyé d'Alger avait pu atteindre le Fort et en avait renforcé quelque peu la garnison, et le lieutenant-colonel Maréchal, nommé au commandement du cercle, arrivait précisément pour montrer, une fois de plus, ce qu'un chef intelligent, instruit et résolu peut faire, en dépit des circonstances les plus difficiles.

Le Fort est établi sur un terrain très incliné, de telle sorte que toutes les constructions s'étalent en amphithéâtre, exposées aux coups de deux hauteurs qui les commandent à faible distance. Dès les premiers jours, la ville ne fut plus tenable; les balles rendaient la circulation impossible et tombaient même dans l'intérieur des habitations. Il fallut établir des communications en perçant les murs des maisons et établir tout un système de chemins couverts, constitués avec des matériaux de toutes sortes, entre autres avec le zinc des toitures. Ainsi se vérifia la prophétie du commandant Guillemaut.

Pour défendre le Fort, dont le développement était de 2,300 mètres, on ne disposait que de 470 hommes, jeunes soldats et gardes nationaux mobilisés de la Côte-d'Or, armés de fusils de divers modèles. On en forma sept groupes; cinq furent chargés de la défense des cinq secteurs entre lesquels on divisa la place; deux constituaient les réserves.

Tous bivouaquèrent constamment sur l'emplacement qui leur avait été assigné, sans s'en écarter un instant, ni de jour ni de nuit, pendant deux longs mois. Pour toute artillerie, on avait deux pièces de montagne rayées, deux vieux obusiers et cinq petits mortiers.

Avec de si faibles moyens, on fut presque aussitôt contraint d'abandonner les bâtiments d'une École des arts et métiers situés à 800 mètres du mur, qu'on avait un moment pensé pouvoir garder, comme poste avancé, et les Kabyles détruisirent, de suite, les vastes ateliers où, depuis dix ans, un grand nombre d'entre eux avaient reçu une instruction professionnelle à laquelle plusieurs devaient leurs moyens d'existence.

Enflammés par ce succès, les révoltés se mirent à construire sur les points dominants de profondes tranchées. Abrités derrière leurs travaux qu'ils rapprochaient chaque jour de la place, jusqu'aux créneaux presque, malgré les efforts de la défense, ils ne tardèrent pas à infliger des pertes sensibles à la garnison. Ils parvinrent même à mettre en batterie deux vieilles pièces turques, qu'on avait déterrées dans le cercle de Tizi-Ouzou, et dont ils fabriquaient eux-mêmes les projectiles.

L'attaque devenait chaque jour plus pressante; la viande commençait à manquer dans la place. Les Kabyles n'avaient pas craint de sommer la garnison de se rendre et conduisaient, avec une singulière habileté, un travail de mines fort dangereux pour les défenseurs, quand un chef demeuré fidèle, Si-Lounis, que les révoltés punirent en brûlant aussitôt ses propriétés, entra dans la place, suivi de 50 hommes. Sans perdre un instant, le colonel profita de ce renfort inespéré pour faire effectuer une sortie vigoureuse, qui bouleversa tous les travaux d'attaque.

C'est alors que les Moquadems résolurent de brusquer les choses et d'enlever, de vive force, ce Fort dont ils avaient cru pouvoir s'emparer sans difficulté; ce Fort détesté qu'il importait de détruire, pour montrer au pays que les temps de la servitude avaient pris fin. Mais la résistance que la petite garnison ne cessait pas d'opposer à toutes les attaques montrait que l'entreprise serait périlleuse. Il fallait, pour réussir, la confier à des gens résolus à braver tous les dangers. Ces gens-là, on pouvait les trouver dans ceux qui possèdent la foi patriotique et religieuse.

Les Moquadems songèrent donc à faire appel, pour enlever la ville de vive force, au dévouement de volontaires spéciaux, qu'on appelle en berbère « Immesebelène », dont ils s'efforcèrent alors de préparer l'enrôlement. Selon le commandant Rinn, si versé dans toutes les coutumes du pays, les « Immesebelène », dont l'autorité politique et guerrière provoque et règle les enrôlements, font, par un vœu solennel, le sacrifice de leur vie pour défendre leur pays contre une nation étrangère ou pour en chasser les envahisseurs.

Quand un groupe de ces gens est constitué, un marabout le conduit devant la Djemma et les notables assemblés. Là, le marabout et tous les assistants disent la prière des morts; tandis que les « Immesebelène » écoutent debout, silencieux, sans prier, car c'est pour eux que la prière est dite; pour eux qui ont déjà fait le sacrifice de leur vie à la cause sacrée; pour eux qui, désormais, ne sont plus de ce monde. Ils sont alors l'objet de la vénération de tous, et la Djemma pourvoit à leurs besoins. Appelés à combattre aux premiers rangs, sans se mêler à la masse des combattants, s'ils sont tués, ils sont enterrés dans un cimetière particulier qui devient un lieu de pèlerinage, et leurs femmes et leurs enfants sont nourris par la Djemma et traités avec les plus grands égards. S'ils échappent à la mort, ils ont pour toujours la préséance sur tous, dans toutes les occasions. Viennent-ils à faiblir, ils ne sont plus que de misérables parias, sans feu ni lieu, que la tribu et leur propre famille renient pour toujours.

Les Moquadems ayant décidé les chefs de tribu à ordonner la levée de ces volontaires, en quelques jours 2,800 se présentèrent et reçurent, ayant fait solennellement le sacrifice de leur vie, la mission d'appliquer, dans la nuit du 21 au 22 mai, contre les murs de l'enceinte, cent trente échelles, déjà préparées dans les villages, et de monter résolument à l'assaut, donnant l'exemple et ouvrant la marche au flot de Kabyles décidés à les suivre et à submerger, par leur masse, la vaillante petite garnison.

Mais, par bonheur, le 20, un Amin, dont le cœur nous était resté fidèle, parvint à pénétrer dans la place et informa le colonel du danger qui le menaçait; si effrayant qu'on ne saurait trop admirer la résolution que prit ce brave Kabyle, certain d'être massacré par les assaillants dont le succès ne semblait pas douteux, plutôt que de manquer aux serments qu'il avait prêtés à l'autorité française.

De tous les récits qui ont été faits de cette nuit mémorable, — sans excepter le rapport que j'eus à rédiger, — le plus éloquent, dans sa parfaite simplicité, est celui que le lieutenant-colonel Maréchal adressa à sa femme. J'ai la singulière bonne fortune d'avoir été jugé digne, par le charmant fils de ce brillant soldat, de posséder la copie des lettres que le colonel adressait à Mme Maréchal, quand il croyait pouvoir compter sur le dévouement d'un Kabyle resté fidèle pour communiquer avec l'intérieur. Journal de siège précieux, dont la lecture émeut, par la modestie, le calme, la sérénité, l'élévation des pensées qui s'y montrent à chaque ligne; qui touche singulièrement par l'attention tout affectueuse, tout aimante, que le colonel met à rassurer sa femme si justement inquiète; qui montre, dans toute sa beauté et dans toute sa noblesse, le cœur de ce soldat qui écrit un jour : « Je prie Dieu qu'il vous donne confiance », ou qui, un autre jour, ayant reçu, tout fripé, un petit billet qu'un Kabyle avait réussi à lui apporter, où le général Lallemand le complimentait de sa belle défense, s'empresse de l'envoyer à sa femme : « C'est une pièce importante; elle est froissée et sale, et l'homme qui l'a apportée dans le fond de sa calotte jouait sa vie en se chargeant de ce bout de papier. Il vous sera agréable de conserver ce chiffon qui vaut bien des parchemins... »

« Les chefs religieux, » — dit le colonel, dans sa lettre, — « avaient choisi la nuit du dimanche, parce que les chrétiens sont ivres ce jour-là.

« La nuit était sombre. La résine des réchauds de rempart jetait une lueur incertaine au dehors; tout était d'un calme absolu, contrairement à ce qui se passe chaque soir; pas un chant, pas un cri au dehors. Ce calme apparent rassurait les hommes; tout le monde dormait et reposait bien; mais les factionnaires étaient vigilants et à leurs postes. Je n'avais fait connaître à personne l'attaque, afin que chacun pût prendre le repos dont il avait besoin, pour être fort au moment du danger. Je fis tout le tour des murs, et, à minuit, je me jetai sur mon lit, botté et tout habillé.

« Je dormis une heure; à une heure et demie, j'étais assis sur le banc de la terrasse; le même silence régnait.

« A deux heures et demie, la prière fut chantée au nord du Fort. Le silence succéda à cette prière; mais, pour une oreille exercée et habituée à ce silence absolu, il était certain qu'un frémissement régnait dans l'atmosphère, provenant d'une foule immense, qui s'agitait en cherchant à éteindre tout bruit sonore.

« A trois heures moins un quart, la prière fut chantée au sud, longue, cadencée, prononcée par une voix éclatante. Je pensai que c'était le signal et je pris ma canne pour m'aider à marcher dans la demi-obscurité. J'étais à peine debout que le Fort tout entier fut enveloppé, et que dix mille voix retentirent à la fois, poussant le cri guttural qui, en berbère comme en arabe, signifie : « En avant! » Une fusillade assourdissante éclata de tous côtés. En un clin d'œil, les Kabyles étaient au pied des murailles, d'immenses échelles étaient appliquées et quelques-uns des assaillants commençaient à enjamber l'escarpe.

« Mais, presque aussitôt, le Fort s'enveloppe d'un ruban de feu qui brille pendant trois quarts d'heure environ.

« Je descendais tout le long du mur, parlant à chacun, dirigeant le feu des pièces d'artillerie; la pointe du jour me surprit achevant ma tournée. L'élan des assaillants avait été brisé net.

« Arrivé au bastion qui domine la route d'Alger, je pus jouir du spectacle des convois funèbres qui se dirigeaient vers les villages voisins; spectacle fort doux à mon cœur, car l'ennemi m'avait tué un homme, blessé un officier et huit hommes. Mais ses pertes ont dû être énormes. Les Kabyles qui sont avec nous estiment qu'il y avait 12,000 fusils autour du Fort; bien que les gens du Cercle en possèdent 20,000, je réduis le chiffre des assaillants à 8,000. C'est déjà bien assez, pour une garnison de 500 défenseurs, qui passaient leur trente-septième nuit au bivouac, n'ayant, dans chaque nuit, que deux heures de sommeil. Les rebelles ont laissé contre les murs une vingtaine d'échelles que nous sommes allés chercher.

« Cette opération m'a coûté encore un spahi tué et un blessé.

« Cette tentative de l'ennemi ruine, je crois, toutes les espérances des chefs; aussi les troupeaux sont-ils en fuite vers le Djurjura. C'est le supplice de Tantale de voir de si beaux bœufs et de si beaux moutons, quand on en est réduit à ne manger que du lard salé, et sans le moindre légume vert... »

Au cri de : « En avant! » dont parle le colonel, que poussait la masse des Kabyles, s'en mêlait un autre; celui-là, poussé par les « Immesebelène » qui les précédaient et couraient à l'assaut en s'écriant : « Je suis un tel et je suis « messebel! » Près de trois cents de ces volontaires, dont on ne peut pas s'empêcher d'admirer le courage, tombèrent au pied de la muraille, affirmant leur patriotisme au prix de leur vie! Que les politiciens prétendent que la paix ne cessera jamais de régner désormais en Algérie, cela se comprend, puisque, ne croyant à rien qu'à leurs intérêts, ils sont incapables d'avoir même la notion de ce qui peut, tout d'un coup, soulever et transporter des gens qui croient; mais souhaitons que les sottes affirmations de ces ignorants n'influent jamais sur les déterminations de ceux qui ont la charge de garantir la tranquillité de l'Algérie et qui savent qu'il est, dans ce pays d'Islam, des gens qui croient et qui savent faire le sacrifice de leur vie.

Jusqu'au 16 juin, tout en souffrant du mauvais temps qui était survenu, des fatigues dont la continuité augmentait le poids et de privations qui s'accentuaient chaque jour, la petite garnison n'eut pas à livrer de combats sérieux. Ce jour-là, allant au-devant des colonnes Lallemand et Cérez, le colonel Maréchal fit une sortie vigoureuse qui, en moins d'une heure, lui coûta 5 tués, dont un officier, et 12 blessés. Le fort était débloqué.

Le colonel eut raison de dire au général en chef : « Tous les détachements formant ma petite garnison ont été magnifiques de courage et d'énergie; les officiers ont fait preuve de zèle et de dévouement; la milice citoyenne a fait vaillamment son devoir. Je suis fier de vous montrer ma vaillante petite troupe, qui est heureuse de votre arrivée parmi nous. »

Et c'est bien justement aussi que, dans l'ordre qu'il adressa à cette garnison, qui avait eu 25 tués, dont 3 officiers, et 45 blessés, dont 5 officiers, au cours du siège, le général en chef s'exprima ainsi : « ... En se révoltant, les insurgés se flattaient d'avoir facilement raison de votre petit nombre; mais, grâce à vous, grâce à votre vaillant chef, déjà connu par sa belle défense d'Ammi-Moussa, tous les efforts des Kabyles se sont brisés contre votre résistance énergique. La France n'a pas cessé d'affirmer sa puissance, au centre même du pays insurgé; de tous les points de la Kabylie, on aperçoit toujours cette place, désormais glorieuse, que quelques gens de cœur ont conservée à leur patrie, à la civilisation. »

XXXIV

MŒURS KABYLES. — LES PÈRES BLANCS

Décembre 1907.

On se rend, aujourd'hui, de Fort-National dans la vallée de l'Oued Sahel, d'où l'on peut gagner Bougie ou Sétif, ou bien revenir à Alger par Palestro, en suivant la route qui passe à Ichériden, puis à Michelet, et franchit le Djurjura au col de Tirourda. La route court en corniche, sur le flanc sud de l'arête étroite des Beni-Raten, puis sur la crête des Beni-Menguellet où l'on a établi le chef-lieu de la commune mixte du Djurjura, auquel on a eu la singulière idée de donner le nom de notre historien antinational, tandis qu'il eût été tout au moins équitable de lui donner le nom de Randon ou de Lallemand. Mais le croiseur *Michelet* ne naviguera-t-il pas bientôt, de concert avec le *Quinet* et le *Waldeck-Rousseau,* sous la protection du cuirassé la *Vérité,* qu'on ignore, et du cuirassé la *Justice*, qu'on viole, tous éclairés par *Brumaire* ou *Nivôse?* L'Algérie ne pouvait pas échapper au ridicule dont nos gouvernants couvrent tout naturellement tant de choses.

De cette route, tellement suivie aujourd'hui, que le prévoyant Touring-Club et le non moins prévoyant Automobile-Club y ont multiplié les poteaux indicateurs, on jouit d'une vue admirable sur la grande masse de neige du Djurjura qui forme le fond du tableau, et sur les chaînes étroites séparées par de profondes vallées qui s'en détachent, toutes couronnées de villages, souvent considérables, dont le nombre ne cesse d'étonner. Assurément, le spectacle de cette région où l'homme ne semble pouvoir subsister qu'au prix des plus grands efforts et des plus grands sacrifices, et qui est cependant extrêmement peuplée, puisque la population atteint 190 habitants par kilomètre carré, comme en Belgique, est singulièrement intéressant.

Belle race, en vérité, et bien digne d'estime, malgré ses défauts, que celle qui pullule, là où tant d'autres vivraient à peine ou périraient peut-être, tant la vie est rude dans ce rude pays.

L'hiver, tandis que la femme va à l'eau et au bois, moud le grain, fait la maigre cuisine du ménage, trait les chèvres et tisse les vêtements, l'homme, quand il est retenu à la maison, travaille le bois ou les métaux, si habilement parfois qu'il n'a pas toujours renoncé à la fabrication de la fausse monnaie; dès qu'il peut sortir, il court à son champ; à son petit champ qui est toute sa passion; qu'il a eu tant de peine à acquérir, au prix de longues privations; qu'il a tant de peine à défendre, chaque année, contre la fonte des neiges ou les pluies diluviennes qui menacent de l'enlever; qu'il voudrait tant augmenter. Il le veut augmenter, malgré tout, car le désir ardent de posséder, que les difficultés de la vie ont enraciné dans son cœur, le rend infatigable et si résolu qu'il le pousse, un jour, à s'expatrier pour acquérir au loin ce que le travail le plus acharné ne lui donneraitjamais dans sa pauvre montagne.

Il descend donc dans le plat pays et s'y loue. Comme il est fort, énergique, travailleur, il s'y loue bien; comme il est sobre, et vit de rien, il économise et rapporte à la maison tout ce qu'il a gagné; intelligent, adroit, industrieux, il ne se résigne pas longtemps à n'être qu'un simple manœuvre, et, peu à peu, il s'élève dans la hiérarchie des travailleurs et augmente ses salaires, qu'il s'empresse de porter au pays, quand il va aider sa femme et ses enfants dans les travaux de la moisson ou des récoltes.

Actif et entreprenant, ne s'avise-t-il pas que le commerce que font les juifs, et qui, si promptement, leur procure les richesses qu'il croit fabuleuses, il pourrait, lui aussi, le pratiquer? Et du coup, souvent, il y passe maître.

Bon nombre de Kabyles exercent, en effet, le métier de colporteur. Ils se fournissent à Alger des tissus dont ils ont besoin. Selon le degré de solvabilité qu'on leur accorde, ils obtiennent pour deux, trois ou quatre mille francs de marchandises, payables à dix ou onze mois. Toutefois, ces bons montagnards, qui semblent avoir la bosse du commerce, ne font affaire qu'avec les marchands qui consentent à leur prêter, en outre de ce qu'ils leur ont vendu, une somme égale au montant de leur facture, à un taux qui ne dépasse guère quatre pour cent.

Muni de cet argent prêté et de la marchandise non payée, le Kabyle regagne le pays et se défait de ce qu'il a acheté au prix coûtant, et souvent même à perte; mais aussi rapidement que possible, afin d'augmenter la somme qu'il possède déjà, et de pouvoir faire une tournée fructueuse dans les villages de la montagne, dans les douars et dans les fermes de la plaine, où il achètera les laines et les peaux qu'il ira revendre, de suite, à la ville avec bénéfice.

Avant que la date de la première échéance n'arrive, il parvient d'habitude à renouveler jusqu'à trois ou quatre fois ses opérations. Quand il a payé ce qu'il doit, qu'il est ainsi possesseur d'un petit capital, il regagne son pays, travaille à son champ, et ne tarde pas à acheter le lopin de terre qu'il convoitait; puis recommence sa campagne. Tant et si bien qu'après avoir racheté les terres qu'on leur avait enlevées après l'insurrection, les Kabyles achètent, maintenant, dans la plaine des terres que les Arabes et même des colons leur vendent, et qu'ils ne tardent pas, du reste, à exploiter fort bien.

Le fait est notoire dans les arrondissements de Tizi-Ouzou et de Bougie. « La colonisation recule », — s'écriait, il y a trois ans, le maire de Bougie. — « Les Kabyles auront bientôt racheté même notre banlieue! » Dans l'arrondissement de Tizi-Ouzou, comme on sait que les Kabyles désirent ardemment acheter des terres, mais qu'ils ne viendraient pas les disputer à Alger aux gens d'affaires de la capitale, pour en tirer un bon prix, on préfère souvent les vendre au tribunal de Tizi-Ouzou plutôt qu'à celui d'Alger.

Le maire de Bougie exagérait. Si la colonisation européenne ne se développe pas dans la banlieue, celle de la ville ne recule pas; et partout ailleurs qu'aux environs du pays kabyle, elle gagne du terrain. Ce qui est vrai, c'est qu'il n'y a rien à regretter, quand les colons amateurs se défont de la concession qu'ils n'ont demandée que pour la vendre. Et quand cette concession, qu'ils cultivaient à peine, passe aux mains de Kabyles travailleurs et économes, attachés à la terre, sujets soumis, amis de l'ordre et de la tranquillité, ennemis de l'armée roulante des malfaiteurs qui menacent la propriété, n'y a-t-il pas là un progrès dont on est forcé de se réjouir, puisque nos compatriotes de France ne se décident pas à affronter vingt-quatre heures de mer, et à venir peupler un pays qui est pourtant le leur?

Au nombre des coutumes spéciales aux Kabyles, il en est une, appelée *anaïa*, qui mérite d'être signalée. Tout habitant d'un village ou d'une confédération peut prendre un étranger sous sa protection, et réclamer l'assistance de tous pour défendre son protégé, dans le cas où il serait victime d'un acte d'agression. Pour que l'anaïa soit efficace, si celui auquel il est accordé n'est pas accompagné par l'habitant qui le lui a donné, il faut qu'il soit porteur d'un objet connu comme appartenant à celui qui le couvre de sa protection. Le Kabyle qui accorde son anaïa doit, sous peine d'infamie, y faire honneur, dût-il s'exposer à tous les dangers. On dit, dans un proverbe : « Celui qui accompagne son anaïa (son protégé) est censé mort, jusqu'à ce qu'il l'ait conduit en lieu sûr. » L'histoire kabyle est pleine de guerres que souleva une simple violation d'anaïa.

« L'anaïa est une montagne de feu; mais c'est sur elle qu'est notre honneur, » dit un poète du dix-huitième siècle.

Bien avant que la Kabylie ne fût soumise, alors que personne n'y pouvait pénétrer, et surtout que personne ne pouvait en revenir, mon père fut avisé à Alger qu'un pauvre diable, qui se prétendait fonctionnaire forestier, admis à l'hôpital militaire de Bougie, se réclamait de lui. C'était, en effet, le garde général des forêts d'Aumale qui, désireux d'étudier les massifs forestiers de la Kabylie, alors inconnus, sans avertir personne de son projet, s'était mis en tête de traverser tout le pays, jusqu'à Bougie. Arrêté au premier village et sans doute considéré comme fou, et par suite devenu aussitôt digne de tous les respects, il avait reçu l'anaïa jusqu'au terme de son voyage, qu'il avait atteint sans chaussures, les vêtements en loques, exténué, et sur le point de mériter la considération qu'on accorde à tous les êtres dénués de raison.

Ainsi, pendant dix jours, tous les villages des différentes confédérations avaient scrupuleusement observé l'anaïa, donné par un habitant d'un village éloigné, à un Français détesté, l'avaient protégé, nourri, abrité et conduit là où il désirait aller.

En 1856, tandis que les divisions Renault et Yusuf opéraient, l'une chez les Beni-Yenni, l'autre chez les Maatka; que, tout en voyant chaque nuit leurs feux, elles étaient séparées par une large bande de pays, en pleine révolte, où tout prisonnier français était aussitôt coupé en morceaux, un soldat ordonnance alla de l'une à l'autre. Je le vois encore amené au feu de bivouac du général Yusuf, plus mort que vif, les yeux fous. Il conta que la veille au soir, au camp de la division Renault, son capitaine lui avait dit de porter une lettre au colonel, « au feu qu'il voyait là-bas. » Le pauvre diable avait cru que son officier, qui lui avait indiqué un feu de bivouac tout rapproché, où se tenait son colonel, lui avait montré les feux de notre division.

Les Kabyles, plus vigilants que les avant-postes qui l'avaient laissé passer, l'ayant aussitôt arrêté, eurent pitié de sa naïveté. On lui donna l'anaïa et on le conduisit, de village en village, jusqu'à nos grand'gardes.

Une race qui est brave, qui travaille, et qui est fidèle à sa parole, mérite plus d'intérêt que nous ne lui en accordons d'habitude. Assurément moins éloignés de nous, et moins résolus à ne pas s'en rapprocher que ne le sont la plupart des Arabes, les Kabyles — qui ne les aiment pas — auraient pu, en d'autres temps, être rattachés à nous par des liens plus forts que ceux que les intérêts matériels commencent à former; car, sans troubler leur susceptibilité, sans violence et sans menace, il aurait été possible d'en convertir un grand nombre à la foi chrétienne.

Les Pères Blancs, auxquels on ne peut contester ni la

faculté d'apprécier exactement l'état d'esprit des populations islamiques, ni la modestie de leur jugement, sont convaincus qu'on aurait réussi dans cette œuvre si intéressante pour les Kabyles et si considérable pour nous, si l'on y eût été quelque peu aidé. Mais, comme je l'ai dit, notre Gouvernement n'a jamais songé à s'occuper de pareilles vieilleries, et, quand il lui est arrivé de témoigner parfois quelque intérêt à une action religieuse, c'est vers l'action protestante que son intérêt s'est tout naturellement porté.

Aussi, désireux de visiter une des chrétientés que les Pères Blancs ont fondées en Kabylie, au lieu de me rendre à Michelet, je me confiai aux bons soins de deux aimables missionnaires que Mgr Livinhac avait prévenus et qui patiemment, par un grand froid, de nuit, car un accident m'avait retardé, m'attendaient, sur la route, à l'embranchement du chemin qui conduit chez eux.

La chrétienté des Beni-Menguellet est à trois kilomètres de Michelet. Elle comprend un hôpital, un couvent, des écoles, deux petits villages de Kabyles convertis. C'est la plus considérable des chrétientés de la Kabylie, celle où réside le Prieur.

L'hôpital Sainte-Eugénie est à quelque distance du couvent. Construit trop près du talus de la montagne qu'il a fallu arraser pour l'établir, car des glissements de terre délayée par la neige l'ont menacé cet hiver, il est vaste, gai, admirablement tenu par les Sœurs Blanches. Cent malades des deux sexes répartis dans les deux ailes y sont constamment soignés. Revêtus de belles chemises de couleur, dont ils semblent très fiers, parfaitement propres, les hommes font en souriant le salut militaire. Quant aux femmes, quel que soit leur état, il en est peu qui consentent à rester au lit, et le plus grand nombre s'empressent à travailler sans relâche, pour seconder les sœurs. On voit que, si elles font le ménage, préparent le kousskouss, balayent, vont, viennent, nettoient et portent le bois, parce qu'il leur semble qu'elles sont faites pour travailler toujours, sans jamais se reposer, elles travaillent surtout, les pauvres femmes, habituées à être traitées durement, pour témoigner aux sœurs l'affection qu'elles ont conçue pour les êtres qui, les premiers, ont été bons pour elles. De fait, à l'admiration que leur cause aussitôt ce qu'elles voient, succède dans le cœur des femmes kabyles la gratitude, puis la confiance, qui les déterminent, peu à peu, à profiter des leçons que la pratique journalière leur donne; elles se perfectionnent dans tous les travaux du ménage; et quand elles sont guéries, qu'elles quittent l'hôpital et qu'elles regagnent leur village, c'est pour y conter les prodiges de bonté et d'habileté dont elles ont emporté le souvenir.

Aussi, précédées par la réputation que leur ont faite, partout, leurs anciennes pensionnaires, les sœurs sont-elles accueillies avec empressement quand elles vont dans les villages. Il en est un grand nombre où elles se rendent périodiquement, soignant les malades, enseignant ensuite à toutes les femmes qui se pressent autour d'elles ce qui leur manque pour être de bonnes ménagères et pour se faire bien venir de leurs maris économes. Puis on cause; et, sans que jamais un mot ait été prononcé qui pût les troubler, la vue de cette charité infatigable projette, un jour, le rayon qui illumine ces âmes farouches.

Quelques petits bâtiments tout bas, sans étages, comme encastrés d'un côté dans la montagne et ayant vue, de l'autre, sur le pays des Beni-Yenni et celui des Ataf, où sont d'autres chrétientés, abritent les Pères et renferment les écoles que suivent des élèves externes et une trentaine d'internes. Ceux-ci, parfaitement tenus, sans embarras comme sans effronterie, vous baisent respectueusement la main et vous disent gentiment un aimable bonjour. Leur mine ouverte, éclairée d'un franc sourire, donne à toute leur physionomie un caractère particulier qui frappe; et, à voir la confiance et l'affection avec lesquelles ils se rapprochent des Pères, on se persuade que ces bons éducateurs possèdent pour se faire aimer de leurs élèves, comme les sœurs de leurs malades, des secrets que n'ont ni nos fiers instituteurs, ni nos infirmières prétentieuses.

Lorsqu'un Kabyle s'est converti, qu'il est *retourné*, comme disent, avec un certain mépris, ses compatriotes, la vie ne lui est pas toujours facile. Dans son village, il lui faut souvent faire preuve d'une grande patience, pour supporter les petites plaisanteries qu'on manque d'autant moins de lui faire que l'on sait combien l'autorité est indifférente aux conversions. Isolé, en tout cas, dans un milieu dont il ne partage plus les croyances, il souffre et court parfois le risque de perdre quelque peu le souvenir de ce qu'il a appris. L'idée est donc venue aux missionnaires de construire des maisons où ils recueillent des ménages de convertis; et c'est ainsi que près du couvent s'élève un petit village chrétien, et près de l'hôpital, un autre. Bâtie sur le modèle des maisons kabyles, avec quelques perfectionnements, plus d'air et de lumière, chacune des maisons de ces villages abrite un ménage. Quand on pénètre dans l'une de ces maisons, lorsqu'on est parvenu à calmer la colère du chien qui ne consent à se tenir tranquille qu'à la vue d'un Père, on est aussitôt singulièrement impressionné. Sur les murs bien crépis, un crucifix, quelques images et un chapelet attestent la foi des habitants; le sol est net; la marmite reluisante bout devant un feu sans fumée; une couverture de couleur voyante recouvre le lit; çà et là, des ustensiles brillent au soleil. Et sur le pas de la porte, grande, svelte, avenante, décemment drapée dans sa robe nationale, le teint clair, l'œil doux et confiant, le sourire sur les lèvres, la femme vous souhaite la bienvenue et vous tend simplement la main. Ce n'est plus Aïcha, ni Zorada : c'est Victoire, Sophie, Augustine, près de qui se tient le mari, Jacques, Jean ou Baptiste, confiant, affable et déférent avec le visiteur comme l'est sa femme.

Oh ! de quels regards vous fixent ces braves gens, qui n'ont plus de kabyle que le costume; dont la foi a fait nos frères, des Français! De quels regards profonds, tranquilles et assurés, qui les distinguent de leurs compatriotes défiants et soupçonneux! De quels regards, dont on se souvient toujours, comme de la marque évidente de l'action profonde de la vertu du Christ!

C'est tout occupés à visiter les malades, à instruire les enfants, à suivre les progrès des habitants leurs voisins, puis à parcourir le pays pour donner des conseils à ceux qui les consultent, et aussi des soins aux malades, que les missionnaires, sans jamais se reposer, emploient toute leur journée, accomplissant dans un pays très rude et dans les conditions très pénibles d'un régime d'anachorète, loin de la France qui les ignore, mais sous l'œil de Dieu qui les soutient, l'œuvre admirable à laquelle ils ont consacré leur vie. Ils en sont parfois récompensés, du reste, puisque, à Pâques, cent Kabyles ont communié au seul couvent des Beni-Menguellet, que chaque année des milliers de communions sont données dans les autres chrétientés, et que dans tout le pays leurs enseignements excellents et pratiques portent leurs fruits.

Quand j'eus tout vu, tout étudié et tout admiré; que j'eus le lendemain, entendu, moi, vieux soldat de Kabylie, la messe dans la petite chapelle du couvent, bâtie sur les lieux où j'avais combattu, je partis pour Icheriden avec le Prieur qui tenait à m'accompagner. Il me tardait d'aller revoir le théâtre des combats qui, par deux fois, amenèrent la soumission de toutes les populations travailleuses et braves, dont les saints missionnaires d'Afrique poursuivent, avec tant de dévouement, la conquête définitive.

XXXV

ICHERIDEN. — 1857-1871

Décembre 1907.

Le souvenir des combats d'Icheriden a été consacré par un petit monument très simple, qui a été élevé sur les lieux mêmes où ils furent livrés par ordre de M. Cambon, alors Gouverneur général, et béni solennellement par Mgr Ducellier, évêque d'Alger, un ancien zouave.

De loin, on aperçoit la petite pyramide blanche qui se profile sur l'horizon; quand on a vu ce petit point blanc, symbole de tant de bravoure dépensée pour la gloire du nom français, sur cette terre qu'on avait résolu d'appeler à une plus haute civilisation, on le fixe sans cesse; on a hâte de s'en rapprocher et de le joindre, pour rendre pieusement ses devoirs à la mémoire des soldats dont il atteste le courage et le dévouement; pour saluer, avec tout le respect qu'on lui doit, le lieu sacré où tant de sacrifices furent, à deux reprises, noblement consentis.

Ils semble que les peuples et les armées ne doivent se heurter, pour vider leurs querelles, que sur certains points que l'influence tyrannique du terrain a désignés pour être les champs de bataille de l'espèce humaine. C'est ainsi que, par deux fois, dans les deux grandes expéditions de Kabylie, les Kabyles résolurent d'arrêter la marche de nos troupes et de sauver leur indépendance à Ichériden, et que nous dûmes, par suite, sur le même terrain, à deux reprises, à quatorze ans d'intervalle, à la même date, le même jour, briser la résistance de ces braves montagnards.

C'est qu'en effet il est difficile d'imaginer une position plus facile à défendre que celle d'Ichériden, que, chaque fois, du reste, les Kabyles surent singulièrement renforcer par des travaux fort bien conçus, et transformer, en 1871, en une position vraiment formidable.

A une grande lieue de Fort-National, la crête étroite des Beni-Raten, qui se projette vers l'est et que suivait, en 1857, la piste qui conduisait dans l'intérieur du pays, se trouve, subitement, comme étranglée par deux ravins latéraux dont les deux têtes viennent presque se joindre; tandis qu'au delà, la crête va s'élevant jusqu'au village d'Ichériden, point dominant du pays, et projette, vers le nord, un chaînon fort abrupt, qui menace latéralement le col étroit par lequel il faut défiler pour atteindre le village, réduit de la position.

De la sorte, tandis que l'attaque directe, celle qui serait effectuée par la crête, peut être très coûteuse, parce qu'elle doit progresser sur une sorte de glacis étroit, battu par le feu de l'ennemi; tandis qu'elle ne peut être appuyée que peu de temps par l'artillerie, les attaques d'aile, forcées de descendre dans les ravins, courent le risque de se jeter dans des terrains, dont la pente et les difficultés de toute sorte peuvent ralentir leur mouvement et les exposer longtemps au feu de la défense.

Le 24 juin 1857, tandis que les divisions Renault et Yusuf opéraient plus à l'ouest, dans la région des Beni-Yenni, le maréchal Randon donna à la division Mac-Mahon l'ordre de se porter sur la position d'Ichériden que les défenseurs de l'indépendance kabyle avaient fortifiée, résolus à y opposer une résistance acharnée. Le temps que nos soldats avaient employé à ouvrir la belle route de Fort-l'Empereur à la plaine, les Kabyles l'avaient employé à organiser leur système de défense.

Arrivée au point où la piste se terminait, à quelques centaines de mètres du col, l'artillerie de la division fut arrêtée et mise en batterie sur un petit tertre où se tint le maréchal Randon; puis l'attaque fut confiée à la brigade Bourbaki, qui comprenait un bataillon du 54e, le 2e zouaves et le 2e étranger. Les Kabyles ne ripostant pas au feu de l'artillerie et restant immobiles derrière leurs retranchements, sans attendre davantage, l'ordre d'attaquer fut donné au 54e et aux zouaves. Mais, à peine ces régiments avaient-ils prononcé leur mouvement que le feu de l'ennemi leur fit subir de grosses pertes et causa même au bataillon du 54e, qui marchait en tête, un moment d'hésitation, dont les légendes du loto des zouaves, parfois très cruelles pour les camarades, conservèrent longtemps le souvenir : « 54e !... Ventre à terre dans la broussaille. — Peux pas me lever! ». A cette époque, on ne s'était pas encore avisé de préconiser la marche à l'ennemi sur l'abdomen.

Cependant, électrisées par le général Bourbaki qui marche en tête et qui a son cheval tué sous lui, guidées témérairement par le général de Mac-Mahon qu'une balle atteint à la hanche, les troupes progressent. Toutefois, les difficultés du terrain sont si grandes qu'elles ne gagnent que très péniblement quelque peu de terrain, jusqu'au moment où un mouvement tournant du 2e étranger, lancé sur la droite des Kabyles, ébranle les défenseurs et détermine un commencement de retraite. La charge est sonnée sur toute la ligne. Fantassins du 54e, zouaves et légionnaires se précipitent sur les retranchements, les enlèvent et poursuivent l'ennemi jusqu'au village d'Ichériden, sans lui laisser le temps de les défendre.

Mais, pour briser la résistance des Kabyles au point de les déterminer à se soumettre, il n'avait pas fallu moins que l'énergique ardeur des plus belles troupes que la France ait jamais possédées, entraînées par les deux plus brillants hommes de guerre de l'époque, héros d'Inkermann et de Malakoff! La victoire coûta cher : 350 hommes et 30 officiers furent tués ou blessés. A lui seul, le 2e zouaves eut 237 hommes tués ou blessés, 5 officiers tués et 5 blessés! Les Kabyles avaient le droit d'être fiers de la résistance qu'ils avaient opposée à leurs invincibles adversaires.

En 1871, tandis que le général Lallemand pacifiait les alentours de Fort-National, il apprit que de nombreux contingents occupaient la position d'Ichériden, d'où ils empêchaient un grand nombre de tribus de venir à lui. Comment auraient-elles consenti, en effet, à se soumettre, sans tenter, tout au moins, encore une fois la fortune? Le souvenir de la glorieuse défense de 1857 ne s'était-il pas conservé? Le grand combat soutenu contre Mac-Mahon et Bourbaki, aux exploits légendaires dans tout le pays, n'était-il pas toujours chanté dans les villages? Et, tandis que les Français ne pouvaieut disposer que de quelques recrues épargnées par les Prussiens, les Kabyles, au contraire, ne seraient-ils pas en bien plus grand nombre qu'autrefois, mieux armés; et les retranchements qu'on avait élevés depuis plusieurs semaines n'avaient-ils pas une tout autre importance que les anciens?

Le général Lallemand hésita d'autant moins à aller disperser ces contingents qu'il lui tardait de frapper le grand coup qui devait, il en était convaincu, amener, après tout ce qui avait été fait, la soumission de tout le pays. Toutefois, le combat que le maréchal Randon avait livré comportait des enseignements qui ne lui avaient pas plus échappé qu'au général Cérès : et, de même qu'ils avaient réussi à enlever la montagne des Beni-Raten en ne perdant que 10 tués et 80 blessés, là où, pour atteindre le même résultat, les trois divisions du maréchal Randon avaient eu, en 1857, 66 tués et 420 blessés, ils résolurent d'enlever la position d'Ichériden, en adoptant une méthode qui réduirait considérablement les pertes, bien qu'elle fût plus fortement fortifiée, plus étendue, et qu'elle dût compter, sans doute, beaucoup plus de défenseurs qu'en 1857.

Le général Lallemand disposait de vingt pièces et de deux canons à balles; il en constitua une batterie, qui fut installée au Mamelon-du-Maréchal, avec mission de canonner sans interruption la ligne de retranchements qu'on apercevait à mi-côte, entre le village d'Ichériden, réduit qui les dominait, et le col qui était à leurs pieds, devant la batterie. C'est ce que le général appelait chauffer. Sous la protection de cette artillerie, largement approvisionnée, pour lui permettre de continuer longtemps son feu, tandis que les défenseurs seraient contenus par la pluie des projectiles qui les accableraient, les bataillons désignés pour l'attaque chemineraient lentement, bien défilés, gagnant du terrain, jusqu'au point où, arrivés en vue de l'ennemi et exposés alors à son feu, ils devraient passer résolument à l'attaque. Mais, comme les Kabyles avaient succombé en 1857 parce qu'ils avaient été tournés par leur droite, le général ne douta pas qu'ils n'eussent prolongé leurs retranchements beaucoup plus loin de ce côté; il confia donc au général Cérès le soin d'exécuter un large mouvement tournant, qui devait faire tomber les défenses établies sur la longue chaîne presque en retour, si gênante pour nos colonnes d'assaut.

Tandis que, du monument, j'expliquais au bon prieur des Beni-Menguellet les préparatifs de notre attaque, la vue de notre ancien champ de bataille, où toute l'œuvre de notre chef et de ses braves troupes s'était achevée, évoquait en moi le souvenir précis des moindres faits de la journée.

Il me semblait voir le détail de toutes les scènes de cette belle matinée.

Le soleil était magnifique; l'air de la montagne était léger; l'atmosphère parfaitement pure vibrait sous l'évaporation de la rosée. Les troupes bien reposées, mises en confiance par leurs succès journaliers dont elles discernaient parfaitement les causes, bien tenues, gagnaient gaiement, d'un joli pas rapide et décidé, les points qui leur étaient assignés. Les sacs posés à terre, les faisceaux formés, la cigarette allumée, — la dernière pour quelques-uns, hélas! — on causait, tout en refixant un objet de campement mal attaché ou resserrant une guêtre mal lacée, ou en roulant, autour du pauvre pied sanglant, la petite bande de toile que le docteur avait appris à mettre à la Velpeau. Très calmes, les officiers vérifiaient toutes choses rapidement ou fouillaient le terrain avec leurs lorgnettes. Sur le mamelon, près de la batterie, le général Lallemand donnait ses derniers ordres avec sa sérénité habituelle, toujours imposante.

Là, sur la droite, où court maintenant la route qui conduit à Michelet, s'assemblèrent deux bataillons de la 2ᵉ brigade : le 27ᵉ chasseurs et un bataillon du 80ᵉ; au centre, plus près de la batterie, deux de la 1ʳᵉ brigade, dont un du 2ᵉ zouaves désireux de faire chèrement payer les pertes qu'il avait subies en 1857; à l'extrême gauche, deux bataillons du 4ᵉ zouaves, de la colonne Cérez, se disposaient à entamer le mouvement tournant qu'on avait confié au lieutenant-colonel Noëllat.

Il était dix heures : l'artillerie du commandant Brugère venait de tirer son premier coup lorsque, subitement, une longue ligne de feu s'éclaira du côté de l'ennemi à la façon d'une rampe de gaz qui s'allume instantanément. Cette ligne de mousqueterie s'étendait tout le long des retranchements, dont elle faisait discerner les détails, sur un front de plus de trois kilomètres; et, quoique le tir de notre artillerie et les salves déchirantes de nos deux mitrailleuses eussent été promptement réglés, l'intensité du feu des Kabyles enragés ne diminua pas. C'était, sur la position, comme une illumination et un feu roulant continus. Les balles des fusils de contrebande des derniers modèles, dont un grand nombre de Kabyles étaient armés, tombaient dru et sifflaient de tous côtés.

Cependant, tandis que l'artillerie poursuivait méthodiquement son œuvre de préparation, — continuait à chauffer, — les bataillons chargés des attaques s'étaient ébranlés et cheminaient lentement, en se défilant du mieux possible, vers les points qui leur avaient été indiqués. J'accompagnai nos bataillons de la droite, ceux qui devaient d'abord s'avancer à flanc de coteau, suivant la direction de la route de Michelet, puis se redresser à gauche. Tout alla bien d'abord; les chasseurs du 27e, avec lesquels je cheminais, sautaient de pierre en pierre; le bruit du canon, celui des balles qui sifflaient au-dessus de leur tête, car l'ennemi ne les voyait pas, les excitaient singulièrement. Mais quand on se fut redressé sur la gauche et qu'il fallut, non plus marcher, mais grimper vers l'ennemi; que je dus descendre de mon cheval qui ne pouvait plus avancer; que les balles commencèrent à tomber; alors vraiment, quoique devenus plus sérieux, nos petits chasseurs furent vraiment merveilleux. Jamais la mutualité ni la solidarité, dont on fatigue aujourd'hui nos oreilles, ne furent mieux pratiquées que par ces braves gens. Ah! ils ressemblaient peu aux soldats pâles et malingres du début de la campagne, ces lurons qui s'aidaient l'un l'autre pour escalader les rochers et les talus à pic; se tirant, se poussant, se hissant, rivalisant d'entrain! Le képi en arrière, ruisselants de sueur, le col de la capote déboutonné, les manches relevées, l'œil décidé, ils allaient toujours, ne s'arrêtant que quelques secondes, de temps en temps, pour reprendre haleine, et, le sac appuyé sur le canon du fusil, étudier rapidement la piste à suivre ou pour mettre délicatement à l'abri un camarade blessé.

Il était onze heures environ; le feu de notre artillerie, non plus que la fusillade de l'ennemi, n'avaient pas diminué un instant, lorsque, nous élevant toujours et nous trouvant, tout à coup, en face du retranchement, la charge retentit de toutes parts. En quelques minutes, de celles qui sont vécues si vite qu'elles restent confuses, les chasseurs, que rien ne pouvait plus arrêter, escaladèrent les barricades, au moment même où, à leur droite, le 80e les atteignait aussi. Les Kabyles, enfin démoralisés, fuyaient à toutes jambes.

Prolongeant très loin son mouvement, le lieutenant-colonel Noëllat avait réussi de son côté à tourner, puis à enfiler toute la ligne des retranchements, appuyé par un escadron d'éclaireurs algériens, qui s'était lancé à la charge, au travers des rochers et des précipices. La poursuite fut continuée fort loin de tous côtés. A une heure, tout était fini.

« Rien ne peut donner une idée de la force et du nombre d'ouvrages que les Kabyles avaient élevés. Jamais, depuis l'ouverture de la campagne, nous n'avions rencontré autant de contingents. Jamais l'ennemi n'avait montré un tel acharnement. Tous les efforts ont été inutiles. L'entrain et la vigueur de nos Kabyles ont été tels et le tir de notre artillerie si précis, que, tandis que nous n'avons eu que 2 tués et 61 blessés, dont 30 légèrement, nous avons infligé aux Kabyles des pertes énormes. Plus de 200 cadavres sont étendus autour de notre camp. Les conséquences politiques de ce succès ne tarderont pas, j'espère, à se faire sentir (1). »

C'est en ces termes que le général Lallemand termina la dépêche qu'il adressa au Gouverneur, le 24 juin au soir. Il n'était pas un officier de nos colonnes qui n'y eût ajouté quelque chose que le chef, le grand chef vraiment, ne pouvait dire. Tel fut le second combat d'Ichériden qui acheva en quelques jours la soumission de toute la Kabylie.

J'ai possédé, jadis, un croquis qui donnait parfaitement le détail de tous les retranchements que les Kabyles avaient établis, ensemble formidable qui témoignait d'une science véritable. Il avait été levé par le plus charmant de nos camarades, le capitaine d'état-major de Rapp, de l'armée suédoise. Après avoir combattu avec nous à Metz, où il avait été blessé, puis à l'armée du Nord, où il avait pris part à la jolie affaire de Ham, il était venu près du général. Officier de la plus haute valeur, il fut, du reste, protégé aussi par la bonne étoile de la colonne, car il devint chef d'Etat-major et Ministre de la guerre de l'armée suédoise qu'il réorganisa. On ne pouvait souhaiter d'avoir près de soi un compagnon plus aimable, un ami plus dévoué ni plus sûr. Les années n'ont fait qu'augmenter l'affection mutuelle que nous avons conçue, l'un pour l'autre, au cours de cette campagne. Avec plus de force que les assurances les plus vives ne l'auraient pu faire, son admiration, souvent silencieuse, et la joie qu'il avait à tout observer nous

(1) Le 27e chasseurs eut à lui seul 25 blessés et un tué.

disaient combien, peu à peu, nos soldats recouvraient leurs qualités; leurs belles qualités d'endurance, d'ingéniosité, de dévouement, de courage, de constante bonne humeur, qui en font des soldats incomparables, capables de résister à tout et de tout vaincre, quand ils sont bien commandés. Ce jour-là, le jour d'Ichériden, de Rapp ne se contint pas; il était vraiment transporté, enthousiasmé, et s'en allait brandissant énergiquement un gros bâton, la seule arme qu'il portât jamais, par respect, sans doute, pour le droit des gens, puisque la Suède n'était pas en guerre avec les Kabyles. Le soir, au feu des zouaves, autour duquel les loustics se surpassèrent comme ils s'étaient surpassés au feu du matin, il admirait et riait aux larmes. Oh! beaux moments, déjà si éloignés, où le cœur renaissait à l'espoir, où toutes les revanches semblaient certaines, toutes les gloires si près de récompenser nos efforts!

Quand j'eus tout revu par la pensée, nous nous agenouillâmes au pied du monument. Le bon prieur, que mon récit avait intéressé, pria longuement avec ferveur. J'adressai à Dieu la prière du soldat chrétien. Quand tous deux nous nous relevâmes, nous sentîmes bien que nous ne pouvions plus rien nous dire; que toute parole serait déplacée; que nos cœurs qui se comprenaient et avaient communié voulaient rester recueillis et tout à l'émotion qui les étreignait. Nous nous embrassâmes les yeux humides. Une dernière fois, nous saluâmes le monument, et, tandis que le brave missionnaire montait sur sa petite mule, retournait à sa tâche, à son dur labeur, dans ses montagnes abruptes, loin de tout, je regagnai Fort-National.

Le soir, j'étais à Alger. Peu de jours après, ayant effectué le pèlerinage que j'avais voulu faire en Kabylie pour terminer mon voyage, je m'embarquai et rentrai en France.

XXXVI

QUELQUES MOTS DE CONCLUSION

Janvier 1908.

Je voudrais, pour terminer, ajouter quelques mots à ce que j'ai eu l'occasion de dire sur les questions qui intéressent plus particulièrement l'Algérie, en ce moment.

Celle sur laquelle je reviendrai d'abord, parce qu'elle est résolue, est celle de l'emprunt que l'Algérie demandait à contracter. Le Parlement vient d'approuver le programme des travaux que le Gouverneur présentait et d'autoriser la colonie à procéder à l'opération financière qui permettra l'exécution de ce vaste programme, sur lequel il n'y aurait aucune critique à formuler si l'on n'y trouvait pas, en plus d'un point, la trace des concessions fâcheuses que produit toujours la considération des influences électorales. Les 175 millions qu'on s'apprête à dépenser feront faire un grand pas à la colonie; mais ils seraient assurément d'un effet bien plus considérable, si l'on avait su s'affranchir des petits intérêts locaux, auxquels les Délégations algériennes ont donné trop de satisfactions, enlevant ainsi, en partie, au programme, le grand caractère d'utilité publique qu'il aurait dû présenter.

Le Parlement a cependant formulé une observation critique. Absolument étranger aux questions algériennes, il a observé que la part des dépenses que l'on projetait de faire pour développer l'enseignement des indigènes était insuffisante à ses yeux, et que le rapporteur du budget de l'Algérie avait raison de demander qu'à l'avenir, les connaissances arabes et le Coran fussent enseignés davantage dans les écoles indigènes. Le Gouverneur ayant promis d'activer la création d'écoles indigènes et de faire revoir les programmes d'étude, les difficultés que la Chambre avait soulevées ont été écartées.

Il est certain que le programme de l'enseignement donné aux indigènes prête à la critique, puisqu'il a été établi par des universitaires, c'est-à-dire par des personnalités qui vivent d'abstractions et ne conçoivent rien autre que le *credo* internationaliste républicain; mais l'idée de faire étudier soigneusement, dans nos écoles, à des élèves qu'on veut rapprocher de nous, le Coran, qui les en éloignera, est l'une de celles qui ne peuvent germer que dans les cervelles des mêmes gens qui proscrivent en France l'enseignement du catéchisme (1).

La question de la création d'une Université algérienne a quelque peu troublé les parlementaires qui ont vu, dans l'apparition de cet organe, une menace à l'unité d'enseignement et aux prérogatives des universitaires de France, très chers à leur cœur. Un supplément d'études a été prescrit; mais l'accord ne tardera pas à se faire, et, les susceptibilités ombrageuses des corps enseignants de France ayant été calmées, l'Algérie sera dotée d'une institution qui est nécessaire à la satisfaction de ses intérêts légitimes.

(1) La question du programme de l'enseignement à donner aux indigènes et de l'augmentation des écoles indigènes émeut les esprits en Algérie. Le Gouvernement s'efforce de les calmer; les Délégations sont à l'étude. Quelle que soit la solution qu'elles adoptent, on doit regretter que le Parlement, si incompétent dans les choses algériennes, ait, subitement et sans étude, soulevé une question aussi délicate et aussi coûteuse. (Avril 1908.)

Je crois pouvoir faire observer combien les faits ont confirmé ce que j'ai dit de la question algéro-marocaine. Je ne veux faire aucune allusion aux résultats que la collaboration Clemenceau, Pichon, Picquart a donnés au Maroc, ni à la situation dans laquelle elle menace à l'heure actuelle de placer la France, ne voulant, comme je l'ai déjà fait, n'envisager la question qu'au point de vue algérien.

Or donc l'occupation temporaire d'Oudjda, qui n'avait en fait pour conséquence que de nous rapprocher des Beni-Snassen, a produit ce qu'elle devait produire et montré d'une façon manifeste que la frontière du Kiss mettait constamment en péril la tranquillité de notre territoire algérien.

Lorsqu'en effet, la frontière entre le Maroc et ce qui avait été la régence d'Alger, qui avait toujours été sur la Moulouïa, fut portée plus à l'est, sur le Kiss, il en résulta que les Beni-Snassen, qui dépendaient jadis de l'Odjak algérien, passèrent sous l'autorité du Maroc; toute nominale du reste, car, comme ils étaient séparés de Fez par une rivière importante ainsi que par la distance, et que leur attitude belliqueuse en imposait au maghsen, ils n'eurent aucune peine à se soustraire à l'autorité chérifienne. Ayant, de fait, déjà rompu avec l'autorité algérienne, ils étaient indépendants et ils ne tardèrent pas à le montrer, quand nous nous rapprochâmes d'eux. Ne l'avaient-ils pas montré déjà, quand, restant sur notre territoire algérien, nous en étions plus éloignés?

Quel que fût le désir qu'il eût de se conformer aux instructions ultra pacifiques qu'il avait reçues, le fonctionnaire des Affaires étrangères que le Gouvernement avait placé à Oudjda ne tarda pas à voir que la nécessité de protéger nos propres populations algériennes lui imposait le devoir de s'opposer aux menées de ses turbulents voisins. Investi du droit de disposer des troupes, comme toute autorité civile doit l'être aux yeux de nos politiciens, il en disposa aussi mal que peut le faire une autorité civile, de telle façon, en tout cas, qu'il provoqua l'incursion que les Beni-Snassen osèrent pousser sur notre propre territoire. A quelque chose malheur est bon. On s'émut; on redonna au général Lyautey le commandement de ses troupes; on lui envoya des renforts; on eut enfin confiance en lui; et jamais confiance ne fut mieux placée ni plus justifiée.

En quelques jours d'opérations, après un seul combat, les Snassen indomptables, entourés et menacés de toutes parts, ont reconnu leur impuissance, déposé les armes et accepté toutes les conditions qui leur ont été imposées. Et aujourd'hui, tandis que nos troupes poussent pacifiquement jusqu'à la Moulouïa, — qu'elles n'abandonneront plus, je l'espère, — le général applique sa méthode pacificatrice. Il ouvre des marchés; il établit des postes; il élargit les pistes qui les joignent; il crée des infirmeries et lance des docteurs à travers le pays; montrant aussitôt ce que peut faire, pour la conquête pacifique, un chef intelligent, résolu, expérimenté, confiant dans la puissance des procédés civilisateurs qu'il a souvent appliqués. Grâce à lui, les fautes qui avaient été commises sur la frontière sont réparées. Souhaitons qu'on le laisse achever l'œuvre qu'il a si bien commencée, et que, grâce à lui, tout soit remis en place dans cette région, jusqu'à ce jour si troublée et si mal limitée.

La persistance que l'on a eue à n'envoyer à Casablanca que des turcos ou des légionnaires, et le temps qu'on a mis à rassembler sur la frontière, pour agir contre les Snassen, les troupes prises dans les trois divisions et en Tunisie, qui composèrent les colonnes du général Lyautey, suffisent à montrer combien le jugement que j'ai porté sur l'état de l'armée d'Afrique est exact. Je pourrais en donner d'autres preuves; mais, comme il en est qu'il est mieux de ne pas dire, je me bornerai à exposer ce que l'envoi de quelques escadrons de chasseurs d'Afrique au Maroc vient de mettre en évidence.

On a résolu, comme on sait, de former un régiment de marche prélevé sur le 1er, le 3e et le 5e régiments. Le 1er, qui compte déjà un escadron au Maroc, a dû fournir un escadron; le 5e, qui n'a rien donné jusqu'à ce jour, a dû en fournir un également, plus quelques cavaliers pour compléter les deux escadrons du 3e auquel on n'avait encore rien demandé. Dans ce dernier régiment, chaque demi-régiment devait fournir un escadron. Cela avait paru facile à faire aux autorités ministérielles qui, sans doute, ne lisent pas les situations. Il fut ordonné d'avoir 150 sabres par escadron. On ne dit rien de la proportion des recrues à y admettre, car l'idée ne vint pas non plus aux mêmes autorités qu'on dût être forcé d'en admettre, pour mobiliser 300 sabres, sur un effectif régimentaire de plus de 700!

S'étant donc mis à l'œuvre au 3e chasseurs d'Afrique, on mit sur pied deux escadrons qui comptaient chacun 22 gradés, 80 cavaliers anciens et 48 recrues! Mais, quand ils furent à Philippeville, prêts à être embarqués, le Ministre, qu'une interpellation avait instruit de ce qu'il avait le devoir de ne pas ignorer, ordonna de ne mobiliser aucun cavalier de recrue; puis, quelques jours après, quand il lui eut été prouvé, sans doute, qu'il était impossible de n'en pas mobiliser, si l'on voulait prélever quatre escadrons complets sur trois régiments, il fit connaître qu'on ne devrait, en tous cas, n'en comprendre que 12 par escadron.

Dare dare, le 3e chasseurs d'Afrique parvint à envoyer à temps, à Philippeville, 28 cavaliers anciens qui furent racolés sur les ordonnances, les plantons, les ouvriers mal instruits, les employés du casernement, les fourgonniers tous jolis cavaliers, bons, propres à la guerre. Actuellement, il ne reste plus que des recrues au régiment, le seul régiment de cavalerie française de la province, et il n'a mobilisé pourtant que deux escadrons!

Voilà ce que les lois de désorganisation ont fait de la cavalerie d'Afrique, malgré que ses régiments reçoivent beaucoup d'engagés. Voilà l'état de la cavalerie que M. Messimy jugeait être trop considérable, hors de proportion avec les nécessités! Celles que son esprit prévoyait, s'entend (1)!

La séparation a été prononcée en Algérie, et le règlement que le Conseil d'État doit approuver fixera, sous peu, les conditions de son application. On craint beaucoup, en Algérie, qu'elles ne soient très différentes de celles que le Gouverneur a sans doute proposé d'adopter, car la haute assemblée a donné des preuves fréquentes de l'esprit qui l'anime sur cette question, et la considération des intérêts si graves que la séparation menacera en Algérie n'est certes pas de nature à l'émouvoir.

Si l'inquiétude est grande dans le clergé et chez les catholiques d'Algérie, la confiance dans l'action toute-puissante de la Providence ne cesse pas, cependant, de les

(1) Le bataillon du 4e zouaves qui a été envoyé aux Beni-Snassen a laissé en Tunisie ses jeunes soldats et ses malingres; il lui restait 350 hommes. Pour le compléter à l'effectif de 600, les trois autres bataillons lui ont envoyé 250 soldats. Ils ne disposaient donc plus alors que de 800 mobilisables; ce qui revient à dire que les quatre bataillons d'un régiment de zouaves n'ont pu mobiliser, au mois de janvier, que deux bataillons de 600 hommes chacun. (Avril 1908.)

animer. Ils s'attendent à tout; mais ils sont prêts aussi à tout vaincre. Puissent-ils y réussir avec la grâce de Dieu!

Eux seuls, du reste, auront à lutter, car c'est à eux seulement qu'on en veut; et les indigènes n'ont pas tardé à comprendre — peut-être même en avaient-ils été avertis depuis longtemps — que la loi ne les toucherait pas et que le Gouvernement saurait prendre des mesures qui assureront le recrutement et les émoluments du clergé mahométan. N'ont-ils pas lieu, du reste, d'être rassurés sur nos intentions, quand ils voient nos députés, soucieux de leur faire bien enseigner le Coran, et tout décidés aussi à doter de mosquées les soldats arabes qu'ils ont la folie de vouloir appeler à tenir garnison en France, pour y combler les vides que leur imprévoyance et l'horreur du devoir militaire ont creusés dans notre organisation! Des mosquées en France, tandis qu'on se propose de s'emparer des églises, et peut-être de loger ces régiments de mahométans dans des édifices religieux désaffectés!

L'avenir dira ce que la persécution dirigée sur les seuls catholiques amènera sur la terre africaine, et jusqu'à quel point elle tendra à détacher de la France les populations espagnoles et italiennes, qui contribuent tant à la richesse de la colonie.

Mais, tandis qu'on est en proie aux douloureuses inquiétudes que fait concevoir le sombre avenir auquel expose le sectarisme gouvernemental, les progrès matériels, dont j'ai cherché à présenter un aperçu, s'accroissent chaque jour dans ce merveilleux pays. Quelques chiffres suffiront pour donner une idée de ce développement, auquel la marche régulière et constante des progrès donne un prix tout particulier.

En 1905, le mouvement du port d'Alger avait atteint

11,284,000 tonnes; en 1906, il a dépassé 12 millions; en 1907, il a dépassé de beaucoup 14 millions de tonnes.

A Oran, le mouvement du port, en 1907, a été de 4,600,000 tonnes; à Bône de 1,500,000 tonnes; à Philippeville de 1,200,000; à Bougie, enfin, qui croît beaucoup, de 840,000.

Le port d'Alger vient ainsi après celui de Marseille; le port d'Oran occupe le sixième rang, après le Havre, Dunkerque et Boulogne; celui de Bône vient après celui de Saint-Nazaire.

Il y a lieu de noter particulièrement l'appoint considérable que constitue, pour les statistiques concernant le port d'Alger, le mouvement des navires relâcheurs : ces derniers comptent pour 4,500 unités et 9,136,704 tonneaux dans le total général précité. En 1903, période pendant laquelle l'escale d'Alger avait été très fréquentée par les navires de toutes les nationalités ayant à se ravitailler au cours de la traversée de la Méditerranée, on n'avait enregistré qu'un mouvement global de 3,720 navires et 6,861,512 tonneaux, de beaucoup supérieur déjà à toutes les constatations antérieures. Toutefois la part du pavillon français diminue.

On lit dans l'un des derniers numéros de *la Dépêche algérienne*, d'Alger :

« La direction des douanes vient de faire paraître le Bulletin comparatif du mouvement commercial et maritime de l'Algérie pendant les années 1907, 1906 et 1905.

« Les résultats accusés par cette publication présentent un intérêt particulier, ainsi qu'on en jugera par les extraits numériques suivants et les commentaires qu'ils appellent.

« Le commerce général de l'Algérie — c'est-à-dire la totalité du trafic d'entrée et de sortie — a atteint, en 1907, 820 millions, c'est-à-dire 92 millions environ de plus que l'année antérieure la plus favorisée. Dans ce total, les importations représentent 461 millions, les exportations 359 millions.

« Le commerce spécial — qui n'englobe que les marchandises entrées consommées dans la colonie et les marchandises exportées de production algérienne — accuse une valeur totale de 774 millions, dépassant également de 92 millions le maximum réalisé jusqu'à notre époque.

« D'une façon générale, toutes nos importations de produits fabriqués sont en augmentation. La puissance d'achat de l'Algérie s'affirme ici d'une façon indiscutable, et il paraît difficile de mieux établir que les efforts de nos producteurs aboutissent dans l'ensemble à des résultats de plus en plus rémunérateurs. Le bilan des exportations est du reste instructif à cet égard. Classés par importance de rendement, nos envois comprennent principalement :

« Les céréales (grains) : 79 millions; les vins : 61 millions; le bétail ovin : 28 millions; les minerais de toutes sortes : 28 millions; les laines en masse : 18 millions.

« Ces cinq rubriques réunissent à elles seules 63 pour 100 des exportations. Nous aurons suffisamment souligné les progrès réalisés à ces différents titres en faisant remarquer que la moyenne des dix dernières années n'atteint pas 41 millions pour les céréales, 25 millions pour le bétail ovin, 10 millions pour les laines, et, d'autre part, que les quantités de vins et de minerais exportés en 1907, comparées aux envois effectués il y a dix ans, accusent des augmentations respectives de 66 et de 64 pour 100 (1). »

(1) Les plus-values des recettes budgétaires ont atteint en 1907 près de 3 millions.

Le budget s'élève à 122 millions, dont 96 au budget ordinaire, qui n'était que de 55 millions en 1901.

Le développement du trafic des chemins de fer ne se ralentit

Pour être édifié enfin sur la situation vinicole, il suffit de jeter les yeux sur la note qui suit :

« La centralisation des déclarations de récolte prescrites par l'article 1er de la loi du 29 juin dernier vient d'être terminée dans les bureaux du gouvernement général. En voici les résultats pour les trois départements algériens :

« Superficie des vignes en production : Alger, 59,511 hectares ; Oran, 76,490 hectares ; Constantine, 10,944 hectares ; territoires du Sud et de commandement, 40 hectares. Total, 146,985 hectares.

« Quantité de vin nouveau récoltée en 1907 : Alger, 4,768,248 hectolitres ; Oran, 3,175,473 hectolitres ; Constantine, 657,180 hectolitres ; territoires du Sud et de commandement, 327 hectolitres. Total, 8,601,228 hectolitres.

« Stock en vins vieux des récoltes antérieures : Alger, 342,466 hectolitres ; Oran, 125,454 hectolitres ; Constantine, 103,650 hectolitres ; territoires du Sud et de commandement, 36 hectolitres. Total, 571,606 hectolitres.

« Total des quantités de vins déclarées : Alger, 5,110,174 hectolitres ; Oran, 3,300,927 hectolitres ; Constantine, 760,830 hectolitres ; territoires du Sud et de commandement, 363 hectolitres. Total, 9,172,834 hectolitres. »

Mais je ne veux pas m'attarder plus longtemps dans l'exposé toujours fastidieux de chiffres, pour aussi probants qu'ils soient. Ce que j'ai cité suffit à prouver la

pas. L'ensemble des recettes de 1907 s'est élevé à 40 millions 600,000 francs, présentant une plus-value de 1,600,000 francs sur les recettes de 1906, malgré un grand fléchissement sur l'Est Algérien, causé par les inondations et les neiges.

Enfin, les recettes des deux premiers mois de 1908 présentent un excédent de 805,000 francs sur les recettes de la période correspondante de 1907 (avril 1908).

vérité de ce que j'ai dit si souvent au cours de ces lettres.

Le travail assidu des populations européennes, presque toujours laborieuses, qui se sont consacrées à l'Algérie; la part, chaque jour plus grande, que prennent dans la vaste exploitation de cette belle terre les populations indigènes qui sont en très grand progrès; l'impulsion que donne l'administration gouvernementale, toujours éclairée, quand elle ne succombe pas aux manies du jour; le développement progressif des voies et des ports que l'emprunt permettra d'accélérer considérablement, assurent à la colonie un avenir merveilleux.

Pourquoi les Français de France, dont un si grand nombre demeurent chez eux inactifs, oisifs, sans emploi ou sans but, persistent-ils à ignorer la source de richesse qui est si près d'eux? Pourquoi ne se décident-ils pas à quitter un milieu où ils végètent souvent sans espoir, et à aller, à quelques heures seulement des leurs, tenter une fortune qui est assurée à tous les laborieux?

Tous les problèmes que soulèvent la question de l'assimilation des indigènes et celle de la pseudo-naturalisation des étrangers seraient résolus, si le nombre des Français algériens augmentait sur la terre d'Afrique. Mais si leur nombre n'augmente pas, comme il diminuera proportionnellement à celui des étrangers que la prospérité du pays attire et à celui de la population indigène qui s'accroît, alors ces gros problèmes deviendront menaçants, et, à un certain moment qu'il faut prévoir, l'indifférence, vraiment coupable, de nos compatriotes, pourra causer des incidents qui mettront en péril toute l'œuvre que la France aura accomplie sur cette terre arrosée du sang de ses soldats et de la sueur de ses enfants les plus braves.

Si donc on veut être certain de conserver une Algérie riche et prospère, une Algérie française surtout, il faut que les Français envisagent le devoir qui leur incombe, passent la mer et se consacrent à la belle terre d'Algérie. Telle est ma conviction.

APPENDICE

On se souvient, peut-être, qu'au nombre des avantages que la loi de deux ans devait présenter, au dire de ceux qu réussirent à l'imposer, il s'en trouvait un qui parut toujours, du reste, singulier aux gens de bon sens; à savoir que, quoique fourni par deux classes seulement, au lieu de trois, l'effectif entretenu ne diminuerait pas. C'est sur ce point que se prolongea le plus la discussion; car on conçoit que des assemblées qui doivent la vie à des manifestations du nombre, qui légifèrent par le nombre et bientôt créeront ce qu'elles appelleront le droit, par le nombre, aient accordé une attention particulière à la question du nombre.

Incapables, en effet, de comprendre ce qui constitue la valeur et la force de l'armée, puisque, chaque jour, ils adoptent, selon une méthode savamment combinée, toutes les mesures propres à détruire l'armée française; ajoutant, entre autres mesures, à la réduction de la durée de service celle de la durée des appels des réservistes, et tout ce qui conduira au service d'un an, c'est-à-dire aux milices, comme l'avait prédit avec enthousiasme M. Jaurès, en un jour de sincérité, ces messieurs du Parlement ne voient, ces messieurs n'envisagent que le nombre.

Qu'ils soient bons ou mauvais, exacts ou falsifiés, sincères ou vendus : d'où qu'ils viennent, regarde-t-on à la valeur et à la provenance des votes dont le nombre suffit à tout décider? Il ne s'agissait donc pas d'avoir de bons soldats; il ne s'agissait pas d'avoir des soldats qui fussent du modèle préconisé par les militaires, ou plutôt, il s'agissait d'en avoir qui ne fussent pas de ce modèle. Or la loi de deux ans donnerait le nombre, et les militaires affirmaient qu'elle ne donnerait pas la qualité. Pouvait-on désirer mieux?

Et voilà que la loi à peine votée, dès la première année de son application, on s'aperçoit que ce nombre, ce fameux nombre, elle ne le donne pas. Il ne faudrait pas, toutefois, s'imaginer qu'on éprouve un embarras quelconque à avouer ce résultat, car nous vivons à l'époque de ce que l'on appelle les opinions successives, qu'on préconise ou qu'on abandonne avec la même facilité et la même promptitude et la même conviction que, grâce aux lois de progrès, on se marie, ou qu'on divorce. Fort tranquillement donc, le rapporteur du budget de la Guerre a constaté que la loi crée un déficit dans l'effectif. Avec la même tranquillité, le Ministre ayant fait la même constatation et ne disposant plus du nombre qui permettait de recruter et d'entretenir sur un pied convenable les corps de troupe, très logiquement a proposé de les diminuer, tandis que le rapporteur, lui, propose de combler aussitôt le déficit, qui ira augmentant, par l'appoint de contingents algériens.

La fougue de M. Messimy est terrible quand elle s'exerce sur les choses algériennes, qui ne sont pas au nombre de celles qu'il connaît. Il s'est déjà, dans le temps, pour leur malheur, occupé des turcos; il a porté, l'an dernier, sur la question algéro-marocaine un jugement dont il fallut aussitôt modifier le sens; le voici qui propose, aujourd'hui, d'appliquer la loi de recrutement aux indigènes et qui, pour faire cette proposition particulièrement grave, choisit le moment où elle est particulièrement inopportune.

Sans se prononcer encore, le Ministre, qui a partie liée

avec le rapporteur sans doute, a fait constituer une Commission exclusivement civile qui, présentement, s'occupe en Algérie de l'étude de cette question.

Tout d'abord, n'est-il pas triste de constater qu'on n'hésite pas à faire appel au concours d'Arabes, au concours de vaincus auxquels nous n'avons pas, avec raison, concédé tous les droits du citoyen, pour combler les vides que cause, dans notre organisation, la crainte que les Français ont, peu à peu, contractée de remplir le premier de leurs devoirs de citoyen? Car enfin, si le nombre, sur lequel on avait compté à tort, manque aujourd'hui, ce n'est pas parce que la population a diminué, mais parce que le pays, peu à peu perverti par les idées fausses que les politiciens ont répandues, trouve trop lourd le fardeau qu'il avait, jusqu'à ces derniers temps, porté si allègrement, et parfois si glorieusement. Peut-on penser, sans rougir, que nous demanderons à nos vaincus de nous assurer le secours que seule notre lâcheté semble rendre nécessaire?

Comparaison n'est pas raison On cite l'exemple de notre Indo-Chine, qui arme une partie de la population indigène. Mais, outre qu'elle l'arme pour lui donner le moyen de défendre ses biens et ses familles contre les pirates et les voisins qui la menacent, et non pour aller défendre la patrie française, il s'agirait de se demander si la population annamite ne diffère pas essentiellement des populations algériennes; sans compter qu'il serait peut-être imprudent de compter trop sur le dévouement de nos contingents annamites, lors d'une crise que l'ambition du Japon impose le devoir d'envisager. L'avenir nous réserve peut-être de ce côté de cruels mécomptes.

On parle aussi de ce qui se fait en Tunisie, pays aussi différent de l'Algérie qu'il en est voisin, et dont les troupes indigènes, du reste, n'avaient pas, jusqu'à ce jour, été citées pour modèles.

Non, il n'y a aucune comparaison qui puisse justifier l'adoption du recrutement en Algérie; mais, puisque c'est cependant de cette comparaison qu'on prétend avoir tiré des arguments assez forts pour légitimer l'application de la loi de recrutement aux populations algériennes, il faut étudier ce qu'on prétend faire.

Cette étude ne saurait toutefois être précise en ce moment, car, dès leur apparition, les propositions qui ont motivé la constitution d'une Commission d'études ont causé, dans tout le pays, une telle surprise et une telle inquiétude, que tout aussitôt les projets qu'on avait formulés au début, avec une assurance singulière, se sont rapidement revêtus d'une teinte vague et incertaine qui leur a enlevé toute précision. On ne sait plus au juste ce qu'on se propose de faire, si ce n'est qu'on prétend lever des soldats en Algérie.

Ce n'est pas à toute la population que la loi s'appliquerait, paraît-il. La proportion des appelés serait très faible, en commençant du moins. Sans doute, le service ne serait pas obligatoire. On pourrait être remplacé. De la sorte, tout naïvement, on soulève, sans les avoir jamais étudiées, les questions les plus délicates.

Que l'appel soit général ou restreint, il doit être précédé des opérations du recrutement, qui reposent sur la constitution scrupuleusement exacte de l'état civil et sur la connaissance scrupuleusement exacte des domiciles, lesquelles sont assurées, en France, par le concours constant des différentes autorités et par le témoignage des populations. Qu'on parvienne, avec le temps, à implanter en Algérie des usages semblables, cela peut se prétendre; mais l'on n'en est pas là, tant s'en faut, et il est à croire qu'il s'écoulera un long temps avant qu'on en soit là, tout au moins dans plusieurs régions. Or, en semblable matière, il n'y a pas d'exception à admettre et la loi doit être partout appliquée.

Mais si le vainqueur a le droit, s'il a même le devoir de s'efforcer d'élever, peu à peu, le niveau moral du vaincu, encore ne peut-il y parvenir qu'à condition de ne pas heurter les habitudes auxquelles il est attaché. C'est à l'abandon de ces habitudes, s'il les croit mauvaises, que le vainqueur doit d'abord s'appliquer; et ce n'est que lorsqu'il a réussi à les déraciner qu'il peut songer à entreprendre l'action moralisatrice ou de progrès qu'il a conçue. Ce qui revient à dire qu'avant de chercher à appliquer la conscription, dans telle mesure que l'on voudra, en Algérie, il s'agit, d'abord, de modifier les habitudes qui s'opposent à son application en Algérie, si tant est qu'il soit prouvé que ces habitudes séculaires ne résultent pas, pour une grande part, des conditions toutes spéciales de la société indigène qui vit sur le sol spécial de la terre d'Afrique.

Sans m'attarder à l'observation qui pourrait être faite au sujet de cette faculté de remplacement, qui comporterait un singulier enseignement de l'égalité des droits que nous prônons si fort, et aux abus qu'elle ne manquerait pas de produire dans des populations dont nous ne pouvons pas prétendre connaître le détail de tous les actes et, par conséquent, encore moins les réprimer, j'envisagerai l'emploi qu'on ferait du contingent algérien.

La première idée qui est venue à l'esprit de nos réformateurs ne manquait ni de simplicité, ni même de logique. Puisqu'il s'agissait de réparer la brèche que la loi a faite dans notre organisation défensive, c'est là où elle a été faite, en France, qu'il convenait de songer à diriger le supplément de forces dont l'incorporation de plusieurs milliers d'indigènes permettra de disposer. Les troupes françaises que ces Messieurs regrettent de voir, en si grand nombre, rester sur cette terre africaine qu'ils ont vouée à une paix perpétuelle et sans nuages : zouaves, chasseurs, artilleurs, rentreraient en France, et, désormais, le soin d'assurer l'ordre et le calme dans les colonies, comme aussi la tâche d'en défendre le sol, seraient confiés aux troupes indigènes que la loi projetée permettra de lever. Le zèle, l'ardeur, le dévouement dont les turcos et les spahis multiplient, en ce moment encore, les preuves, rassurent pleinement l'esprit des réformateurs sur ce que leurs propositions pourraient présenter de quelque peu téméraire. Il est vrai que ces Messieurs habitent la France, et que, sur ce point, l'opinion des gens qui habitent l'Algérie diffère de la leur. Sans contester ni la simplicité, ni la logique, ni l'efficacité de la mesure proposée au point de vue de la défense de la France, ces derniers estiment qu'elle est simplement folle, à l'égard des intérêts algériens.

La proposition de confier le maintien de l'ordre et du calme et la défense du pays africain aux troupes indigènes repose, du reste, sur une erreur absolue, car les soldats indigènes qui proviendraient du recrutement et serviraient à contre-cœur, « bessif, » — par la force, ne ressembleraient pas aux turcos et aux spahis qui servent volontairement; et rien ne serait plus imprudent que de leur accorder la confiance qu'une longue expérience — traversée pour les spahis par quelques défaillances — a value à nos braves militaires.

Quoique vos craintes soient chimériques, a-t-on dit alors aux Algériens, on en tiendra compte. Les troupes algériennes iront servir en France. En agissant ainsi, nous ne pouvons, sans doute, pas envoyer dès le premier jour les troupes françaises qui sont en Algérie sur la frontière, comme nous le désirons, mais nous aurons la satisfaction, par contre, de remplir un grand devoir; par le contact qu'ils prendront avec nos populations démocratiques, nous civiliserons nos braves indigènes, et par eux, les lumières pénétreront peu à peu la société arabe. Nous élèverons des mosquées où ils pourront prier, tandis que nous cesserons d'entretenir celles d'Algérie; nous leur donnerons les prêtres que nous ne paierons plus dans la colonie: on les nourrira à leur guise; rien ne sera épargné pour leur faire oublier leur exil volontaire. Nous leur donnerons des emplois de chaouch à leur retour. Peu à peu, le spectacle de notre richesse et de notre force, et celui du jeu régulier de nos institutions démocratiques, apparaîtront à ces âmes simples mais droites.

Heureux Arabes, en effet, qui auraient en France des temples et la liberté d'y prier, et des prêtres qu'ils pourraient consulter si l'idée leur en venait. Mais, pour faire apprécier la portée de ce poème à la Jean-Jacques, il suffit de dire que l'expérience a été faite et qu'elle n'a pas réussi. Sous l'Empire, un bataillon de turcos, qui était relevé tous les ans, faisait partie de l'armée de Paris. L'Empereur, dont la nature d'esprit différait peu de celle de nos jacobins, avait pensé, lui aussi, à moraliser les turcos par le contact avec notre civilisation. La mesure donna ce qu'elle devait donner, parce que les contacts furent ceux qui devaient être, et l'on dut renoncer à en poursuivre l'application. Et plus encore qu'il y a quarante ans, le contact qu'on voudrait établir dans les conditions qu'on dit ne serait certes pas de nature à moraliser les Arabes.

II

On reproche au service obligatoire, avec une certaine raison, de ne pas rendre aux campagnes tous les travailleurs qu'il y prend chaque année. Les soldats campagnards contractent vite, en garnison, les habitudes des citadins; ils les contractent d'autant plus vite que la permanence des garnisons et l'esprit nouveau dont on a intoxiqué l'armée, que l'on rend chaque jour moins militaire, tendent à confondre, de plus en plus, les soldats et les habitants; de telle sorte que, prenant goût à la vie des villes, aux distractions et aux plaisirs qu'elle offre; comparant les salaires qu'on y gagne, pour un travail souvent assez mince, à ceux qu'on touche à la campagne pour un labeur autrement rude; observant aussi le grand nombre d'emplois que des influences diverses ont fait obtenir à certains camarades, bon nombre de soldats ne songent plus, lors de leur libération, à regagner leur village, et restent à la ville où ils augmentent le nombre des gens qui cherchent du travail ou un emploi de paresseux, entre deux tournées chez le mastroquet.

Or, si le service obligatoire, si le fait de vivre de la vie des villes et d'être exposé aux tentations qu'elle offre, et si l'appât d'un emploi quelconque peuvent avoir une action aussi forte sur les campagnards français, elle agira plus puissamment encore sur les Arabes. Le séjour en France aurait le pire résultat de faire, des soldats arabes libérés, des déclassés. Certains d'entre eux contracteraient, dans nos villes, des habitudes qui les rendraient incapables de retourner au pays; d'autres seraient attirés par l'élévation des salaires et disparaîtraient aussi dans la masse de la population urbaine de France; tandis que la plupart de ceux qui rentreraient en Algérie, n'ayant plus le courage de reprendre la dure vie qu'ils menaient avant de partir pour le service, solliciteraient les emplois qu'on a déjà l'imprudence de leur promettre, — comme si l'on disposait, chaque année, de plusieurs milliers de places, — et ne tarderaient pas à grossir cette armée roulante qui constitue une des plaies de l'Algérie, puisque c'est à elle qu'on doit attribuer les actes de brigandage qui désolent souvent le pays. C'est cette armée roulante, dont l'existence, dès maintenant, est pour les Algériens de haut savoir et de grande expérience un redoutable problème, celui d'un prolétariat arabe sans cesse grandissant, par suite des heurts, des secousses, des tentations ou des erreurs, qui résultent du contact de deux sociétés inégalement pourvues.

Est-ce donc quand l'autorité s'est efforcée, par une série de mesures excellentes, de donner aux Arabes le goût du travail; quand elle s'est efforcée de les fixer à la terre et de détruire la tendance qu'ils possèdent à poursuivre jusqu'aux apparences d'un semblant d'autorité dont ils excellent à tirer le moyen de vivre sans rien faire? Quand, en un mot, l'autorité s'efforce d'élever et de moraliser les Arabes, convient-il de mettre en péril le résultat des efforts excellents accomplis par l'autorité?

Une petite histoire arabe en dit long à ce sujet. Un jour que le khalifa du bey d'Oran s'apprêtait à aller porter l'impôt au Dey d'Alger et qu'il passait en revue la troupe nombreuse de riches cavaliers et de fantassins bien armés qui devaient escorter le convoi jusqu'à Zeboudj-el-Oust, — près de notre Orléansville, — où l'on rencontrerait les gens d'Alger, un pauvre diable, maigre, décharné, presque nu, qui prétendait parler au khalifa, fut violemment repoussé par les chaouchs. Attiré par le bruit, le khalifa, bon prince, fit signe de laisser approcher le mendiant. « Seigneur, ton cœur est ouvert à la bonté; accorde-moi la grâce que je te demande. Permets-moi de t'accompagner jusqu'à Zeboudj-el-Oust. — Tu es fou! Tu es nu, sans haïck, sans burnous, sans chemise, sans calotte; tu meurs de faim. Tu n'as rien; ni argent pour te nourrir, ni arme pour te défendre. Allons, va-t'en! — Non, Seigneur; non, je ne suis pas fou. Je manque de tout, et je suis le plus malheureux des Croyants; mais permets-moi de t'accompagner, et tout ira bien s'il plaît à Dieu. — Eh bien! fais comme tu veux. — Encore une grâce, Seigneur; elle te coûtera peu. « Athini Heurma; donne-moi la considération! Que ta Grandeur me permette seulement de la saluer le matin au départ et le soir à l'arrivée, et de m'approcher, chaque fois, de ton oreille comme je le fais respectueusement en ce moment pour lui dire... — Que dis-tu, vieux fou? — Rien, Seigneur. Je ne dis rien. Je dis : « Zen-zen-zen, » je ne dis rien. — Allons, viens jusqu'où tu pourras; tu feras ce que tu voudras... »

Le premier soir, le mendiant demi-nu se précipita derrière le cavalier qui aidait le khalifa à descendre de cheval, s'approcha très dignement du grand chef, qui tint sa promesse, et il murmura quelques mots à l'oreille du khalifa.

Le lendemain, au départ, même cérémonie. Seulement, le mendiant portait un bon burnous brun de Mascara, et le soir, à l'arrivée, un beau haïck de Tunis. Le second jour, le khalifa eut quelque peine à reconnaître son mendiant, chaussé de belles bottes en filali, coiffé d'un gros turban de soie de Stamboul. Ce fut bientôt un beau cavalier gros et gras, bien armé, monté sur un grand poulain gris de Tiaret, à la queue rasée, harnaché d'une belle selle brodée de Tlemcen, qui, par deux fois, chaque jour, arrivait au galop. Quand ce beau cavalier mettait pied à terre, pour aller murmurer à l'oreille du khalifa, on s'empressait à l'aider de descendre de cheval.

Bref, avant d'arriver au terme du voyage, le confident prit

congé. « Seigneur, je te dois tout. Tu m'as donné la considération. Me voilà pourvu. Je suis bien vêtu, bien armé, bien monté; j'ai quelques douros aussi; surtout, j'ai la considération. J'ai la « heurma » qui assurera désormais la fortune de ton esclave. »

Il ne faut donc ni promettre, ni donner trop de places à des gaillards toujours si habiles à tirer parti de la considération qu'elles assurent, pour tondre de près les gens du commun qui ne possèdent pas les signes extérieurs de la heurma. Il ne faut pas contribuer à distraire les Arabes de la terre. Il faut, avant tout, n'en pas faire des déclassés, ni même augmenter le nombre d'employés qu'ils comptent déjà.

Mais l'effectif permanent de ces troupes serait peu de chose; c'est à l'effectif de guerre que l'on songe pour remplir les vides que la loi a laissés dans notre organisation. C'est la mobilisation qui le fournirait.

Cela revient à dire que des dispositions d'une nature analogue à celles qui sont adoptées en France devraient suffire pour faire rallier les réservistes arabes, dont le plus grand nombre est toujours en mouvement. On croit rêver quand on lit de pareilles naïvetés, dans un moment même où il aurait été facile à ceux qui les ont écrites de s'assurer des conditions dans lesquelles on a réussi, non sans peine, à mobiliser, à deux reprises, deux goums de cent cavaliers chacun, parce qu'ils s'agissait pour ces goums d'aller combattre des coreligionnaires au Maroc, loin de leur pays, et d'y aller au moment où il aurait fallu travailler à la terre.

Or, si des Arabes enrégimentés, sous les drapeaux, n'hésitent pas à aller combattre des mahométans et à quitter l'Algérie; s'ils n'ont aucun souci des travaux de la terre, parce qu'ils ne possèdent rien, il ne s'ensuit pas, il s'en faut, que des Arabes revenus au pays, vivant au milieu de la tribu ou du village, et souvent propriétaires, se décideraient, si tant est qu'ils soient atteints par une convocation, à rallier leur corps.

Or, qu'on ne se leurre pas : quand on mobilisera en Algérie, ce ne sera pas seulement pour combattre une puissance étrangère, car, sous le coup de ce grand événement, tout frémira en Algérie. Ce sera pour opposer des Arabes à des Arabes; et il faut être absolument dénué de raison pour se figurer qu'on pourra tirer du sein de cette population, qui sera alors tout au moins inquiète et sûrement aussi très travaillée, des réservistes qui consentiront à prendre les armes contre leurs concitoyens. Il y a plus même : en un pareil moment, ils ne consentiraient pas à passer la mer, et la convocation qui leur serait adressée suffirait à tout embraser.

Comment les trouverait-on? Les ayant trouvés, comment les amènerait-on? Pense-t-on que les chefs indigènes risqueraient alors leur autorité pour les déterminer à partir? Si les chefs étaient impuissants, les administrateurs devraient intervenir. Suppose-t-on que les quelques cavaliers au burnous bleu dont ils disposent suffiraient à la tâche? Si, pour l'accomplir, ils commettaient quelques violences et croyaient devoir faire quelques exemples, ces actes de vigueur ne pourraient-ils pas déchaîner l'ouragan? Et, d'autre part, le moindre recul, la plus petite preuve de l'impuissance de l'autorité n'encourageraient-elles pas la désobéissance, prélude de la révolte? Qu'on consulte l'histoire des insurrections algériennes; elle répond à toutes ces questions.

Il a suffi que la Providence infligeât à notre pays le fléau d'un gouvernement de perversion pour que tout fût atteint en France, jusqu'au loyalisme des réservistes dont le ralliement, aux jours de la mobilisation, n'est plus toujours certain! C'est, qu'en effet, les actes sur lesquels repose le succès de la mobilisation ne peuvent être que des actes tout volontaires auxquels on ne peut songer à contraindre. Pour les commettre, pour s'arracher à sa famille et rejoindre les drapeaux, il faut qu'une nation soit animée, et comme soulevée, par une même passion patriotique; il suffit que cette passion fléchisse, pour que l'opération de la mobilisation échoue. Or, cette passion qui animait tous les Français, cette passion qui ne les anime plus tous, les Arabes en sont-ils possédés? Les Arabes peuvent-ils, même, en être possédés?

Enfin, songer à faire servir les Arabes sans leur accorder la naturalisation que les Juifs possèdent, en venant au monde, et que les étrangers obtiennent automatiquement, paraît singulièrement étrange et scandaleusement injuste. Et cependant, peut-on, dans l'état actuel, faire de nos Arabes des électeurs?

Pour tous les motifs que je n'ai fait qu'indiquer, et pour d'autres aussi qu'il serait trop long d'exposer, je soutiens que toutes les propositions de recrutement arabe sont à repousser. Si la France ne se sent pas assez forte, aujourd'hui, pour résister aux ennemis qui la menacent, qu'au lieu de songer à déchaîner sur les peuples de l'Europe chrétienne des milliers de Sénégalais, de Soudanais, d'Haoussas et d'Arabes, elle prenne la résolution qui la rendra forte assez pour retrouver, avec sa tradition, ce que les jacobins mettent en péril. Qu'elle se persuade, en tout cas, que la victoire n'appartient qu'à ceux qu'elle juge dignes de ses faveurs, à ceux qui ne confient à personne la charge de défendre le sol, la grandeur et la gloire de leur pays.

FIN

TABLE DES MATIÈRES

PARIS. — TYP. PLON-NOURRIT ET Cie, 8, RUE GARANCIÈRE. — 11141.

A LA MÊME LIBRAIRIE

La Conquête d'Alger, par Camille Rousset, de l'Académie française. 3e édition. Un vol. in-8°. . . . . 6 fr.

L'Algérie de 1830 à 1840, par Camille Rousset, de l'Académie française. 2e édition. Deux vol. in-16. Ouvrage accompagné de 4 cartes. . . . . 8 fr.

La Conquête de l'Algérie (1841-1857), par Camille Rousset, de l'Académie française. 2e édition. Deux vol. in-16. Ouvrage accompagné de trois cartes . . . . 8 fr.

Lettres d'un soldat. Neuf années de campagnes en Afrique. Correspondance du colonel de Montagnac, publiée par son neveu. Un vol. in-8°, avec portrait. . . . . 7 fr. 50

Types militaires d'antan. **Généraux et soldats d'Afrique,** par le capitaine Blanc. Un vol. in-18. . . . . 3 fr. 50

L'Algérie qui s'en va, par le Dr Bernard. Un vol. in-18, illustré de dessins de Kauffmann, d'après les croquis de l'auteur. Prix . . . . 4 fr.

Algérie et Tunisie. Récits de voyage et études, par Alfred Baraudon. Un vol. in-18. . . . . 3 fr. 50

Par delà la Méditerranée. *Kabylie. — Aurès. — Kroumirie,* par Ernest Fallot, secrétaire de la Société de géographie de Marseille. Un vol. in-18, illustré de gravures sur bois. Prix. . . . . 4 fr.

Tableaux algériens, par G. Guillaumet. Un volume in-18. Prix . . . . 3 fr. 50

Huit jours en Kabylie. **A travers la Kabylie et les questions kabyles,** par François Charvériat, agrégé des Facultés de droit, professeur à l'Ecole de droit d'Alger. Un vol. in-18. . . . . 3 fr. 50

En Smaala, par Michel Antar. Un vol. in-18. . . . 3 fr. 50

Le Sahara. Souvenirs d'une mission à Goléah, par Auguste Choisy. Un vol in-18. . . . . 3 fr. 50

Promenades lointaines : *Sahara — Niger — Tombouctou — Touareg,* par le lieutenant H. Paulhiac, membre de la Société de géographie de Paris. Préface par Hugues Le Roux. Un vol. petit in-8° illustré de cent photographies et de deux cartes. . . . . 5 fr.

PARIS. TYP. PLON-NOURRIT ET Cie, 8, RUE GARANCIÈRE. — 11141.

www.ingramcontent.com/pod-product-compliance
Ingram Content Group UK Ltd.
Pitfield, Milton Keynes, MK11 3LW, UK
UKHW020428200726
13857UKWH00002B/328

9 782012 875623